정신과 물질

곰의 눈 포크클럽 2

정신과 물질

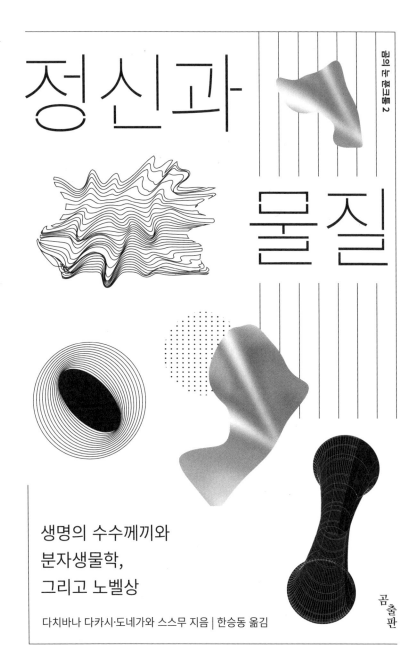

생명의 수수께끼와
분자생물학,
그리고 노벨상

다치바나 다카시·도네가와 스스무 지음 | 한승동 옮김

곰
출판

1987년 10월 12일은 내겐 잊을 수 없는 날이 됐다. 그날 밤 나는 도쿄 메구로 구청에서 열린 한 모임에 참석 중이었는데, 7시 반께 교도통신사 과학부의 다무라田村 씨가 약속대로 전화를 걸어 도네가와 스스무利根川進 교수가 '항체의 다양성 생성의 유전학적 원리 해명'으로 일본인으로선 처음 노벨 생리의학상을 받게 됐다는 소식을 전해주었다. 올해는 받겠지 하고 생각은 하고 있었지만 도네가와 교수 단독 수상이어서 귀를 의심했고 또 그만큼 더 감격했던 기억이 있다. 노벨 생리의학상은 두 사람 내지 세 사람이 공동 수상하는 경우가 대부분이다. 그런 추세 속에서 단독으로 수상한다는 것은 도네가와 교수의 연구 독창성이 얼마나 높이 평가받았는지 잘 보여준다.

나는 그다음 날 국제생물과학연합 모임에 참석하기 위해 파리로 출발했으나, 그 일도 하는 둥 마는 둥 하고 예정을 바꿔 보스턴으로 날아가 도네가와 교수를 만나 축하의 말을 건넸다. 나의 소개로 그전부터 도네가와 교수를 취재하고 있던 《문예춘추文藝春秋》의 아베 다카노리安倍隆典 씨도 급거 보스턴으로 왔고, 그때 도네가와 교수와 나는 얘기를 토대로 《문예춘추》에 도네가와 교수와 다치바나 다카시立花隆 씨의 대담을 싣자는 기획안을 마련했다.

다치바나 씨와 나는, 내가 1970년 무렵에 테일러Gordon R. Taylor(1911 ~1981)의 《인간에게 미래는 있는가The Biological Time Bomb》라는 책을 번역한 것을 계기로 함께 얘기를 나눈 뒤 서로 아는 사이가 됐다. 그는 대단한 학구파로 이번에도 분자생물학과 면역에 관한 책을 몇 권이나 독파한 뒤에 도네가와 교수와의 대담에 임했다는 얘기를 들었다. 이 대담은 《문예춘추》에 장기간 연재됐는데, 이번에 이렇게 한 권의 책으로 정리돼 출판되니 기쁘기 그지없다. 책 내용은 읽어보면 알수 있을 테니 여기서는 특별히 언급할 것이 없겠고, 자연과학 분야에서 지금 어떤 일이 일어나고 있는지 약간 얘기해보고자 한다.

근대 자연과학은 물리과학 또는 물질의 연구를 선두로 해서 발전했고, 오늘날 물질문명의 번영을 우리에게 안겨주었다. 그러나 1960년대 무렵부터 자연과학은 방향을 크게 전환해서 물질 연구에서 생명 연구로, 그리고 물질을 넘어 정신(뇌) 연구 쪽으로 진행돼왔다. 즉 자연과학의 최전선은 화학을 포함한 물리과학 쪽보다는 오히려 생명과학 쪽으로 가고 있다고 해도 좋다. 이런 추세를 반영해 노벨상도 20세기 초두에는 물리학상 또는 화학상 분야가 중심을 차지했지만 최근에는 생리의학상이 치열한 경쟁의 장이 되었다. 이런 점에서 보더라도 도네가와 교수의 노벨상 단독 수상은 대단히 큰 의의가 있다고 할 수 있다.

물질에서 생명→정신이라는 방향 전환을 야기한 것은 제2차 세계대전 뒤에 크게 발전한 분자생물학이다. 그 창시자인 파지phage 그룹의 리더였던 델브뤼크Max Ludwig Henning Delbrück(1906~1981)나 DNA 이중나선구조를 발견한 왓슨James Dewey Watson(1928~), 크릭Francis Harry Compton Crick(1916~2004) 또는 프랑스의 자코브François Jacob(1920~2013), 모노Jacques L. Monod(1910~1976) 등의 업적은 엄청나다. 이들의 작업은 1950년대부터 1960년대 전반에 걸쳐 있는데, 바이러스나 박테리오파지bacteriophage 연구를 통해서 생명현상을 유전자 본체인 DNA로 환원해 새로운 생명 개념을 수립했다. 이것이 이른바 제1기 분자생물학의 가장 중요한 성과였다. 그 뒤 1960년대 후반부터 DNA를 기본으로 삼고 거기서 출발해 더 높은 차원의 생명현상을 탐구하는 방향, 즉 내가 곧잘 얘기하는 DNA생물학의 발전에 대한 강력한 요구가 일었다. 구체적으로는 예컨대 면역현상, 암의 메커니즘, 유전적 질병의 해명, 그리고 뇌의 문제 등을 유전자 DNA를 출발점으로 삼아 탐구하는 것이 중요한 주제가 돼왔다.

하지만 이 방향으로 나아가는 길은 고등동물의 유전자 DNA를 해석하는 좋은 방법이 없었기 때문에 금방 열리진 못했다. 우선 우리 분자생물학자들이 암 바이러스를 재료로 연구를 진행했다. 분자생물학 영역의 암 바이러스 연구의 기수는 미국 소크연구소Salk Institute for Biological Studies의 둘베코Renato Dulbecco(1914~2012) 박사였다. 사실 도네가와 교수는 처음에 내 권유에 따라 캘리포니아 대학(샌디에이고)의 생물학부 대학원에서 유학했다. 거기서 학위를 땄으나 그 뒤 둘베코의 연구실로 가서 암 바이러스 연구를 했다. 도네가와 교수의 연구는 처음엔 바이러스를 대상으로 삼았다. 몇 년 뒤에 스위스의 바젤면역학연구소로 옮겨간 뒤에도 얼마 동안은 암 바이러스 연구를 계속했으나 도중에 면역 연구로 바꾸었고, 거기에서 노벨상 수상 대상이 된 획기적인 연구 성과를 올렸다.

지금 생각하면, 고등동물이 보여주는 생명현상을 DNA 차원에서 해명했고, 그 좋은 재료가 면역항체를 만드는 유전자 DNA였던 셈이다. 도네가와 교수는 당시 막 등장한 재조합 DNA 실험 수법을 일찍부터 도입해서 연구한 끝에 미지의 현상을 속속 해명하면서 오늘날 '분자면역학'이라고 불리는 새로운 학문 분야를 개척했다. 이 분야는 현재 새로운 생명과학의 분류 가운데 하나로 도도하게 흘러가고 있다. 지금은 T세포 수용체 등의 연구를 통해 면역현상에 관해 더 깊은 이해와 탐색이 시작되고 있다. 이는 새로운 영역의 연구지만 거기에서도 도네가와 교수가 주요 리더다.

그런데 도네가와 교수의 면역항체에 관한 발견은 면역학뿐만 아니라 생물학 전체에도 큰 영향을 끼쳤다. 도네가와 교수는 태아에서 성체로 성숙하는 과정에서 면역항체의 유전자 DNA가 다이나믹하게 재편성된다(연결이 바뀐다)는, 그때까지 누구도 예측하지 못했던 사실을 발견했다. 이 발견은 포유동물과 같은 다세포생물에서는 DNA가 수정란에서 분화·성숙하는 과정에서 개체 중에 일정 불변의 상태를 유지한다는, 그때까지 널리 받아들여지고 있던 하나의 원칙과 같은 도그마를 타파한 점에서도 실로 획기적이었다. 이는 유전학, 발생학을 비롯한 생물학 전반에 큰 충격을 주었다.

이런 DNA 재편성이 면역항체 및 그 뒤에 발견된 T세포 수용체의 DNA 이외에도 일어나는지 여부는 고등 다세포생물에서는 아직 적극적 증거가 발견되지 않았다. 만일 이것이 일어난다면 가장 가능성이 높은 것은 뇌세포일 것으로 보여, 그 해명에 기대가 쏠리고 있다.

오늘날 DNA에서 출발하는 생물학에서는 고등 생물의 DNA 자체에 대한 탐구가 기본적으로 중요하지만, DNA가 세포 속에서 구체적으로 어떤 작용을 하는지 밝혀내는 연구가 점점 중요해지고 있다. 최근에는 이런 학문 분야를 '분자세포생물학'이라고 부른다. 한 가지 예를 들어 보자면, 최근 암 유전자 DNA 연구가 급속히 진전돼 사람의 암 유전자 DNA가 차례차례 발견되고 그 해석이 이뤄지고 있다. 그러나 암 유전자 DNA를 아는 것만으로 암 문제를 안다고 할 수는 없다. 아무래도 세포 내의 암 유전자 DNA의 작용을 자세히 알아내서 세포가 암으로 변하는 메커니즘機構을 밝혀내야 할 필요가 있다. 그런 의미에서 분자세포생물학은 암은 물론 면역현상, 또는 질병의 상세한 메커니즘을 해명하기 위해 앞으로 크게 발전시켜야 할 중요한 연구 영역이다. 그리고 분자세포생물학의 다음 큰 목표는 필연적으로 뇌 기능 해명이 될 것이다. 사람을 비롯한 고등동물의 뇌 작용은 현재 면역이나 암 분야에서 다루는 분자세포생물학의 개념만으로는 설명할 수 없다고 생각하지만, 이것이 하나의 중대한 기반임은 분명하다. 즉 뇌특히 사람 뇌의 기능은 면역이나 다른 생체 기능보다 한 단계 높은 레벨에 있다고 생각하기 때문에, 그런 의미에서도 앞서 얘기한 유전자 DNA의 재편성 문제를 포함해서 암이나 면역 등의 분자세포생물학적 연구에 대해 숙지한 연구자가 뇌의 문제에 뛰어드는 쪽이 성과를 올리기 쉬운 게 아닐까 하고 나는 생각한다.

최근 도네가와 교수는 면역학 영역에서 뇌 연구로 옮기고 싶다는 의향을 종종 밝히고 있는데, 이는 물질→생명→정신(뇌)이라는 자연과학의 큰 흐름에 따르는 것이며, 동시에 면역학의 새로운 돌파구를 연 도네가와 교수의 선견先見성과 풍부한 지식·경험을 뇌 연구에서 살려가겠다는 의미에서도 매우 환영해야 할 일이라고 생각한다. 이 책에는 이른바 고전(제1기) 분자생물학에서 면역학으로 옮겨 새로운 학문을 개척하기에 이른 상황이 자세히 기술돼 있다. 현재 자연과학이 지금 내가 얘기한 것과 같은 큰 흐름 속에 있다는 점을 염두에 두고 이 책을 읽으면 더 의미 있는 교양을 기를 수 있지 않을까 생각한다.

1990년 5월

와타나베 이타루渡辺格(게이오기주쿠대학 명예교수)

목차

서문 대신에   와타나베 이타루 • 4

제1장 '안보 반대'에서 노벨상으로 • 17

100년에 한 번 있는 대연구
미국에서 배운 제1세대
대단했던 오페론설의 영향
기초 훈련이 결여된 일본의 대학원

제2장 유학생 시절 • 57

파지가 발전시킨 유전학
유전학의 흐름과 생화학의 흐름
놀라운 인트론의 발견
운과 센스가 발견을 좌우한다

제3장 운명의 갈림길 • 93

따돌림당한 하이브리다이제이션 기술
입소문으로 듣는 최신 정보
인기 연구실은 2, 3년생까지 만원
소크연구소에서 바젤면역학연구소로

제4장 과학자의 두뇌 • 127

큰 수재는 생물학자가 되지 않는다
면역현상의 발견
다양성의 바탕은 유전자에 있다
어떻게 자신을 믿게 하는가

제5장 과학에 '두 번째 발견'은 없다 • 165

실험 결과를 어떻게 해석할까
과학에는 타고난 재능과 집중력이 필요
"상식 밖의 가설"을 확인하고 싶다
중요한 것은 실험상의 아이디어

제6장 과학은 육체노동이다 • 195

제한효소에 주목하다
스마트한 방법보다 확실한 답을
비전祕傳 "실험실의 요리책"
노바디에서 썸바디로

제7장 또 하나의 대발견 • 229

뇌의 미지의 메커니즘 해명 가능성
유전자 재조합 기술의 의미
손으로 더듬던 연구에서 눈에 보이는 연구로
시대의 요구에 대응할 수 없는 일본의 대학

제8장 '생명의 신비'는 어디까지 풀 수 있을까 • 265

기묘한 염기배열
'무의미'와 '유의미'의 의미
혁명적이었던 맥삼-길버트법
자아는 DNA의 자기표현

역자 후기 • 309
주 • 319

주(註) 목차

제1장 카롤린스카 연구소 • 18 왓슨·크릭의 DNA 이중나선 구조 • 27 델브뤼크 • 28
와타나베 이타루 • 28 니런버그 • 32 단백질 • 32 RNA • 34 바이오어세이 • 42
자코브와 모노 • 43 자코브와 모노의 실험 • 45 림프구 • 48

제2장 변이주 • 68 분자유전학 • 71 유전자자리 • 77 스플라이싱 • 80 원핵세포와 진
핵세포 • 80 파지의 용원화 • 82 버넷 • 91 클론선택설 • 91 면역학적 관용 현
상 • 91

제3장 5′말단, 3′말단 • 96 하이브리다이제이션 • 97 둘베코 • 100 SV40 • 114 형질전
환 • 116

제4장 이디오타입 • 131 네트워크론 • 131 식세포 • 138 생식세포와 체세포 • 141 미엘
로마 • 148 클론 • 149 세포융합 • 149 크로마토그래피 • 159

제5장 프로브 • 191

제6장 완충액 • 207 혈청단백질 • 210 코언과 보이어의 유전자 재조합 기술 • 214

제7장 유성생물 • 234 계통발생과 개체발생 • 234 신경전달물질 • 236 플라스미
드 • 239 대장균 • 241 벡터 • 242 바이오해저드 • 244 아실로마 회의 • 245
NIH가이드라인 • 245 클로닝 • 246 리보솜 유전자 • 250 히스톤 유전자 • 250

제8장 숏건법 • 267 스크리닝 • 269 베르너 아르버 • 271 진핵세포의 유전정보 전달과
해독 메커니즘 • 276 스플라이싱 • 276 아데노바이러스 • 277 화학진화 • 305

도판 목차

제1장 동물세포 모형도·25 DNA 이중나선 모델·27 단백질의 합성 구조·35 메신저 RNA상의 아미노산 암호·36

제2장 대장균 내의 T2 파지의 증식·64 붉은옥수수곰팡이의 영양요구변이 연구·69 원핵세포와 진핵세포·81 람다파지의 용원화·83 람다파지의 유전자 지도·84 클론선택설·90

제3장 RNA-DNA 하이브리다이제이션 실험·98

제4장 항체분자(면역글로블린)의 모형도·138 항원의 침입과 항체의 형성(항원항체반응)·139 면역계 세포의 분화·143 항체 단백질을 코드화하고 있는 유전자의 구성·145 모노클로널 항체의 제작법·150

제5장 람다사슬(상단)과 코퍼사슬(하단)의 아미노산배열(아이젠에 의거)·173 V영역 L사슬의 진화계통수·182 항체유전자 메신저 RNA·186 두 가지 프로브에 의한 하이브리드 형성 패턴·194

제6장 제한효소와 DNA의 절단·198 겔 전기영동법·201 DNA 조각의 분리·202 서던블로팅법에 의한 전체 염색체 DNA 속 특정 유전자 포함 영역의 제한효소 절단부위 매핑·207

제7장 시냅스의 신경전달·237 유전자 재조합·243 유전자 재조합, 4가지 모델·247 R루프·252 전자현미경으로 본 R루프·253

제8장 콜로니 하이브리다이제이션·270 R루프의 확대도·272 전자현미경으로 본 트리플 루프와 확대도·273 RNA의 스플라이싱·276 고차 나선구조·281 맥삼-길버트법·289 면역글로블린 L사슬 V영역의 염기배열·293

일러 두기

1. 외래어는 국립국어원의 외래어 표기법에 따라 표기했습니다.
2. 본문의 각주는 모두 옮긴이 주입니다.

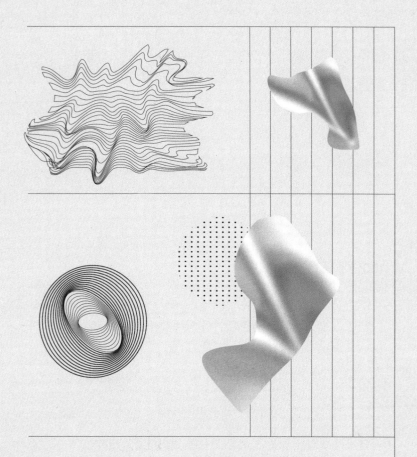

제1장

'안보 반대'에서
노벨상으로

100년에 한 번 있는 대연구

1987년 노벨 생리의학상은 일본의 도네가와 스스무 교수에게 수여됐다. "다양한 항체 생성의 유전학적 원리를 규명"했다는 것이 수상 이유였다.

선고選考를 맡았던 스웨덴의 카롤린스카 연구소Karolinska Institutet[1]는 기자단에게 설명을 덧붙여 선정 이유를 밝혔다. "도네가와 교수는 일련의 탁월한 실험을 통해 유약한 세포가 항체를 생산하는 B림프구로 성숙해가는 과정에서 여기저기 흩어져 존재하는 항체의 유전자가 어떻게 재구성되는지 알아내는 데 성공했습니다. 이 발견은 그 뒤로 2년간 전 세계에 걸쳐 이 분야의 연구를 완전히 주도했습니다."

그런데 이렇게 설명해도 어지간한 전문가가 아니면 그 의미를 알 수 없다. 기자들도 잘 몰랐을 것이다. 금방, "도네가와 교수의 연구는 어느 정도로 대단합니까?"라는 단도직입적인 질문이 튀어나왔다. 한 선고위원이 "의학계의 큰 과제를 멋지게 규명했습니다. 100년에 한 번 있을 대연구입니다"라고 답하자 비로소 기자들은 감탄했다.

사실 전문 영역은 기자들이 뉴스 가치를 판단할 수 없기 때문에 전문가에게 조언을 듣기 마련이다. 그러나 전문가에게 "100년에 한 번"이라는 평가를 들어도 왜 그런지는 모른다.

도네가와 교수의 노벨상 수상 소식을 전한 신문도 지면을 서너 면씩 할애했지만, 대부분 기쁜 표정이나 사람 됨됨이, 가족이나 지인이 기뻐하는 얘기 등을 소개했을 뿐이다. 도네가와 교수가 무엇을 연구했고, 왜 노벨상을 받을 만한지는 속 시원하게 알려주지 못했다. 물론 기사마다 해설이 붙어 있지만 명쾌하지는 않다. 예컨대《아사히신문》은 이렇게 썼다.

"고등 생물체에는 병원균이나 바이러스 등 외계로부터의 '침입자(항원)'가 있으면 이를 해치우는 단백질(항체)을 만드는 면역반응이라는 방어 시스템이 있다.

도네가와 교수는 1970년대에 급속히 진보한 유전자공학 기술을 사용해서 복잡하고 해명하기 어려웠던 면역반응을 담당하는 림프구 lymphocyte의 성질을 연구한 선구자다.

먼저 림프구의 일종인 B세포의 항체를 만드는 유전자는 몇 부분으로 나뉘어 있는데, 그는 이 유전자가 성숙하면서 서로 연결된다는 사실을 증명했다. 어떤 병원체가 침입하더라도 이를 요격하는 항체를 만들 수 있는 것은 유전자의 다이내믹한 성질 때문임을 증명해서 '유전자는 움직이지 않는다'고 믿어온 생물학계에 큰 충격을 주었다."

전문가 말고는 이 기사를 읽고 의미를 파악할 수 있는 사람이 거의 없을 것이다. 대부분의 사람에게는 뜻 모를 외래어처럼 들릴 게다.

나는 의학이나 과학에 관련된 취재를 꽤 해본 터라 최근 생물학에 관해 어느 정도 예비지식이 있다. 그 덕에 이 정도의 기사는 대강 이해할 수 있다. 그러나 깊이 들어가면 나 역시 까막눈이 된다. 다만 나는 진작부터 이 방면에 적잖은 흥미가 있었다.

20세기 후반에 분자생물학이 비약적으로 발전하여, 그때까지 생명현상으로 특별히 취급되던 여러 현상이 물질 수준에서 점차 해명되었다. 언젠가는 인간의 정신 현상까지 포함한 모든 생명현상을 물질 수준에서 설명할 수 있을 것으로도 예측한다. '생명은 모두 물질'이라고 생각해보면, 생명 탄생은 물질 진화의 연장선상에서 일어난 일이며, 생명 진화는 DNA 복제 과정에서 일어난 우연한 사건이 집적되어 일어난 셈이다. 이러한 진화의 정점에 놓인 인간의 정신세계도 물질의 "우연한 사건들이 계산할 수 없을 만큼 복합적으로 연결된 총화의 산물(자크 모노Jacques Lucien Monod)"로 해석된다. [2]

이에 대한 반론으로 흔히 인용되는 주장이 '원숭이가 셰익스피어의 작품을 읽을 수 있는가'다.

원숭이에게 타자기를 주고 기계 조작법만 가르친다. 매일매일 자기 마음대로 타이프를 두드리게 한다. 물론 전혀 무의미한 알파벳만 나열릴 것이다. 그런데 어느 날 완전히 우연으로 유의미한 단어를 하나 내지 둘 정도 치는 경우도 있을 것이다. 1년 정도 타자를 두드리게 하면 완전히 우연하게 제대로 된 의미 있는 문장 하나를 쳐낼 수 있을지도 모른다.

그렇다고 원숭이가 정말로 우연히 셰익스피어의 것과 완전히 똑같은 작품을 쳐낼 수 있을까. 이론적으로는 그 가능성이 제로라고 할 수 없다. 다만 그런 일이 일어날 확률은 무한히 적어서, 사실상 가능성이 제로라고 해도 무방할 정도다.

이 반론은 인간 정신세계의 일도 물질세계의 우연한 사건의 집적으로 바꿔놓을 수 있다는 생각이, 원숭이도 우연히 셰익스피어의 작품을 쓸 수 있다는 말처럼 터무니없다는 주장이다.

이런 말을 들으면 '음, 그럴지도 모르겠군' 하는 생각도 들지만 분자생물학자는 이렇게 반론한다. 그것은 우리 기분이나 생각과는 상관없이 사실이냐 아니냐의 문제이며, 사실 문제로서 지금 우리 앞에 있는 현실, 즉 물질 진화의 연장선상에서 생명이 탄생하고 진화해서 인간이 됐다는 프로세스는, 원숭이가 셰익스피어 작품을 우연히 타이핑하는 것과 같을 정도로 기적적으로 드문 확률로 일어난 사상事象이 중첩돼 만들어진 산물이라고.

인간은 의미를 추구하는 동물이다. 따라서 어떻게든 인간존재에 특별한 의미를 부여하고 싶어 하며, 생명현상에서 물리현상 이상의 의미를 찾아내고자 한다. 생명현상에 신비로운 미지의 영역이 많이 있었을 때는 특별한 의미를 찾아내기가 쉬웠다. 하지만 분자생물학이 생명현상을 물리현상으로 하나하나 해명해갈 때마다 생명의 신비는 사라져갔다.

마침내 모든 생명현상이 물리현상으로 환원되면 인간존재에게 특별한 의미 따위는 없는 것으로 증명될지도 모른다. 그리하여 이제 '존재의 의미'라는 생명론 또는 인간론의 가장 오래된 철학적 질문이 생명과학의 질문으로 대체되고 있다고 해도 될지 모른다. 이런 의미에서 생명과학은 이제 전문가뿐만 아니라 생명과 인간에 관심을 가진 모든 사람에게 지적인 면에서 가장 도전적인 학문이 되어간다.

나는 예전부터 생명과학에 이런 관심을 갖고 있었다. 분자생물학 개설서를 읽어보긴 했지만, 기회가 있다면 지금 분자생물학이 어디까지 와 있는지 좀 더 전문적으로 알아보고 싶었다. 그래서 미국에 있는 도네가와 교수를 만나보지 않겠느냐고 《문예춘추》 편집부가 '유혹'했을 때 나는 쾌히 승낙했다. 그러고는 분자생물학이나 면역학 관련 책을 잔뜩 사서는 예비지식을 쌓은 다음, 보스턴에 있는 도네가와 교수를 찾아가 스무 시간에 걸친 인터뷰를 하고 돌아왔다.

아무튼 나는 지금 도네가와 교수의 연구에 관해 이야기를 풀어놓을 수 있다. 여전히 전문적으로 깊이 들어갈 수는 없지만 적어도 일반인에게 도네가와 교수가 무엇을 어떻게 연구했고, 그 연구가 어째서 노벨상을 받을 만한 가치가 있는지 얘기할 수 있을 정도는 된다.

도네가와 교수는 노벨상을 받은 터라 지금도 여러 매체의 인터뷰가 잔뜩 밀려 있다. 그런데 어느 인터뷰나 똑같이 초보적인 질문과 응답 일색이다.

도네가와 교수로서는 많은 사람이 좀 더 본질적인 차원에서 자신의 연구를 이해해주길 바라는 마음이 있는 한편, 더 이상 시시한 질문에 시간을 빼앗기고 싶지 않다는 마음도 있었다. 그래서 아마추어 대표 저널리스트의 철저한 질문에 대답하는 장시간의 인터뷰를 한 번 하는 것을 끝으로, 더는 이런 유의 인터뷰는 사절하고 연구 생활로 돌아가겠다고 해서 이 인터뷰가 실현됐다. 결국 다시없는 인터뷰가 된 셈이다.

이미 서론이 꽤 길어졌지만 아직 할 말이 남아 있다.

앞서 얘기했듯이 분자생물학은 20세기 후반에 급속히 발전한 학문이다. 따라서 세대에 따라 지식 차가 크다. 젊은 세대에게는 DNA, RNA 등이 설명하지 않아도 알 수 있는 개념이다. 그러나 조금 나이를 먹은 사람은 DNA가 무엇인지 분명하게 다가오지 않을 것이다.

전문 지식을 상당히 다루는 글을 쓸 때 가장 어려운 점이 어떤 수준의 독자를 대상으로 삼을까 하는 문제다. 대상에 따라 쓰는 방식이 완전히 달라지기 때문이다. 너무 수준을 높이면 대다수 사람은 읽어도 알 수 없는 글이 돼버린다. 너무 수준을 낮추면 기초 지식에 관한 설명이 쓸데없이 많아져서 지식이 있는 사람은 지겨워한다.

이 책은 '고등학교 생물' 입문 수준의 예비지식이 있으면 알 수 있을 정도로 쓰려고 했다. 고등학교 생물 수준이라 해도 옛날이 아니라 현대의 지식이다. 예전에는 분자생물학 관계 등에 관해 아무것도 가르치지 않았지만 지금은 상당한 내용을 가르친다. 가끔 생물 교과서나 참고서 도판도 인용할 텐데, 그 그림을 보면 현대 '생물'이 예전 '생물'과 얼마나 달라졌는지 잘 알 수 있을 것이다.

그렇다고 너무 걱정할 필요는 없다. 분자생물학 지식이 전혀 없는 사람도 이해할 수 있도록 필요한 설명을 수시로 덧붙일 예정이다. 주석도 풍부하게 달아놓아 대강이라도 내용을 알 수 있게 하려 한다.

사실 이런 방면에 열심인 사람들 외에는 세부 내용까지 완전히 알 필요는 없다. 대충만 알고 있어도 괜찮다. 전문적이고 좀 어려워서 잘 모르겠다는 부분은 건너뛰면서 읽는 독자들도 본질적으로 중요한 부분은 건너뛰지 않도록 궁리해둘 작정이다(그림 1 참조).[3]

고교 생물 수준의 지식으로 집필하는 데에는 실은 또 하나의 의미가 있다. 지금 고등학교에서 가르치는 분자생물학 내용은 20세기 전반까지 연구된 수준에 머물러 있다. 기껏해야 1960년대 전반까지다. 분자생물학은 그 뒤에 폭발적으로 발전했다. 따라서 고등학교의 분자생물학 지식은 기초 중에서도 기초 수준이다. 그 뒤의 발전은 모두 이 기초 위에 구축돼 있다.

도네가와 교수는 1939년에 태어났다. 1963년에 교토대 이학부 화학과를 졸업했다. 도네가와 교수가 처음 분자생물학을 접한 때는, 나중에도 얘기하겠지만, 그 시절의 일이다. 도네가와 교수는 분자생물학에 감명을 받아 진로를 정했다고 한다. 그 당시만 해도 어지간한 전문가가 아니면 전혀 알 수 없었던 분자생물학의 최첨단 지식이 지금의 고등학교 생물 내용이니, 이 영역의 학문 진화가 얼마나 빠른지 가늠할 수 있다.

도네가와 교수도 그 정도의 지식으로 분자생물학을 시작했다. 그 뒤로 도네가와 교수의 연구와 분자생물학의 발전은 동시에 진행됐다. 따라서 고등학교 생물 내용을 알아두면, 도네가와 교수의 연구를 쫓아가는 것만으로도 분자생물학의 발전을 더듬어볼 수 있는 셈이다.

그럼 시간순대로 쫓아가는 방식으로 도네가와 교수의 이야기를 들어보자.

1939년생인 도네가와 교수는 1958년에 히비야 고등학교를 졸업했으나 1년 재수를 하고 1959년에 교토대학 이학부에 입학했다.

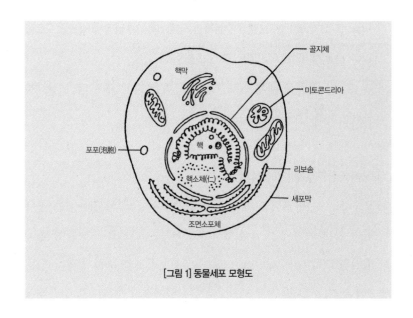

[그림 1] 동물세포 모형도

미국에서 배운 제1세대

| 이학부 화학과 출신이시군요. 원래 생물에 대한 흥미가 있어서 분자생물학을
택한 것이 아니었습니까?

"나는 고등학교 때 생물을 택하지 않았습니다. 따라서 생물학 지식
이 처음엔 전혀 없었어요. 예컨대 인간의 몸이 모두 세포로 이뤄져 있
다는 것도 대학에 들어가서 일반교양 생물 강의를 들을 때까지 몰랐
을 정도였지요. 그 말을 들었을 때 '아니, 뭐라고?'라는 생각을 했을
정도였어요. 친구들에게 바로 그 이야기를 했더니 너는 그런 것도 몰
랐냐며 매우 한심해했지요. (웃음) 이런 얘기는 쓰지 말아주세요."

| 아뇨, 그 얘기 좋아요. 노벨상 수상자인 도네가와 교수님께서 세포를 모르셨
다니, 정말 재미있는 얘기네요. 꼭 쓰게 해주세요.

"그 얘기를 들었을 때 '아, 그렇군. 생물학은 벌써 꽤 대단한 것까지
알아냈군' 하고 감탄했을 정도였지요. (웃음)"

| 오히려 화학에 흥미가 있었다고….

"고등학교 때 비교적 화학 성적이 좋았어요. 그래서 처음에는 공학
부 화학 관련 학과에 가고 싶었으나 공학부는 비교적 경쟁률이 높아
서 어려웠지요. 나는 대단한 수재가 아니라 공부를 그렇게 잘하진 못
했습니다. 자칫 공학부에 지원했다가는 떨어질지 모른다고 생각하던

차에 이학부에도 화학과가 있기에 그쪽을 택했지요."

| 공학부에 가셨다면 엔지니어가 되셨을 테니, 노벨상 수상자인 도네가와 교수

님은 없었을지도 모르겠군요. 그 무렵 교양생물학에서는 가르친 수준이 어느

정도였나요? 왓슨·크릭의 DNA 이중나선 구조 발견[4]이 1953년이니까. 벌써

6년이나 지난 시점이었네요.

"그 수업에서 딱 한 번 '최근 유전자의 화학적 조성을 알아냈다. 그

것은 핵산이다'라는 얘기를 들었어요. 그뿐이었지요. 분자생물학적인

내용은 그 무렵의 생물학이라면 고전적인 동물학이나 식물학으로…."

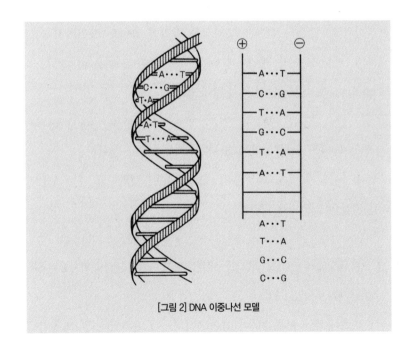

[그림 2] DNA 이중나선 모델

| 박물학적인 지식을 가르치고 있었군요.

"예, 맞아요. 분류학이랄지, 그런 것은 진짜 학문이라고는 할 수 없지요. 분명히 얘기해두지만, 고등학교에서도 될 만한 녀석들은 물리·화학을 했고 별로 성적이 좋지 않고 암기로 커버하려는 학생이 생물을 했어요."

| 분자생물학자는 고전적 생물학자가 아니라 물리나 화학 분야에서 나온 사람이 많지요.

"원래 분자생물학이 탄생하는 데에는 물리학자나 화학자가 크게 공헌했지요. 예를 들자면 분자생물학 창시자의 한 사람인 델브뤼크[5]는 물리학자고, 왓슨과 함께 이중나선을 발견한 크릭도 물리학자지요. 일본의 1세대를 보면, 와타나베 이타루[6]는 화학 분야 출신이지요. 물리·화학이 배경인 사람이 적지 않아요."

| 분자생물학은 고전적 생물학과는 다른 곳에서 태어나 자랐다?

"분자생물학자는 생화학자 라이선스도 없이 생화학을 하는 사람이라는 말까지 들었지요. (웃음)"

| 그런 상황에서 분자생물학이라는 학문을 알고 거기에 관심을 가지셨는데요, 어떤 계기가 있었나요?

"교토대에서는 처음 2년이 교양부이고, 3학년부터 전문 과정입니

다. 나는 화학과를 선택했습니다. 3학년 때는 화학과에서 공통 교육을 받았고, 4학년 때 화학과의 한 교실에 배속됐지요. 유기화학이나 무기화학 같은 무슨무슨 화학이라는 과가 10여 개 있었습니다. 보통 그 가운데 한 교실에서 논문을 쓰고 졸업하지요.

그런데 그 무렵 '화학은 별로 재미없겠구나' 하는 생각이 들었어요. 유기든 무기든 이미 완성된 낡은 학문으로는 할 일이 별로 남아 있지 않다고, 제 멋대로 생각했지요. 매력을 못 느낀 겁니다. 그렇다고 샐러리맨이 될 생각도 없어서 대학에 남아야겠다고는 생각했습니다. 결국 어느 화학 교실을 택할지가 중요했는데, 해보고 싶은 게 없었어요. 3학년에서 4학년으로 올라갈 때 고민 좀 했지요."

| 왜 샐러리맨 되는 게 싫었습니까?

"그 무렵은 바로 안보투쟁安保鬪爭* 뒤여서 친구들 가운데 회사 따위에서 일하는 샐러리맨이 돼서 자본가를 위해 평생 일하는 건 따분하지 않은가 하는 치들이 있었지요. 그런 친구들이 진지하고 더 매력적인 남자로 보였어요. 그치들의 영향을 받아 점점 '그래, 확실히 회사 근무 따위 따분한 거야'라고 생각하게 된 거지요."

| 저도 같은 세대여서 알겠습니다만, 확실히 그 시대엔 그런 분위기가 있었습

---

* 1959~1960년, 1970년 두 번에 걸쳐 일본에서 일어난 미일안전보장조약(안보조약) 반대 투쟁이다. 안보조약에 반대하는 학생, 교수, 시민, 노동자, 국회의원 그리고 좌익과 신좌익 운동가 등이 대학과 도심에서 대규모 가두시위를 벌인 반정부·반미 운동. 각주는 모두 옮긴이 주임을 밝힌다.

니다. 안보투쟁은 교수님 대학 2년 때의 일이군요.

"그렇지요. 1960년에는 이미 학교 수업에도 상당한 영향을 주기 시작했어요. 즉 교수에게 부탁해서 수업 시간을 토론회로 바꾸거나 데모에 참가하기도 했습니다. 나는 전혀 비정치적인 학생이었지만 뿌리가 진지한 쪽이라 토론을 열심히 들었지요. 그러다가 점점 그치들, 운동하는 친구들 말이 옳다고 생각해 데모에도 나가게 됐습니다. 모두 모여 뭔가 소란스레 외쳐대기만 해서 재미없다는 생각도 들었지만 하지 않으면 안 된다는 생각도 있었지요. 그런데 도쿄에서 감바 미치코樺美智子라는 대학생이 죽었어요."

| 1960년 6월 15일.

"그렇지요. 그 충격이 컸어요. 그래서 교토에서도 모두 도쿄로 갔습니다. 안보(조약)가 시한*을 넘기기 전날 밤이었지요. 그때 우리들은 도쿄 국회 앞에 있었습니다. 우리 교실의 학생 40명 가운데 30명이 갔어요."

| 그 무렵 전학련全学連(전일본학생자치회총연합全日本学生自治会総連合)의 지도부도 도쿄 사람은 전부 체포당했고, 데모 지휘도 교토대학의 기타코지 사토시北小路敏가 맡고 있었지요.

---

* 갱신 여부를 결정할 시한으로 폐기 조치가 없으면 자동 연장됨.

"기타코지. 맞아요, 그랬어요. 그 사람은 어떻게 됐습니까?"

| 지금 어려운 처지입니다. 그 뒤 중핵파中核派*로 옮겨 가 지도자 가운데 한 사

람이 됐고, 우치게바 혁마르파**에 생명의 위협을 당해….

"그 무렵엔 이데올로기상의 당파 대립으로 이러쿵저러쿵하는 게 없

어서 좋았어요. 정치적으로 아무것도 아닌 보통 학생들 모두가 그랬

지요. 그래서 안보투쟁이 끝나자 모두들 어쩐지…."

| 좌절감이랄까, 허탈감이랄까….

"예, 어쩐지, 뭘 해야 좋을지 모르는, 아무것도 손에 잡히지 않는 듯

한 그런 분위기가 있었지요. 역시."

| 자본가를 위해 일한다 한들 어쩔 수 없다고 생각하는 건 그런 분위기 속에서

였던가요?

"뭐, 그렇겠지요. 역시 안보투쟁은 당시 학생들에게 상당히 큰 영향

을 주었어요. 그 때문에 인생의 방향을 바꾼 친구가 내 주변에도 제법

있어요."

---

* 혁명적 공산주의자동맹 전국위원회革命的共産主義者同盟全国委員会의 통칭으로 일본 신좌익 당파의 하나.

** '우치게바内ゲバ'란 '내부 게발트'의 축약어인데, 독일어 게발트Gewalt는 위력·폭력이라는 뜻이다. 따라서 우
치게바란 조직 내부의 폭력을 뜻하며, 이를 통해 반대파를 제거하고 조직을 통일하려는 노선의 좌익세력을 말한
다. 혁마르는 혁명적 마르크스주의 당파.

| 그래서 샐러리맨이 되는 건 면하셨지만, 화학도 하기 싫다고 하셨는데, 결국 어떻게 됐나요?

"사람들과 상의했습니다. 화학과에 생물화학교실이 있었고, 거기에 대학원 박사 과정을 막 끝내고 연구실에 남아 있던 야마다山田라는 분이 있었어요. 아주 매력적인 사람이니 만나보라고 친구들이 권유해 그분을 만나러 갔습니다. 재미있는 분이어서 지금까지도 알고 지내고 있습니다만, 그분이 내게 여러 가지를 가르쳐주셨어요. 그 가운데 니런버그[7]의 유전암호 해독 얘기가 있었습니다.

요컨대, DNA 정보가 어떻게 아미노산배열에 대응하고 있는가 하는 것이 당시 분자생물학 중심 과제의 하나였습니다. 그 대응 관계를 실험적으로 처음 밝혀낸 사람이 니런버그입니다. DNA의 염기배열 세 개가 하나의 암호가 돼 한 개의 아미노산에 대응하고 있다는 사실을 대단히 우아한 실험을 통해 보여줬지요. 그는 그걸로 노벨상을 받았습니다."

여기서 약간의 해설을 붙인다. DNA의 유전정보는 A, T, G, C 네 개의 염기배열 형태로 표현된다. 이 염기배열이 어떤 의미를 지니는지 잘 몰랐으므로 이를 유전암호라고 했다. 유전정보는 요컨대 단백질을 합성하라는 지령이다.[8] 모든 단백질은 스무 종류의 아미노산 가운데 어떤 것이 어떤 순서로 배열돼 있느냐에 따라 각기 다르게 만들어진다. 유전암호는 이 아미노산을 어떻게 배열하라는 지령이다. 만일 염기 한 개가 아미노산 한 개에 대응한다면 네 종류의 아미노산밖에 지정할 수 없다. 그러면 염기 조합 두 개가 아미노산 하나를 지정한다면 어떻게 될까. AA, AG, GC 등 두 염기 조합 총수는 열여섯 개밖에 없으므로 16종의 아미노산밖에 지정할 수 없다.

결국 스무 종류의 아미노산을 지정하기 위해서는 염기 조합이 최소세 개가 필요하다. 세 조합이면 64종류가 되기 때문에 남게 되지만, 실은 암호에는 중복이 있다. 아미노산 한 개에 대응하는 암호가 두 개나 세 개까지 있다는 사실이 나중에 밝혀졌다.

어느 염기배열이 어떤 아미노산 암호가 되는지를 해독하는 일은 쉽지 않다. 현실의 살아 있는 세포에서는 DNA에 방대한 수의 염기배열이 늘어서 있고 이것이 동시진행적으로 여러 단백질합성을 한다. 모두가 뒤섞여 하나로 돼 있기 때문에 염기배열과 아미노산이 대응하고 있다는 사실은 알지만 어떻게 대응하고 있는지는 조사해볼 방도가 없었다. 그러면 니런버그는 어떻게 했을까.

DNA가 단백질을 합성한다고 하더라도 그 실제 구조는 복잡하다. 실제의 단백질합성은 세포핵 바깥의 세포질 속에 있는 리보솜이라는 작은 기관 안에서 일어난다. 재료가 되는 아미노산은 세포질 속에 있다.

유전정보는 핵 속의 DNA에 있고, 단백질합성은 핵 바깥에서 이뤄진다면 그 사이를 이어주는 매개체가 필요하다. 그것이 RNA다. DNA가 지닌 방대한 유전정보 가운데 하나의 단백질합성에 관한 부분만이 메신저 RNAmRNA(전령 RNA라고도 한다)에 전사轉寫돼 그 속에서 하나의 아미노산에 관한 것만이 각기 대응하는 트랜스퍼 RNAtRNA(운반 RNA라고도 한다)에 의해 해독된다.[9]

니런버그의 시대는 이러한 프로세스가 아직 잘 알려져 있지 않았다. 어슴푸레한 과정밖에 몰랐다. 단백질합성의 현장에서 아미노산을 실제로 결합시키는 역할을 수행하는 것이 RNA라는 점은 알고 있었다. 그러나 살아 있는 세포 속에는 무수한 RNA가 있다. 대장균과 같은 원시 세포 하나에도 RNA는 몇만, 몇십만이라는 단위로 존재한다. 대장균의 DNA에는 300만 염기쌍의 유전정보가 있고 그 부분부분을 무수한 RNA가 전사해서 돌아다니고 있다. 이런 까닭에 살아 있는 세포 속에서 염기배열과 아미노산배열의 대응 관계를 추적하는 것은 도저히 불가능하다.

니런버그는 이렇게 생각했다. 단백질합성의 최종 현장에서 특정 RNA가 특정 아미노산을 운반하는 관계가 성립된다면, 먼저 특정한 염기배열을 가진 특정 RNA를 인공적으로 합성한다. 그다음 이것을 여러 아미노산이 뒤섞여 잔뜩 들어 있는 용액 속에 넣어둔다. 그러면 tRNA는 특정 아미노산만을 골라낼 게 틀림없다. 그렇다면 RNA의 염기배열과 아미노산의 대응 관계를 확실히 알 수 있다.

바로 역발상이었다. 이미 현실에 있는 암호를 해독하려는 것이 아니라 자신이 암호를 만들어서 그 암호가 현실에서 어떻게 작동하는지를 보겠다는 발상이었다.

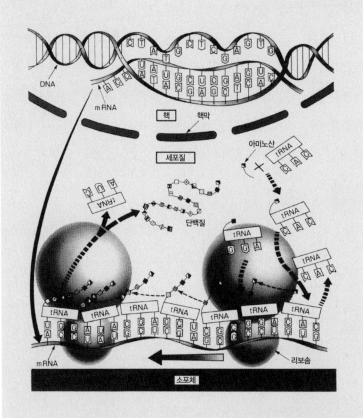

[그림 3] 단백질의 합성 구조

〈고등학교 생물〉 (학교도서주식회사)

이 전략은 보기 좋게 통했다. 니런버그는 먼저 우라실(염기U)만을 연결시킨 UUU라는 단순한 염기배열을 지닌 인공 RNA를 사용해봤다. 그랬더니 이것은 놀랍게도 페닐알라닌이라는 아미노산만을 골라내 연결시켰다. 즉 UUU의 유전암호는 페닐알라닌이라는 아미노산에 대응한다는 사실을 알 수 있었다. 같은 방법을 써서 차례차례 다른 염기배열을 지닌 인공 RNA가 합성됐고, 이를 통해 유전암호가 해독됐다. 최종적으로 유전암호가 모두 해독된 때는 1966년이다. 그림 4에 해독된 유전암호 일람표를 정리해놓았다. 유전암호는 RNA의 염기명으로 표시돼 있다.

제1문자↓	제2문자→ U	C	A	G	제3문자↓
U	UUU UUC } 페닐알라닌(Phe) UUA UUG } 로이신(Leu)	UCU UCC UCA UCG } 세린(Ser)	UAU UAC } 티로신(Tyr) UAA (중지) UAG (중지)	UGU UGC } 시스틴(Cys) UGA (중지) UGG 트립토판(Trp)	U C A G
C	CUU CUC CUA CUG } 로이신(Leu)	CCU CCC CCA CCG } 프롤린(Pro)	CAU CAC } 히스티진(His) CAA CAG } 글루타민(Gln)	CGU CGC CGA CGG } 알기닌(Arg)	U C A G
A	AUU AUC } 이소로이신(Ile) AUA AUG 메티오닌(Met)	ACU ACC ACA ACG } 트레오닌(Thy)	AAU AAC } 아스파라긴(Asn) AAA AAG } 리신(Lys)	AGU AGC } 세린(Ser) AGA AGG } 알기닌(Arg)	U C A G
G	GUU GUC GUA GUG } 바린(Val)	GCU GCC GCA GCG } 알라닌(Ala)	GAU GAC } 아스파라긴산(Asp) GAA GAG } 글루타민산(Glu)	GGU GGC GGA GGG } 글리신(Gly)	U C A G

[그림 4] 메신저 RNA상의 아미노산 암호

| 니런버그가 최초로 해독한 때가 1961년, 그 얘기를 3학년에서 4학년이 될 때

들었다면[10] 1962년이니까, 그다음 해로군요. 최신 정보였겠습니다.

"그렇지요. 보고가 나온 직후였지요. 생물화학은 이른바 생화학으

로 단백질이나 효소의 작용을 연구하는 오래된 학문입니다만, 야마다

선배는 최신 정보를 공부해서 알고 있었지요. 생물화학 세계에는 이

런 일도 있습니다, 하고 가르쳐주었습니다."

| 그때가 분자생물학의 세계를 접한 최초의 순간이었나요?

"그 실험 이야기뿐이었으니까, 세계까지 접했다고는 말할 수 없겠

지요. 그때는 '아니, 이런 재미있는 분야가 있다니' 하고 생각했지요.

화학은 따분하다고 느꼈지만 생물 현상을 화학적으로 연구하는 일은

어쩌면 재미있겠다는 생각이 들었지요. 그래서 생물화학교실에 들어

가기로 결정했습니다. 지금 생각하면 그 일이 최초의 계기가 된 셈이

군요. 본격적으로 분자생물학 세계에 끌려들어간 시기는 조금 뒤였습

니다만."

| 그다음 계기는 무엇이었습니까?

"4학년이 돼 생물화학교실에 들어간 지 얼마 지나지 않아, 5월께였

던가, 당시 바이러스연구소 교수를 하고 있던 와타나베 이타루 교수

가 연속 20회짜리 분자생물학 특별 강의를 한다기에 들어보고 싶었어

요. 이타루 교수는 다들 알고 계시겠지만, 일본 분자생물학 대선배로,

원래 도쿄대 물리화학과 출신입니다. 전후에 일찍부터 핵산 연구에 손을 대 1953년이었나요, 그 무렵에 이미 도쿄대 조교수가 되었지요. 그런데도 미국 캘리포니아 대학 버클리 캠퍼스에 유학을 가셨지요.

당시 캘리포니아는 분자생물학의 중심지 가운데 한 곳으로, 버클리에는 유명한 스텐트Gunther Stent 교수가 있었습니다. 이타루 교수는 그 사람 밑에서 일본인으로는 거의 처음으로 분자생물학을 본격적으로 공부했지요. 그러고는 일본에 돌아와 교토대학 바이러스연구소 교수가 되어 분자생물학 연구실을 열었습니다. 그때가 1959년이니까 내가 대학에 들어가던 해였어요. 1963년, 내가 미국에 유학을 간 해에는 이타루 교수가 게이오대학으로 옮겨갔지요. 정말 짧은 기간이었는데, 그때 그곳이 일본 분자생물학의 거점이 되었습니다."

| 그 당시 일본의 다른 대학에서는 분자생물학을 연구하는 데가 없었나요?

"아마도 몇 군데 있긴 했겠지만, 매우 한정돼 있었어요. 일본 분자생물학의 제1세대 선배들은 와타나베 교수처럼 모두 그 시기에 미국에 가서 공부하고 온 분들이지요. 그때는 다들 20대나 30대로 모두 젊었지요. 지금은 모두 대학 교수로 이미 정년에 접어들고 있지만요. 그런 분들이 차례차례 귀국해 일본에서도 분자생물학을 키우려고 모두들 활발하게 활동했습니다. 특히 이타루 교수는 40대로 나이도 많고 교토대학 교수인 데다가, 좋은 의미에서의 '두목' 기질을 지닌 분이라 모두를 돌봐주고 있었습니다."

| **'돌봐주었다'는 말씀은 구체적으로 어떤 뜻입니까?**

"미국에서 분자생물학을 공부하고 왔다고 해도, 요컨대 먹고 살기가 어렵습니다. 분자생물학은 아직 세상에 알려져 있지 않았기 때문에 어디에도 자리가 없었어요. 이타루 교수가 '내가 있는 데로 와'라고 해 많은 분을 자신이 일하는 곳으로 데려가 먹여 살렸지요."

| **어떻게 먹여 살렸단 말씀인가요?**

"이타루 교수가 있는 곳에 미국에서 연구비가 들어왔지요. 돈이 꽤 있었어요. 데려온 사람에게 연구원 같은 적당한 지위를 주거나, 지위고 뭐고 없이 그냥 어디 자리가 날 때까지 연구실에 머물게 했지요. 미국 유학에서 돌아온 젊은 친구들은 누구나 '거기에 가면 어떻게 되겠지' 하고 갔어요."

| **일본의 젊은 분자생물학자들의 양산박梁山泊[*] 이었던 셈이군요.**

"그래서 이타루 교수의 강의는, 다른 훌륭한 선생들의 강의처럼 처음부터 끝까지 선생이 강단에서 근엄한 얼굴로 가르치면 모두가 조용히 경청하는 그런 것과는 전혀 달랐지요. 당시 바이러스연구소에서 조교수를 했던 가와데 요시미川出由己(당시 교토대 명예교수)나 조수 유라 다카시由良隆(당시 교토대 바이러스연구소 소장)도 강의에 동참했지요. 세 사람이

---
[*] 소설 《수호전》의 호걸들 본거지.

강의를 분담해서 각자 더 전문성을 지닌 분야를 맡는 미국식 강의였어요. 학생들도 모두 대등한 자격으로 토론을 하는 강의라서 실로 활기찬 분위기였습니다. 그래서 나도 '좋아, 분자생물학을 해보자'라고 결심하게 되었지요."

| 당시 분자생물학 전체를 개괄하는 강의였나요?

"예. 개론이었지요. 그래도 그 무렵엔 이미 분자생물학을 알 만한 사람은 알고 있었지요. 여러 경계 영역의 사람들이 흥미를 갖고 있었어요. 유카와 히데키湯川秀樹도 분자생물학에 흥미가 있었던 것 같아요. 특별 강의에는 오지 않았지만 그분 밑에 있는 조교수가 왔습니다. 그 밖에 여러 연구실의 조교수나 조수급 사람들이 청강하러 많이 왔어요. 보통 강의와는 많이 달랐지요."

| 내용 면에서는 분자생물학의 어느 분야에 끌리셨나요?

"어쨌든 재미있었어요. 세계 과학의 제일선에서는 이런 재미있는 연구를 하고 있다고 생각하니, 고전 생물학을 연구하는 일은 멍청한 짓이라고 여기게 되었지요."

| 그래도 현실적으로는 생물화학교실 학부 학생이니, 그 '멍청한 짓'을 계속할 수밖에 없었을 텐데요?

"우선은 분자생물학을 공부하기 위해 준비했다고 해야겠습니다. 분

자생물학을 하려면 여러 예비지식이 필요합니다. 예컨대 유전학의 경우, 유라 교수가 특별 강의를 하고 있었으므로 그걸 들으러 갔습니다. 그리고 발생학 지식도 필요해요. 이건 오카다 도킨도岡田節人 교수(전 기초생물학연구소 소장)의 강의를 동물학교실에까지 가서 들었습니다. 그다음엔 선배인 야마다 교수 등의 가르침을 받아가며 관련 문헌을 읽기도 했습니다."

| 생물화학 쪽은 어땠습니까?

"다른 과목 강의만 열심히 들었지 전공 공부는 제대로 하지 않았어요. 그래서 졸업논문도 없습니다. 스스로 공부하는 수밖에 없겠다는 판단에 앞서 말씀드린 이런저런 일들을 하고 있었지요. 생물화학교실에서 한 일은 예의 야마다 교수 연구를 거들어준 것 정도예요."

| 야마다 교수는 어떤 연구를 하고 있었습니까?

"그분도 별난 사람이었어요. 옛날부터 재첩 국물을 마시면 황달이 낫는다고 했잖아요?"

| 모르겠습니다만.

"아니, 모르신다고요? 나는 어릴 때 황달에 걸렸을 때 어머니가 의사 말에 따라 매일 재첩 국물을 만들어 마시게 한 적이 있습니다."

| 효과가 있었군요?

"재첩 국물 속에 황달에 효과가 있는 성분이 있을 거라고들 했어요. 그는 그 성분을 추출해서 한밑천 잡으려고 생각했겠지요. 그래서 비와코琵琶湖의 세타瀨田에 사는 어부한테서 재첩을 한 드럼통 가득 사 와서 열심히 삶아 엑기스*를 만들었어요. 엑기스 속 어떤 성분이 효과가 있는지 조사해볼 작정이었지요. 그걸 위해 바이오어세이bioassay** [11]라고 해서, 살아 있는 생물을 사용해서 효력을 검정하지요.

수술로, 토끼의 간장에서 담즙을 체외로 뽑아낼 수 있도록 튜브를 연결합니다. 그때그때 담즙을 채취해서 어떤 변화가 일어나는지 조사하지요. (나도) 그런 일을 했어요. 가끔 이것도 학문인가 하는 의구심에 사로잡히기도 했지만, (웃음) 다른 사람도 아닌 야마다 교수가 하는 일이니까 뭐, 괜찮겠지 생각하고 거들었습니다. 생화학에서 중요하게 기억하는 것은 이 정도입니다."

대단했던 오페론설의 영향

| 그래서 졸업할 수 있었나요?

"졸업이 가까워졌을 때 교수가, 너희들은 졸업 논문을 쓰지 않아도

---

* 추출물. 네덜란드어 extract의 앞부분 엑스ex의 일본어식 표기.

** 생물에 대한 효과를 지표로 한 활성 물질 등의 정량定量 시험법.

좋다, 뭐라도 좋으니 좋아하는 논문을 읽고 오라고 했어요. 읽은 내용을 발표하고 토의해서 잘 정리하면 졸업시켜준다고 했지요."

| 무엇을 읽었습니까?

"프랑스의 유명한 분자생물학자로 자코브와 모노[12]라는 두 학자가 그 무렵 오페론설을 주창했습니다. 이와 관련해, 당시 분자생물학에서는 가장 유명한 영국 잡지인《저널 오브 멀레큘러 바이올로지Journal of Molecular Biology》에 수록된 논문과, 미국의 콜드스프링하버연구소 심포지엄에서 발표된 논문을 구해 읽었지요.

콜드스프링하버연구소라는 곳은 이중나선으로 유명한 왓슨이 소장을 맡고 있어요.[*] 미국에서는 가장 유명한 분자생물학 연구소로 역사도 오래되었습니다. 1930년 이래로 거기서 매년 여름 여러 주제로 심포지엄이 열립니다. 세계적인 성과를 거둔 분자생물학자들이 심포지엄에 초청돼 발표하지요. 이 일이 분자생물학자들에겐 최고의 지위 상징status symbol입니다. 심포지엄 논문집 역시 매년 간행돼요. 표지가 붉어서 '레드북'으로 불리는데, 이 책이 분자생물학의 최첨단 '업적집'입니다.

나도 이번 노벨상 대상이 된 항체의 다양성 메커니즘을 해명한 연구를 1976년에 발표했을 때, 그 심포지엄에 초대돼 얘기를 했습니다. 그

---

[*] 왓슨은 1994년부터 2002년까지 소장을 지냄.

곳에서 발표한 사람들 가운데 노벨상 수상자가 여러 분 나왔습니다. 자코브, 모노도 거기에서 발표한 오페론설로 나중에 노벨상을 받았지요."

오페론설을 간단히 살펴보자. 세포 하나하나에 DNA가 있는데 그 속에 방대한 유전정보가 들어 있다. 예를 들면, 인간은 60조 개의 세포로 구성돼 있는데, 그 하나하나의 세포에는 길이 1.8미터의 DNA가 들어 있고, 거기에는 염기쌍으로 30억 개 분의 유전정보가 축적돼 있다. 그중에서 읽어낼 수 있는 유전정보는 극히 일부이다. 대부분은 읽히지 못한 상태로 끝난다.

세포 각각에는 인간이 지닌 모든 유전정보가 담겨 있다. 세포는 유전정보 가운데 극히 일부의 정보만을 읽어내서 형질을 발현시킨다. 어떤 세포는 근육이 되고, 어떤 세포는 간장이 된다. 근육이 되는 세포에 근육 정보만 있는 것은 아니다. 어느 세포에든 모든 정보가 담겨 있다. 근육이 된 세포에도 머리털이 되기 위한 정보나 뼈가 되기 위한 정보 등 모든 정보가 들어 있다. 정보 면에서는 한 세포가 무엇이든 될 수 있는 가능성을 품고 있는 셈이다. 그러나 근육이 된 세포는 근육 정보만을 선택적으로 읽어낸다.

왜 그럴까. 왜 방대한 유전정보 가운데 특정 정보만 읽어낼까. 왜 다른 정보는 읽어낼 수 없을까. 유전자 발현의 제어·조절 메커니즘이 어떻게 돼 있기 때문일까.

자코브와 모노가 생각한 오페론설에 따르면, 그 메커니즘은 이렇다. 유전정보는 하나의 문장처럼 일정하게 정리돼, 읽어낼 수 있는 단위 규모로 하나의 블록을 형성한다. 이 블록이 하나의 단백질 합성에 대응한다. 블록마다 어느 문장을 읽을지 말지를 결정하는 스위치 같은 것이 있는데, 보통은 리프레서(억제인자)가 작동해 스위치가 켜지지 않는다. 리프레서가 작동을 멈추고 스위치가 켜지면 정리된 유전정보가 읽혀지고, 이 정보대로 단백질 합성이 시작된다. 앞서 얘기한 전령 RNA는 이 블록마다 정보를 전사해서 핵 바깥으로 실어 나른다.

이처럼 단백질 합성을 지령하는 부분의 유전자를 구조유전자라 한다. 어느 정보를 읽을지 결정하는 유전자는 조절유전자라고 한다.

| 오페론설은 단순한 설이자 사변思辨의 산물인가요?

"아니, 그런 건 아닙니다. 실험을 토대로 생각해낸 모델이지요. 분자생물학적으로, 구체적 물질로 추출해서 보여주는 실험은 하지 않습니다. 그러나 유전학의 방법에서, 그런 것의 존재를 상정하지 않으면 이런 실험 데이터를 설명할 수 없다는 선까지의 실험은 했습니다."[13]

| 분자생물학이 등장하기 이전에 유전자의 존재를 증명할 때도 그런 방법을 썼습니다. 이것이 유전자야, 라며 유전자 자체를 물질로 추출해 보여줄 수는 없지만, 유전자가 존재할 수밖에 없다는 사실을 여러 교배 실험 등을 토대로 보여주었습니다.

"나는 오페론설의 영향을 크게 받았습니다. 그 뒤로 오늘날까지 일관되게 유전자의 발현 메커니즘이 어떻게 돼 있는지, 자코브와 모노가 말한 대로인지, 아니면 좀 더 깊은 메커니즘이 있는지가 내 연구의 중심 주제입니다.

나에게 노벨상을 안겨준 연구도 그 연장선상에 있습니다. 그런 의미에서 내 관심은 일관돼 있지요."

| 흔히 소설가는 데뷔작의 베리에이션(변주)을 평생 계속한다고 하고, 화가나 음악가도 평생 같은 모티프나 주제를 계속 추구하는 경우가 많다고 합니다. 연구자도 비슷할지 모르겠네요.

"나뿐만 아니라 분자생물학 전체에 오페론설이 끼친 영향은 엄청 컸습니다. 한동안은 모두 자코브, 모노의 아류가 돼버렸어요. 과학 세계에서는 독창성 있는 뛰어난 업적이 나온 뒤 그 변주격인 연구가 봇물 터지듯 이어집니다. 나도 그런 연구부터 시작했는데, 거기에 머물러버리면 범용凡庸한 과학자로 끝나겠지요.

모노는 박테리오파지를 연구해서 그 이론을 구축했는데, 나는 그것이 동물세포의 세계에서도 똑같이 이뤄지는지를 연구해보려고 생각했습니다. 이 연구도 그 나름의 의미가 없지는 않지만 결국 아류인 셈이지요. 디테일의 추구에 지나지 않아요. 일류 과학자가 되려면 그래선 안 됩니다. 다른 사람이 연구한 것을 뒤쫓지 말고 자기 자신만의 독창성을 지닌 연구를 해야 합니다. 나 역시 자코브, 모노의 영향을 크게 받은 만큼 어떻게든 거기에서 벗어나야겠다는 생각을 떨치지 못했어요. 자코브, 모노로는 설명할 수 없는 유전자 제어 구조를 어떻게든 찾아내야겠다고 늘 생각했습니다.

그 뒤 나는 박테리오파지도 연구했고, 암 바이러스나 면역에 관한 연구도 했습니다. 연구 대상을 계속 바꿔온 것처럼 보일지 몰라도 실은 내 머릿속에서는 이 모두가 하나로 연결돼 있습니다."

여기서 얘기하는 박테리오파지는 나중에 또 설명하겠지만, 박테리아에 기생해서 증식하는 바이러스의 일종이다. 그냥 파지라고도 한다. 이 바이러스는 DNA와 단백질로 돼 있으며, 분자생물학 연구 재료로 흔히 이용된다.

| 전부 하나로 연결돼 있다는 말씀은 연구 재료는 달라도 연구 목적은 유전자 발현 메커니즘 탐구에 있었다는 뜻입니까?

"그렇지요. 언제나 거기에 수렴되지요. 자코브, 모노가 한 연구 이상의 것을 찾아내야겠다는 생각에 빠져 여기까지 왔지요. 처음엔 나도 자코브, 모노처럼 파지를 연구할까 하고 생각했어요. 그런데 해보니 그건 아무리 연구해도 자코브, 모노의 아류에서 절대 벗어날 수 없다는 사실을 깨달았어요. 그래서 좀 더 고급 세포를 사용하면 어떨까 하는 생각에 암 바이러스를 연구하기로 했습니다. 그러나 그것도 별것 아니더군요. 결국 더 고급 생물 세포를 사용하자는 판단으로 포유

동물에까지 가게 됐지요."

| 구체적으로 어떤 동물을 사용했나요?

"쥐입니다. 면역 연구는 쥐로 합니다. 면역은 고등동물만이 지닌 시스템이니까요. 동물세포를 쓰지 않으면 알 수 없어요. 쥐를 가지고 연구하다가 발견한 것이 항체의 다양성 생성에 관한 설명으로도 이어졌습니다."

| 아, 그렇군요. 그 연구는 처음부터 항체의 다양성 자체를 목표로 삼았다고 생각했는데, 본래 연구 목표는 유전자 발현의 제어 메커니즘 쪽에 있었군요. 그럼, 다양성 생성의 원리는 중심 연구의 부산물이었다고 할 수 있겠습니다.

"부산물이라기보다는 방패의 양면이라고 하는 편이 좋겠습니다. 항체의 산생産生(형성)이라는 게 곧 유전자의 발현이니까요."

기초 훈련이 결여된 일본의 대학원

이 분야에 대해서는 앞으로 자세하게 해설할 예정이기 때문에, 여기서는 일단 윤곽만 짚고 넘어간다.

면역반응은 림프구[14](자세한 내용은 135쪽 참조)가 만드는 항체 작용이다.

체내에 세균 등 이물질이 침입하면 림프구는 이에 대응해 항체를 만들고 항체가 세균과 결합해서 이물질을 파괴한다. 침입한 각기 다른 이물질에 대응하는 각기 다른 종류 항체가 필요하다. 림프구에 어떤 항체를 만들게 할 것인지는 유전자의 지시에 달렸다. 즉 항체 생산 연구가 곧 유전자 발현 연구가 된다.

"그 연구로 노벨상을 받았으니까 모든 사람의 머릿속에 도네가와 스스무라는 이름과 항체의 다양성이 단단히 결합돼 있을 것 같습니다. 하지만 내 머릿속에 진짜로 엮여 있는 것은 유전자 발현 쪽입니다.

내가 스스로 은근히 자랑으로 여긴 것은, 이로써 마침내 자코브와 모노를 넘어섰다는 점이었습니다. 오랜 꿈이었던, 자코브와 모노로는 설명할 수 없는 유전자 발현의 새로운 메커니즘을 마침내 찾아냈습니다. 노벨상위원회가 어떤 점을 높이 평가했는지 알 수는 없지만, 나 자신은 누가 뭐래도 그 점에서 과학에 공헌했다고 생각합니다."

| 그렇군요. 결국 자코브, 모노의 오페론설이 교수님에게 노벨상을 안겨준 모든 연구의 원점이었군요.

"그런 셈이지요. 학문의 세계에서는 애초에 어떤 계기로 그 학문에 진입했는가, 처음 들어갔을 때 무엇을 하려고 생각했는가가 한 사람의 연구 생활을 평생 좌우하는 경우가 흔합니다. 처음이 정말 중요하지요."

| 다시 돌아가, 생물화학 연구실에서 졸업 논문 대신에 자코브, 모노의 오페론 설 논문을 연구 발표했을 때 어땠습니까?

"모두 멍하니 앉아 있었지요. 교수를 포함해 모두 처음 듣는 내용인지라, 내가 하는 얘기를 전혀 이해하지 못하는 듯했습니다."

| 학부를 졸업하고 바이러스연구소의 와타나베 이타루 교수 연구실에 대학원 생으로 들어가게 됐지요?

"분자생물학을 하려면 대학원에 가야 합니다. 하지만 당시 일본에서는 대학원에서도 분자생물학을 하는 곳이 극히 드물었습니다. 와타나베 이타루 교수 연구실 외에는 나고야 대학의 오사와 쇼조大澤省三 교수(당시 나고야 대학 교수), 히로시마 대학의 시바타니 아쓰히로柴谷篤弘 교수(당시 교토세이카 대학 교수), 오사카 대학의 노무라 마사야스野村真康 교수(당시 캘리포니아 대학 어바인캠퍼스 교수) 연구실 정도가 눈에 띄었지요. 지금 돌이켜보면 당시 내가 상당히 기백이 있었다는 생각이 듭니다. 어느 곳이 가장 좋은지 한 곳 한 곳 찾아가서 견학을 했거든요. 그 결과 역시 바이러스연구소가 제일 낫다고 판단했습니다. 면접시험에서 이 이야길 했더니 받아주었습니다."

| 드디어 분자생물학 공부를 본격적으로 시작하는 건가요?

"아, 아닙니다. 그게 말이지요, 일본의 대학원은 제대로 된 교육기관이 아니에요. 공학이나 문학 등 다른 계열 대학원은 모르겠지만, 이

과 쪽 대학원은 학생을 교육하지 않아요. 도대체 강의라는 게 없습니다. 애초에 모두들 자신들은 이미 대학을 나왔으니 어엿한 연구자연하는 얼굴이었지요. 표면상으론 선생에게도 그런 대접을 받아요. 하지만 실제로는 과학자로서 본격적으로 연구해나가기 위한 기초 훈련을 제대로 계통적으로 받지를 못합니다. 일종의 도제 교육으로, 교수와 조교수의 연구를 거들면서 남이 하는 것을 흉내 내면서 익힙니다. 그 연구가 왜 어떻게 중요한지 스스로 차분하게 생각하거나, 실험 결과를 철저하게 검토하는 훈련이 아닙니다. 과학 연구의 진짜 기초를 갖추지 못한 연구자가 돼버리지요. 일본의 기초과학이 약한 원인이 여기에 있습니다."

| 미국은 다른가요?

"전혀 다릅니다. 예컨대, 내가 지금 소속돼 있는 매사추세츠 공과대학MIT의 경우, 대학원에 들어가면 처음 1년 동안은 전부 강의 수업을 받습니다. 실험은 전혀 하지 않지요. 2년째부터 교실에 배속돼 실험을 하는데, 매우 엄격하게 훈련합니다. 그리고 2년째 막바지에 5, 6명의 선생에게 엄격한 구두시험을 받습니다. 통과하지 못하면 낙제이지요. 애초에 대학원생을 한몫을 하는 연구자로 인정하지 않아요. 일본으로 치자면 고등학생 정도의 급입니다. 철저히 훈련시키지요. 비교하자면, 고등학교까지는 일본 쪽이 낫습니다. 일본 쪽이 더 엄격하게 교육하지요. 그러나 대학이나 대학원 교육은 미국 쪽이 훨씬 더 엄격합니

다. 대학원까지 가면 일본과 미국은 완전히 역전됩니다. 미국 쪽이 우수한 연구자를 더 많이 배출하는 이유입니다."

| 그러면 일본에서는 분자생물학을 한다 해도 분자생물학은 어떤 학문인지, 최첨단 연구는 어느 수준에까지 가 있고, 어떤 문제가 남아 있는지, 기본 연구 기술에 어떤 게 있는지 등 대학원생에게 기초 훈련을 체계적으로 시키지 않는다는 말씀인가요?

"시키지 않습니다. 체계적인 훈련은 일본에서는 지금도 없습니다."

| 왜 그런가요?

"내 경우에는 유학을 온 뒤에 전부 배웠습니다. 일본에 있는 동안에는 거의 아무것도 배운 게 없었지요. 바이러스연구소에서 대략 반년 정도 있다가 바로 유학을 왔습니다."

| 유학 말씀인데요, 와타나베 이타루 교수가 저 녀석은 이래저래 시끄러운 놈이라며 거북스러워했기 때문에 유학이라는 모양새를 갖춰 미국으로 쫓아냈다는 얘기가 있어요. 교수님은 별로 미국에 가고 싶지 않았는데 억지로 가게 했다는….

"이젠 전설이 됐지만, 그건 사실이 아닙니다. 물론 그 전설의 근거를 제공한 사람은 나입니다. 몇 년 전이었던가요, 내가 스위스에 있을 때 이타루 교수의 회갑 기념 문집을 제자들이 만들었습니다. 그때 나

도 청탁을 받았는데 모처럼의 일인지라 뭔가 좀 재미있는 얘기를 써야겠다고 마음먹고 그 얘기를 지어내서 썼지요."

| 그런 건가요. 그럼 쫓겨서 간 것도 아니고, 가고 싶지 않았던 것도 아니었겠습니다.

"처음부터 미국에 가고 싶었어요. 주변을 보면 분자생물학을 하고 있는 사람은 모두 미국에서 공부하고 온 사람들뿐이었지요. 본격적으로 분자생물학을 하려면 반드시 미국에 가야 한다고 여겼지요. 그런데 그 당시 유학은 지금처럼 간단한 일이 아니었습니다."

| 그렇지요. 유학은커녕 당시엔 해외에 나가는 것 자체가 어려웠어요. 유학은 동경의 대상이었고요.

"유학 가는 사람도 학생이 아니라 조수, 강사, 조교수 등이 대부분이었지요. 나도 대학원에 다니는 동안은 어차피 유학은 불가능하다고 체념했습니다. 그러다가 와타나베 교수에게서 '자네, 정말 분자생물학 하고 싶으면 미국에서 공부하지 않으면 안 돼. 내가 한 번 알아볼게'라는 얘기를 들었을 때 마음속으로 '됐어!' 하는 생각에 뛸 듯이 기뻤지요."

| 와타나베 교수는 대학원에 갓 들어온 교수님에게 왜 유학을 권한 걸까요?

"그건 말이지요, 내가 들어간 지 얼마 되지 않아서 와타나베 교수가

게이오대로 옮겨갔기 때문입니다. 나는 와타나베 교수 밑에서 공부하고 싶어서 바이러스 연구소에 들어갔지요. 와타나베 교수는 그걸 알고 나를 받아주었어요. 그러니 내가 들어가자마자 게이오대로 가버린 걸 미안하게 생각하지 않았을까요."

| 유학한 곳은 캘리포니아 대학 샌디에이고캠퍼스UCSD였는데요, 그곳을 택한 이유가 있었나요?

"거기는 지금 큰 대학이 되었습니다만, 그 당시에는 갓 설립된 곳으로 대학원밖에 없었어요. 나는 그곳 2기생입니다. 그 대학원의 생물학부 주임교수를 하던 분이 보너James F. Bonner라고, 분자생물학 제1세대를 이끈 이들 가운데 한 사람이었지요. 그분이 중심이 돼 학부를 조직했으니 생물학부라고는 해도 사실상 분자생물학부가 된 겁니다. 미국에서도 오랜 대학이라면 그리 간단하게 분자생물학으로 방향을 바꿀 순 없어요. 하지만 새 대학이라면 처음부터 분자생물학을 중심으로 학부를 조직할 수 있지요. 일본의 주요 국립대학은 오래된 대학뿐이어서 아직도 분자생물학부는 하나도 없습니다."

| 처음에는 역시 강의였습니까?

"그렇습니다. MIT와 시스템은 거의 같습니다."

| 내용은 상당히 높은 수준이었나요?

"그렇지도 않았어요. 예컨대 물리화학 강의가 있었는데, 그때 사용한 교과서는 내가 일본에서 학부 화학과에 있을 때 쓰던 것과 같았습니다. 덕분에 나는 언어가 약했지만 성적은 최상위였습니다. 다만 생물을 전공하는 학생 모두에게 물리화학을 배우게 해서 케미컬한(화학적인) 사고방식을 익히게 한 점은, 과연 미국 대학답다고 여기게 했지요. 나는 화학을 공부한 터라 그게 가능했지만 일본의 생물학계 사람은 그 무렵 그런 공부를 전혀 하지 않았어요. 따라서 케미컬한 것을 알지 못한 채 끝나버리지요."

| **학생은 몇 명이나 있었나요?**

"딱 10명이에요. 금방 설립된 학부라 학생보다 선생의 수가 더 많았어요. 학생이 소중한 상황이었고 공부 환경이 아주 좋았습니다. 학생 한 사람 한 사람에게 개인 방이 주어졌어요. 도서관도 24시간 열려 있었는데, 각자 책상이 있어서 책이나 저널을 자기 책상에 잔뜩 쌓아놓고 공부하다가 그대로 놔둔 채 집에 가도 문제 없었어요. 다음 날 가도 자리가 그대로 보존돼 있어서 공부를 금방 다시 시작할 수 있었어요. 카페테리아도 있었는데 아침 8시부터 밤 9시까지 문을 열었습니다. 일정 금액을 내면 아무 때나 무엇이든 마음껏 먹을 수 있었지요. 음료도 무제한으로 마실 수 있었습니다. 로스트비프와 통닭구이도 있었어요. 이런 음식을 접시에 가득 담아 먹고 싶은 만큼 먹었지요. 당시 일본은 식생활이 곤궁했으니, 꿈만 같은 환경이었지요. 세상에 이

런 좋은 데가 있다니! 지상의 파라다이스라고 생각했습니다."

| 그렇게 해서 2년째가 되면 실제 연구를 하나요?

"그렇지요. 지도선생adviser이 학생마다 다 배정돼 있었습니다. 지도 선생과 상담해서 연구 주제를 정하고 선생의 지도에 따라 연구를 진행합니다."

| 연구 주제를 무엇으로 택했습니까?

"앞에서도 얘기했듯이, 그 당시에는 자코브와 모노의 영향력이 강할 때라, 나는 박테리오파지를 재료로 해서 유전자 발현이 어떻게 제어되는지를 알아보려고 했습니다."

| 드디어 염원하던 연구에 착수하게 되었군요.

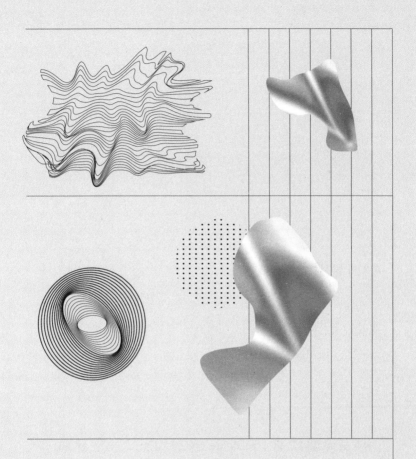

제2장

유학생 시절

파지가 발전시킨 유전학

캘리포니아 대학 샌디에이고캠퍼스의 생물학부에 대학원생으로 유학한 도네가와 교수는 거기서 5년간 공부해 1968년에 박사학위PhD를 땄다.

| 유학 5년은 깁니다. 필시 풀브라이트 장학프로그램으로 가셨을 텐데요, 그 자금으로 5년 동안 유학할 수 있나요?

"아뇨, 나는 풀브라이트라곤 해도 여비만 풀브라이트였어요."

| 그런 게 있나요?

"있었습니다. 전액 지급 풀브라이트도 있었지만, 그건 기껏해야 2년 정도였으니까, 나처럼 그쪽에 자리 잡고 앉아서 박사학위를 따겠다는

사람에겐 도움이 되지 않습니다."

| 그러면 본국에서 돈을 보내주거나 아르바이트로 충당했나요?

"아뇨. 그게 말이지요, 주임교수인 보너가 뒤를 봐주었어요. 미국에서는 이과계 대학원생에게는 가난한 학생이라도 연구에 몰두할 수 있도록 경제적 지원을 확실하게 해줍니다. 먼저 여러 펠로십이 있어요. 장학금이지요. 대개는 이것으로 할 수 있지요. 적당한 펠로십이 없거나 이것만으론 충분하지 않은 학생은 대학에서 일을 제공해주었습니다. 대학에서 일하며 공부할 수 있어요."

| 무슨 일을 했습니까?

"리서치 어시스턴트research assistant와 티칭 어시스턴트teaching assistant가 있어요. 리서치 어시스턴트는 말하자면 실험조수이지요. 티칭 어시스턴트는 교수가 학부 학생을 가르칠 때 거들어주는 일을 합니다. 지도교사tutor 같은 거지요. 학생이 모르는 부분을 개별적으로 가르치거나 교수의 수업을 보충하는 등 여러 일을 합니다. 내 경우에는 처음 1년은 리서치 어시스턴트를, 그 뒤 4년은 티칭 어시스턴트를 했습니다. 하지만 UCSD의 경우 설립된 지 얼마 되지 않은 학교라 학부 학생이 없었지요. 티칭 어시스턴트라고 해도 실제로는 아무것도 하지 않았습니다. 사실상 펠로십을 받은 셈이었지요. 티칭 어시스턴트가 필요하지 않더라도 국가에서는 관련 예산을 학부로 배정합니다. 보너

교수가 그 예산을 나를 위해 전용한 셈입니다. 그래서 나는 5년 동안 아르바이트도 하지 않았고 본국 송금도 받지 않았어요. 딱 한 번 중고차를 사기 위해 아버지께 부탁해 300달러를 송금받은 적이 있어요. 송금받은 건 그것뿐이었습니다."

| 어시스턴트를 하면 얼마나 받습니까?

"1963년에 수업료 외에 생활비로 연간 2,200달러를 받았습니다. 지금 2,000달러는 큰돈이 아니지만 그 당시에는 그 정도만 있으면 넉넉하진 않아도 학생이 1년간은 생활할 수 있었습니다. 매달 말에는 돈이 다 떨어져 아우성이었지만, 어떻게든 꾸려나갈 수 있었습니다. 펠로십도 대체로 그 정도의 액수였지요."

| 저는 1964년에 대학을 졸업하고 취직했습니다만, 월급이 2만 엔이 되지 않았습니다. 당시 환율로 치면 50달러 정도였지요. 연간 수입이 600달러였던 셈이니 2,200달러는 상당히 큰돈이로군요. 일본인 대학원생은 아르바이트를 하지 않으면 끼니를 때우지 못하는 경우가 많지 않았을까요? 그런데 그런 제도는 공립대학에만 있습니까?

"아뇨. 미국의 경우에는 공립이든 사립이든 상관없습니다. 나라에서 평등하게 자금을 지원하지요. 대학원생이 연구자로서의 훈련을 받을 수 있도록 그들에게 아르바이트 따위는 시키지 않겠다는 확실한 정책 의도를 가지고 국가나 사설재단이 대학에 자금을 지원합니다.

국가가 나서서 적극적으로 과학자를 키우려는 거지요. 일본은 아직 충분하지 못합니다. 대학원생의 경우엔 미국에서 공부하는 편이 훨씬 수월합니다."

| 유학 당시 처음부터 그곳에서 연구 생활을 계속할 계획이었습니까, 아니면 언젠가 일본에 돌아갈 계획이었습니까?

"정확하게 기억나진 않지만, 당연히 일본에 돌아가려고 했습니다. 스무세 살 나이에 미국에 영주하겠다는 생각을 했을 리가 없으니까요."

| 그럼에도 계속 미국에 머물게 됐습니다만.

"예. 결국 친구들이 모두 그쪽 사람들이니까요. 그 친구들은 졸업하면 모두 연구소나 대학에 들어가 연구자가 되지요. 그걸 보고 있자니, 그 녀석들이 조교수가 될 수 있다면 나도 될 수 있겠다는 생각이 들었지요. 이곳에서는 연구자의 길에 들어서는 게 지극히 자연스런 과정이었던 셈입니다. 이런 감각은 일본에서 대학원을 마친 뒤 1, 2년 유학하러 오는 사람과는 전혀 다릅니다."

| 처음엔 어땠나요. 유학하기로 결정했을 때 미국 대학원에서 미국 학생들과 잘해나갈 수 있을까 하는 불안은 없었습니까?

"그런 건 없었어요. 나는 비교적 낙천적이랄까 유들유들하달까, 해

서 그런 걱정은 별로 하지 않습니다. 다만 영어 공부는 열심히 했습니다. 영어가 안 되면 연구도 할 수 없으니까요."

| 미국이 마음에 들었던 면도 있었겠지요?

"그렇지요. 나는 매우 일본적이면서도 동시에 미국적이기도 한 사람 같아요. 예컨대 인간관계 면에서 보자면, 서로 하고 싶은 말이 있어도 분명하게 얘기하지 않는 일본적 인간관계는 싫어요. 일본인과 얘기할 때 '예스'인지 '노'인지 알 수 없는 대답이 돌아오면 초조해지지요. '예스'야 '노'야, 어느 쪽이야, 하고 다그치고 싶어지지요. 미국에 오래 있어서 그런 것은 아니고 예전부터 그랬던 것 같아요. 대학 시절 친구를 만나면 '너는 예전부터 뭐든 거리낌 없이 얘기하던 놈'이라는 얘길 듣지요."

| 미국 사회가 체질에 맞았다는 말씀이군요.

"여기 와서 사회적으로 동화되지 못해 어려웠던 적은 없었어요. 힘들었던 적이 전혀 없었지요. 이런 멋진 곳은 달리 없다고 늘 생각했습니다."

| 그러면 향수에 빠진 적도 없겠습니다.

"없습니다. 유학하고 나서 7년간 미국을 떠나 스위스로 갈 때까지 한 번도 일본에 돌아가지 않았어요. 돌아가겠다고 생각해본 적도 없습니다."

| 그런가요. 하긴 당시엔 그리 간단히 돌아갈 수도 없었겠지요. 여비도 많이 들

　테니….

"맞습니다. 돌아가려고 해도 돌아갈 돈이 없었지요. 여비만 보더라

도 그때 일본은 먼 나라였지요. 일본인은 자유롭게 해외에 나갈 수 없

었어요. 지금처럼 일본과 미국을 누구나 자유롭게 왕래한다는 건 도

무지 생각할 수 없는 시절이었으니까요. 지금 내가 있는 곳에 일본인

유학생이 오지만 모두들 매년 한 번 정도는 집에 돌아가고 싶어 할 겁

니다. 정말로 시대가 변했습니다."

| 대학원 첫해에는 강의만 들었고, 2년째에 실험이나 실제 연구를 시작했다고

　하셨는데요?

"교실에 배치되면 지도선생이 붙어서 연구 주제를 상담하고 결정하

는 겁니다."

| 처음에 어떤 연구를 하셨습니까?

"역시, 파지 분자생물학이었습니다."

여기서 잠시 해설을 붙이겠다. '파지'는 정식으로는 박테리오파지라

고 해서 세균을 감염시키는 바이러스를 말한다. 세균보다 훨씬 작고

매우 간단한 구조를 하고 있다.

파지에도 종류가 많으나, 크게 나누면 독성이 강한 것과 그렇지 않은 것이 있다.

독성이 강한 것의 대표는, 예컨대 그림 1에 제시된 T2 파지다. T2 파지는 그림에서 볼 수 있듯이 단백질 껍질 속에 DNA가 들어 있는 구조로 돼 있다. 이것이 세균을 감염시키면 그림에서 보듯 세균의 세포막을 파괴하고 DNA만 안으로 침입한다. 그리고 안에 들어간 파지의 DNA는 세균의 세포 안에 있는 아미노산 등의 재료를 이용해 내부에서 T2 파지를 만들어낸다. 파지의 DNA는 파지의 유전정보로 가득

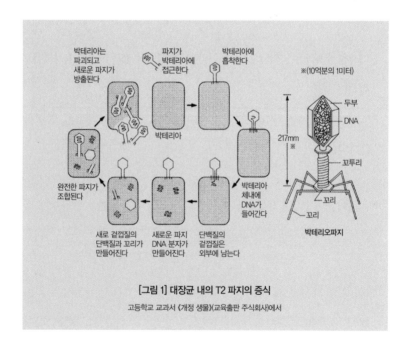

박테리아는 파괴되고 새로운 파지가 방출된다

파지가 박테리아에 접근한다

박테리아에 흡착한다

박테리아

완전한 파지가 조합된다

새로 겉껍질의 단백질과 꼬리가 만들어진다

새로운 파지 DNA 분자가 만들어진다

단백질의 겉껍질은 외부에 남는다

박테리아 체내에 DNA가 들어간다

※(10억분의 1미터)

217mm ※

두부

DNA

꼬투리

꼬리

꼬리

박테리오파지

[그림 1] 대장균 내의 T2 파지의 증식

고등학교 교과서 《개정 생물》(교육출판 주식회사)에서

차 있으므로 재료만 있으면 스스로 원래의 파지를 재구성할 수 있다. 그렇게 자기복제하여 점점 증식돼 결국 세포막을 내부에서 파괴하고 바깥으로 튀어나온다. 바깥으로 나온 파지는 다시 다른 세균에 접근해 그 내부에 자신의 DNA를 주입하고 다시 자기증식을 한다. 대체로 하나의 DNA가 들어가서 한 시간쯤 지나면 200개의 파지로 증식돼 바깥으로 나오니, 무서운 속도로 기하급수적 증식을 한다.

독성이 강하지 않은 파지의 경우에는 파지의 DNA가 세균 속에 들어가더라도 곧바로 증식하지는 않고 세균의 DNA 속에 들어가 기생하며 얌전하게 살아간다. 하지만 이런 경우에도 자외선이나 X선을 쬐거나 어떤 화학물질을 가하면 활성화돼 자기증식을 해 세균을 내부에서 파괴한다. 이런 파지로는 λ(람다)파지가 있다. 나중에 설명하겠지만, 도네가와 교수의 첫 연구 재료가 람다파지였다. 도네가와 교수가 첫 연구를 파지로 한 것을 두고 "역시"라고 표현한 데에는 이유가 있다.

실은 분자생물학에서 당시 가장 인기 있었던 연구 재료가 파지였다. 분자생물학은 파지 연구에서 시작됐다고 해도 좋을 정도다. 앞에서도 말했듯이 분자생물학은 물리학자나 화학자가 생물학 연구 분야에 들어오면서 성립됐다. 그때 이들이 연구 재료로 사용한 것이 파지였다. DNA가 유전정보를 담고 있다는 가장 기초적인 발견도 파지 연구에서 나왔다.

그림 1에서 봤듯이 파지가 세균을 감염시키면 이윽고 균 내부에서 파지가 맹렬하게 증식해 결국 세균이 파괴되고 용해돼버리는 현상은

그전부터 알려져 있었다. 그러나 왜 그런 일이 일어나는지는 잘 알지 못했다. 파지가 균 내부에서 자기증식하는 것은 감염시킨 파지에서 유전정보를 담은 뭔가가 균 속으로 들어가기 때문일 것이라고 추측은 했으나 그 뭔가가 무엇인지는 몰랐다.

이를 물리적인 방법으로 보기 좋게 해결한 것이 미국의 허시Alfred Hershey와 체이스Martha Chase다. 이들은 파지를 구성하는 물질에 각기 다른 방사성동위원소를 넣어두면, 무엇이 균 속에 들어가는지 추적할 수 있을 것으로 생각했다. 이 아이디어는 멋지게 주효했다. 파지는 DNA와 단백질로 구성돼 있다. DNA를 방사성 인으로 표지標識하고 단백질을 방사성 유황으로 표지한 파지를 만들었다. 이를 세균에 감염시켰더니 균 속에서 방사성 인이 검출됐으나 방사성 유황은 검출되지 않았다. 즉 파지에서 DNA는 균 속으로 들어갔고 단백질은 들어가지 않았다. 이 실험으로 유전정보(자기복제 정보)의 담당자는 DNA이지 다른 무엇이 아니라는 사실을 알게 됐다.

이 발견이 이뤄진 때는 1952년. 왓슨과 크릭의 이중나선 발견 바로 전해다.

이 두 발견을 계기로 분자생물학은 비약적으로 발전한다. 그리고 1950년대부터 60년대에 걸쳐 유전의 기본적 메커니즘이 차차 해명되는데, 이때 가장 많이 사용된 연구 재료가 대장균과 박테리오파지였다.

그때까지 유전 연구라면 누에콩이나 초파리가 주요 연구 재료였으나, 분자생물학자들은 세균이나 파지를 연구 재료로 택함으로써 유전학을 일거에 발전시켰다.

| 세균이나 파지를 사용해 그토록 연구가 진척된 이유가 뭔가요?

"결국 가능한 한 간단한 생물을 사용하는 쪽이 알기 쉬운 법입니다. 예를 들면, 흔히 사용하는 람다파지의 경우 유전자가 50개밖에 없어요. 더 작은 파지에는 유전자가 10개 정도밖에 없는 것도 있어요. 이에 비해 인간의 유전자는 5만 개에서 10만 개나 되는 걸로 알려졌습니다. 복잡한 것을 연구하기보다는 심플한 계통을 연구하는 쪽이 훨씬 더 알기 쉽기 때문이지요."

| 그렇다면 파지와 인간이 유전의 기본 구조는 같다는 전제가 확인돼야 하지 않을까요?

"그렇습니다. 기본은 같다, 유전암호도 같은 것을 쓰고 DNA 정보가 RNA에 전사돼 단백질 합성이 이뤄지는 구조도 같다. 하지만 점점 연구가 진척됨에 따라 세균 같은 원시 생물과 인간 같은 고등 생물은 꽤 큰 차이가 있다는 사실을 알게 됐지요. 내 연구도 관련이 있습니다. 그러나 당시에는 알지 못했어요. 생물은 기본적으로 같은 것이라고 믿고 모두들 파지나 대장균을 연구했지요."

유전학의 흐름과 생화학의 흐름

ㅣ 그런데 유전학은 기본적으로 변이가 어버이로부터 자식에게 어떻게 전해지는지를 여러 교배 실험으로 확인해가면서 성립되는 학문입니다. 멘델Gregor Johann Mendel의 완두콩은 종자 색깔이 다르고, 모건Thomas Hunt Morgan의 초파리는 눈동자 색깔 차이에서 변이를 볼 수 있지요. 이런 변이는 육안으로 간단하게 관찰할 수 있지만 파지나 세균은 눈에 보이지 않을 정도로 작습니다. 이런 변이를 관찰하기란 예삿일이 아닐 텐데요, 아무리 계통이 간단하다고 해도 관찰의 어려움을 생각하면 꼭 좋은 연구 재료는 아니지 않을까요?

"꼭 그렇지도 않습니다. 약간의 기술로 변이를 간단하게 식별할 수 있지요. 예컨대, 대장균 가운데 항생물질에 내성을 지닌 변이주變異株[1]가 있다고 합시다. 이런 변이주가 있는지 없는지는 대장균을 항생물질이 포함된 배지培地에서 배양해보면 압니다. 내성이 없는 대장균은 모두 죽고 내성균만이 살아남아 콜로니colony를 만들어요. 육안으로 관찰할 수 있지요."

생물학 역사상 유명한 실험에 미국의 비들George Beadl과 테이텀 Edward Tatum이 한 '붉은옥수수곰팡이의 영양요구변이' 연구가 있다. '일유전자-일효소설one gene-one enzyme theory'의 토대가 된 실험으로 지금 고등학교 생물 교과서에 반드시 나온다(그림 2).

붉은옥수수곰팡이는 빵을 방치하면 번식하는 핑크색 곰팡이다. 이

곰팡이가 어떤 영양분을 취해 자라는지는 잘 알려져 있다. 따라서 빵이 아니라 그 영양분을 넣은 배지로 실험하면 곰팡이는 점점 불어난다. 이 곰팡이에 X선을 쬐면 여러 돌연변이가 일어난다. 이 가운데 하나는 보통의 영양분을 넣은 배지 위에서는 자라지 않는다. 하지만 어떤 종의 아미노산을 넣은 배지에서는 자란다. 그때까지 생육에 필요 없는 것으로 인식됐던 아미노산이 필요해졌다는 얘기다. 영양요구변이가 일어난 것이다.

왜 이런 일이 생겼을까. 비들과 테이텀의 교묘한 실험은 이런 사실을 밝혀냈다. 나중에 배지에 첨가한 아미노산(알기닌)은 실은 원래부터 붉은옥수수곰팡이의 생육에 필요했다. 그러나 원래 붉은옥수수곰

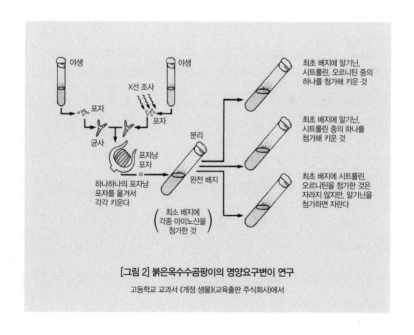

[그림 2] 붉은옥수수곰팡이의 영양요구변이 연구

고등학교 교과서 《개정 생물》(교육출판 주식회사)에서

팡이에는 이 아미노산을 스스로 생합성生合成할 능력을 지닌 효소가 있었기 때문에 외부에서 그것을 가져올 필요가 없었다. 그런데 X선 작용으로 붉은옥수수곰팡이의 DNA에 변이가 생겨 그 아미노산을 생합성하는 효소를 만들 수 없게 됐다. 따라서 변이가 일어난 붉은옥수수곰팡이는 외부에서 아미노산을 가져오지 않고서는 생육할 수 없게 된 것이다.

유전자를 하나 파괴하면 효소의 생산능력 하나가 사라진다는 사실이 이 실험으로 증명돼, '일유전자-일효소설'이 제기되었다.

지금은 유전자가, 효소에 국한되지 않고 많은 일반 단백질(효소도 단백질의 일종)과 합성한다는 사실을 알게 됐기 때문에, '일유전자-일효소'라고 잘라 말하는 것이 반드시 옳지는 않다. 그러나 이를 '일유전자-일단백질'로 바꿔 읽으면 기본적으로 옳다.

이 실험은 1941년에 이뤄졌다. 유전자와 단백질 합성의 연관성을 처음으로 명확하게 보여준 분자생물학의 선구적 실험으로 높이 평가받는다. 비들과 테이텀은 이 업적으로 1958년에 노벨상을 받았다. 도네가와 교수가 유학한 캘리포니아 대학 샌디에이고캠퍼스의 생물학부를 만든 보너는 비들과 테이텀의 제자이자 이 실험에도 참여했다.

이 발견도 방법적으로는 배지를 깊이 궁리해 효소의 결함이라는 비가시적 변이를 곰팡이의 생육이라는 가시적 변화로 바꿔놓음으로써 해낼 수 있었다. 배지를 연구해 변이를 찾아내는 수법은 지금도 분자생물학에서 가장 기초적인 수법으로 널리 이용되고 있다.

도네가와 교수 얘기를 계속하자.

"그리고 파지나 세균을 연구에 이용하면 생명주기life cycle가 빠르다는 최대 이점이 있습니다. 유전학은 교배 실험을 하지 않으면 안 되지요. 그런데 완두콩은 1년에 한 번만 교배할 수 있으니, 3대 4대가 어떻게 될지 알려면 3년 4년이 걸려요."

| 멘델은 '멘델의 법칙'을 발견하기까지 예비 실험에 2년, 본실험에 8년이라는 세월을 보냈다고 합니다. 유전학이 비약적으로 발전하기 시작한 때는 모건이 초파리를 연구하면서입니다. 초파리의 세대교체 주기는 14일이니까요.

"바이러스나 세균은 더 빨라요. 초파리와는 비교되지 않습니다. 대장균은 20분마다 세포분열해 두 배씩 불어나고, 파지도 한 시간 만에 세대가 바뀌지요. 완두콩으로 몇 년 걸릴 실험을 하루에 끝낼 수 있어요. 만약 실험에 실패하면 완두콩으로는 다음 해가 돼야 다시 실험할 수 있지만, 세균은 그다음 날 다시 하면 돼요. 뭔가 새로운 아이디어가 떠오르면 바로 실험실로 가서 금방 결과를 알 수 있습니다. 분자유전학² 이 유전학의 주류가 된 데에는 이런 이점이 있기 때문이지요."

| 분자생물학은 DNA나 RNA를 물질로 보고 이를 직접 화학적으로 분석 연구하는 과정에서 시작됐다고만 생각했는데, 고전 유전학에서 이어져 오기도 했군요?

"결국, 유전학의 흐름과 생화학의 흐름, 이 두 흐름이 결합한 셈이지요. 나는 생화학의 흐름에 있습니다. 유전학도 조금 공부하긴 했지만 정식으로 훈련받지는 않았어요. 알아야 하는 건 알지만 저더러 스스로 알아서 하라면 잘 못해요. 나는 생화학에서 시작했으니 아무래도 케미컬하게 사고하고 케미컬한 방법을 씁니다. 어디까지나 대상을 물질로 보고 다가갑니다. 유전자를 연구한다면 DNA를 어디까지나 물질 그 자체로만 보고 탐구하겠지요. 아이소토프(동위원소)를 사용해서 표지標識하든지 해서요. 그런데 유전학에서는 유전자가 구체적 물질로서 어떻게 구성돼 있는지는 몰라도 괜찮습니다."

| 여러 교배 실험의 결과로 이 유전자와 저 유전자가 염색체 상에 어떻게 배열돼 있지를 수학을 써서 알아냅니다. 염색체 지도까지 만들었다고 들었습니다. 묘한 학문입니다.

"그래도 유전학 수법으로 상당히 많은 사실을 알아냈어요. 자코브와 모노의 오페론설도 유전학 수법으로 도출된 가설입니다. 조절유전자가 있고 리프레서(억제 인자)가 있다고 해도 이것이 물질적으로 무엇인지는 아무 말도 할 수 없어요. 하지만 이런 것이 존재한다는 점은 유전학 실험 결과로 말할 수 있습니다. 결국 물질적으로 어떻게 구성돼 있는지는 한참 뒤에야 케미컬한 연구자의 손으로 밝혀집니다."

| 유전학 수법을 통해 개념적으로 그 존재가 예측된 것이 '케미컬파'에 의해 물

질적으로 확인되는군요. 유전학도 도움이 많이 되네요.

"연구 대상이 파지나 세균이라면 유전학도 괜찮지만 대상이 고등 생물이라면 유전학은 별로 보탬이 되지 않지요. 교배 실험이 기초니까요. 고등 생물일수록 생명주기가 길어져 교배 실험이 잘 안 됩니다. 대형 포유동물이라면 세대교체하는 데 10년 이상 걸리지요. 그나마도 교배 실험을 할 수 있다면 다행이지만, 인간의 경우라면 두 손 들어야겠지요. 설사 이 인간과 저 인간을 교배시켜 자식을 만든다면 어떻게 되겠다고 생각했다 하더라도 실제로 실험할 수 없으니까요."

| 케미컬하게 하면 알 수 있습니까?

"상당한 정도를 알 수 있다고 생각합니다. 예컨대, 인간 유전자의 염기배열을 전부 읽어낼 수 있지요."

| 염기배열을 기술적으로 읽어내려고 마음만 먹으면 읽어낼 수 있나요?

"읽어낼 수 있습니다. 이미 수백 개의 유전자가 해독돼 있습니다. 나머지 유전자도 기술적으로는 읽어낼 수 있지만, 전부 읽기에는 비용과 시간이 많이 들겠지요. 인간의 DNA는 염기쌍으로 2.8×10^9나 됩니다. 28억 쌍이지요. 하루에 1천 개씩 읽어도 280만 일이 걸려요. 8,000년입니다. 비용도 굉장히 많이 들겠지요. 지금 기술로는 아폴로 계획[*]

---

[*] 인간을 달에 보내려던 미국의 유인 우주비행탐사계획. 1961~1972년 미국항공우주국 중심으로 추진된 이 계획은 1969년 아폴로 11호 달 착륙으로 그 목표를 달성함.

보다 많이 들 거라고 합니다."[*]

| DNA 자동해독기가 만들어졌다고 들었습니다만, 이 기계를 죽 늘어놓고 계속 읽게 할 순 없습니까?

"도저히. 자동해독기라고 해도 해독 과정의 극히 일부분을 자동화했을 뿐입니다. 해독기에 걸기까지가 큰일이지요. 속도가 크게 빨라지지도 않았어요. 지금으로써는 인간 유전자는커녕 대장균 유전자도 완전하게 읽어낼 수 없으니까요."

| 그렇다면 정말 엄청난 일이군요. 만일 제대로 읽어내려 한다면 연구자를 대규모로 동원해야겠습니다.

"전 세계 연구자들이 분담해서 인류 공동의 프로젝트로 진행하면 어떨까 하는 얘기도 나오고 있습니다."

| 실현된다면 재미있겠군요.

"재미있겠지요. 우리의 꿈입니다. 다만 반대 의견도 꽤 있어요. 비용이 많이 들고 연구자도 대거 동원해야 하는데, 과학 예산은 물론이고 연구자 수도 어느 나라에서나 한계가 있기 때문이지요. 유전자 전체 해독에 그만한 자금과 연구자를 투입하면 필연적으로 다른 연구에

---

[*] 인간 DNA의 염기배열 자체는 2000년 무렵에 이미 해독됨.

는 나쁜 영향을 끼칠 겁니다. 그러니 유전자 전체 해독에 그만한 가치가 있을까 하는 반론입니다. 그렇게 투자해도 대단한 사실을 알 수 있는 것도 아닐 텐데 아깝다는 주장이지요."

| 전체를 해독한다면 뭔가 알 수 있을까요? 염기배열을 전부 해독하더라도 그 의미를 바로 알 수는 없겠지요?

"그건 그렇지요. 그런데 이런 걸 할 수 있습니다. 인간의 유전자를 전부 읽어낸다면 다음엔 쥐의 유전자를 모두 읽어냅니다. 이 또한 엄청난 일이겠지요. 아무튼, 모르는 사람이 볼 때 인간은 쥐 따위와는 차이가 엄청나겠지만, 생물학자가 보면 거의 차이가 없습니다. 유전자도 그다지 차이가 없어요. 만일 쥐의 유전자도 전부 읽어낸다면, 인간의 염기배열과 비교 대조해서 공통의 염기배열을 모두 버린다고 합시다. 아마도 상당 부분이 공통되거나 닮았을 테고, 나머지는 공통성이 전혀 없거나 매우 적겠지요. 그러면 쥐에는 없고 인간에게만 있는 부분이 인간 특유의 행동activity과 관련된 부분이 되겠지요. 그 부분의 유전자가 지닌 의미를 해명하면 인간을 인간답게 하는 것이 무엇인지 유전자 수준에서 알 수 있겠지요. 이런 게 정말 가능할지, 뭐, 해보지 않고서는 모르겠습니다만."

| 인간을 인간답게 하는 게 무엇이라고 생각하십니까?

"역시 대부분은 뇌 기능에 관계하는 것이겠지요. 인간이 지니고 있

는 것은 대체로 쥐도 지니고 있어요. 심장이 있고, 위가 있고, 간장도 있지요. 눈도 있고 귀도 있고 근육도 있습니다. 크기는 다르지만 기본적으로는 메커니즘과 기능도 모두 동일하지요. 그럼에도 인간은 인간답게 행동하고 쥐는 쥐답게 행동합니다. 무엇이 그렇게 만들까요. 쥐와 인간이 결정적으로 다른 부분은 뇌밖에 없어요. 쥐에게도 뇌가 있지만 역시 인간의 뇌와 결정인 차이가 있지요. 따라서 인간과 쥐의 유전자 전체를 해독해 비교해서 인간에게만 있는 유전자가 나온다면, 아마도 그 대부분은 뇌에 관련된 것이리라 생각해요."

ㅣ 교수님은 노벨상을 받은 뒤 기자회견에서 앞으로 어떤 연구를 하고 싶으냐는 질문에 뇌 연구에 관심이 있다고 대답했습니다. 역시 인간에게만 있는 것은 뇌라는 얘기인가요?

"그렇습니다. 내가 무엇을 할 수 있을지는 나 스스로도 매우 궁금합니다만, 뇌 연구에 관심이 매우 많아요. 뇌의 기능을 해명하려면 이제는 분자생물학적 방법이 아니고는 불가능하다고 생각합니다. 예컨대 기억의 메커니즘 같은 게 있지요. 아직까지는 전혀 알지 못하는 부분입니다만, '인간이 어떻게 대량의 기억 용량을 갖고 있고, 어떻게 기억 내용을 계속 바꿀 수 있는가'라는 문제가 있습니다."

ㅣ 뇌 기억의 메커니즘에 관한 지금까지의 가설은 루프 모양의 신경회로를 신호가 빙빙 돌아가고 있다는, 신경회로에 의거한다는 설이 많다고 알고 있습니

다만.

"물론 회로도 중요합니다만, 나는 장기간의 기억을 관장하는 기구로 유전자 발현에 변화가 일어나 기억에 관여한다고 생각합니다. 이게 기억의 다양성과 보존성을 잘 설명한다고 봅니다."

놀라운 인트론의 발견

| 앞서 얘기한 인간의 전체 유전자 해독을 몇몇 사람을 상대로 해보면 인간의 개성에 대해서도 알 수 있지 않을까요? 사람 A와 사람 B의 모든 유전자를 비교해서 공통되지 않는 점을 추출하면 두 사람의 개성 차이를 유전자 레벨에서 알 수 있을 듯합니다. 사람의 개성이 어느 정도로 유전자의 지배를 받는지, 또 환경 차이에 따라 어떠한지 등 예전부터 논쟁해온 문제를 이 방법으로 해결할 수 있을지 모르겠네요.

"그렇게 되면 질병 해명에도 도움이 되겠지요. 인간에게는 유전자 결함으로 생기는 질병이 많습니다. 어떤 효소를 만드는 유전자에 결함이 있으면, 그 효소가 없을 경우 생기는 질병이 발생합니다. 다운증후군이나 페닐케톤뇨증phenylketonuria, PKU 등 여러 가지가 있어요. 유전자 전체를 비교하지 않고 특정 유전자자리遺傳子座[3]만 비교해도 알 수 있지요.

한편, 알츠하이머라고, 노인성 치매의 상당 부분을 차지하는데 환자가 많아요. 치료법이 없어 어려움을 겪고 있습니다. 이 병도 유전자 결함에서 비롯하는 것 같다고들 합니다. 그런데 아직 어느 부분의 어느 유전자가 어떻게 됐을 때 이 병에 걸리는지는 몰라요. 이걸 알면 치료법을 찾는 실마리가 될지도 모릅니다. 알츠하이머 환자의 유전자와 건강한 사람의 유전자를 비교해보면 알 수 있겠지요. 지금으로써는 전체 유전자를 비교해볼 순 없으니까, 어느 부분이 문제라고 어림짐작해서 비교하는 연구가 진행되고 있어요.

그 밖에도 지금까지 원인도 치료법도 몰라 난치병으로 분류돼온 질병 가운데 유전인자가 관여하지 않을까 의심되는 질병 분야에서 유전자 연구가 활발하게 진행되고 있습니다. 이미 꽤 많은 질병의 원인이 해명되고 있지요."

| 그런데 앞서 인간의 유전자 수는 5만에서 10만 개라고 말씀하셨습니다만, DNA의 염기쌍이 28억 개나 있는데 유전자는 10만 개밖에 없습니까? 염기쌍이 몇 개 정도 연결돼 하나의 유전자가 되는 건지요?

"생물의 DNA를 크게 나누면, 단백질 합성을 지령하는 구조유전자와 그 유전자의 작동을 제어하는 부분이 있습니다. 구조유전자는 어느 아미노산을 어떤 순서로 연결해서 무슨 단백질을 만들지 결정하지요. 단백질에는 종류가 매우 많아서 일률적으로 얘기할 순 없습니다만, 대체로 100개에서 300개 정도의 아미노산이 연결돼 단백질이 만

들어집니다. 앞에서 말했지만, 염기쌍 세 개로 아미노산 하나를 지정할 수 있으니, 구조유전자 하나는 기껏해야 염기쌍 1,000개만 있으면 되지요. 유전자가 10만 개 있다면 염기쌍은 1억 개가 되는 겁니다. 여기에 구조유전자를 조절하는 부분이 추가되더라도 많지는 않으니, 유전자로 기능하는 것은 DNA의 5퍼센트 이하로 보여요. 결국 이렇게 작동하는 유전자 전체에서 쥐와 인간의 차이는 아주 적을 것으로 생각합니다."

| DNA의 유전자 이외의 부분은 무엇인가요? 유전자가 죽 연결된 것이 DNA라고 생각했는데, 그게 아니란 말씀인지요?

"유전자는 DNA로 만들어져 있지만, DNA 전부가 유전자인 것은 아닙니다. DNA의 유전자 이외의 부분이란 진화 과정에서 불필요하게 된 유전자나 DNA 부산물로 보존된 것 등 여러 가지가 있는데, 사실 아직 잘 모르는 것도 많습니다."

| DNA의 대부분이 유전자가 아니라는 말씀은 놀라운데요?

"유전자를 구성하지 않는 DNA 가운데 많은 부분을 차지하고 있는 것으로 인트론Intron이 있습니다. 이것이 발견됐을 때 정말 놀랐지요. 우리 항체유전자 연구가 인트론 발견의 단서를 제공하기도 했습니다. 1977년에 고등 생물의 세포 DNA에는 유전정보를 전달하는 부분과 그렇지 않은 부분이 있고, 양자가 모자이크 모양으로 뒤섞여 있다는

사실을 처음으로 알아냈기 때문이지요. 유전정보는 DNA 상에 띄엄 띄엄 기록돼 있어요. 유전정보를 읽을 때 인트론이라 불리는 불필요한 부분을 끊어내고 다시 잇는 스플라이싱splicing[4]이라는 현상이 일어나기 때문에, 필요한 부분만을 모아 읽는다는 사실을 알게 됐습니다. 그때까지는 DNA가 곧 유전자라고 여겼기 때문에, 이 발견은 참으로 놀라웠습니다."

| **고등 생물의 DNA라고 하셨는데, 하등 생물에서는 발견되지 않는 현상이란 말씀입니까?**

"그렇습니다. 세균 같은 원시적 생물에서는 거의 발견되지 않아요. 세포에는 원핵原核세포와 진핵眞核세포[5] 두 종류가 있습니다(그림 3). 보통 세포 그림을 보면 한복판에 핵이 있어요. DNA나 RNA는 핵 속에 들어 있는 산성 물질이기 때문에 핵산核酸이라 부릅니다. 핵이 있으면 진핵세포이고, 진핵세포로 구성된 생물이 진핵생물입니다. 하지만 세균 같은 원시적 생물의 세포에는 핵이 없어요. 이것이 원핵세포입니다. 원핵세포에는 핵이 없기 때문에 DNA도 RNA도 세포질 속에 흩어져 있지요. 원핵세포로 된 생물을 원핵생물이라고 합니다.

초기의 분자생물학은 대개 대장균 같은 원핵생물을 연구 재료로 삼았지요. 당시는 생물은 다 같을 거라고, 즉 유전 메커니즘은 세균이든 고등 생물이든 같을 거라고 여겼기 때문에, 원핵생물을 통해 얻은 식견을 대담하게 일반화했습니다. 원핵생물은 DNA상 거의 끊어진 자국이 없이 유전자가 연결돼 있어요. 그래서 어떤 생물이든 모두 그렇게 돼 있을 거라고 생각했지요. 그런데 포유류의 세포를 연구해보니 원핵세포와는 유전 메커니즘이 다르다는 사실을 알게 되었습니다."

| 그렇군요. 충격이 컸겠습니다. 그런데 그 사실이 알려진 시기는 한참 뒤니까, 교수님이 캘리포니아 대학에 있을 무렵에는 그런 건 꿈에도 모르고 파지 연구에 빠져 있었겠군요. 그때 파지의 어떤 부분을 어떻게 연구하셨나요?

"앞에서 말했지만, 내가 연구에 사용한 것은 람다파지였지요. 람다파지는 꼭 정자 모양을 하고 있는데, 머리가 있고 꼬리가 있어요. 머릿속에 DNA가 들어 있지요. 대장균에 람다파지 꼬리 쪽을 붙여서 접합하면 DNA를 그 내부에 주입하지요.

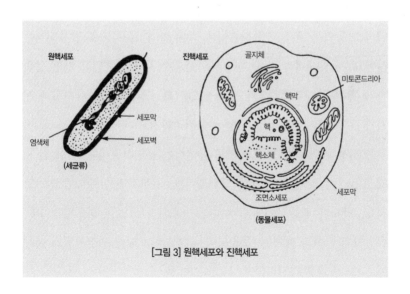

[그림 3] 원핵세포와 진핵세포

T2 파지의 경우 내부에서 금방 증식하기 시작해 결국 대장균을 파괴하고 바깥으로 튀어나옵니다(그림 1). 그런데 람다파지의 경우에는 그림 4에서 보듯 두 개의 길이 있어요. 한 길은 T2 파지처럼 내부에서 금방 증식하기 시작합니다. 다른 길은 대장균의 DNA 속에 들어가 얌전히 있습니다(이것을 용원화[6]라고 한다).

대장균의 DNA는 고리모양環狀으로 돼 있는데, 이것을 효소로 끊어 열고는 거기에 자신을 연결시킵니다. 그리고 뭔가를 계기로 해서 다시 떨어져 나와 자기증식을 시작하기도 합니다. 자기증식을 할 때는 먼저 자신의 DNA 복제를 만든 다음에 머리를 만들어서 그 속에 DNA를 넣고는 거기에 꼬리를 붙여서 원래의 람다파지를 차례차례 만들지요.

생명단계life stage가 이런 식으로 여러 갈래로 나뉘어 있고, 각 단계마다 발동되는 유전자가 다릅니다. 전부가 다 순서대로 발동되지는 않아요. 생명단계의 각 단계마다 어떤 유전자가 발동되고 어떤 유전자가 제어되는지 엄밀하게 정해져 있어요. 그래서 람다파지의 유전자가 유전자의 발현과 제어 연구에 최적이지요. 자코브와 모노도 이것을 사용해 연구했고, 그 밖에도 유명하든 유명하지 않든 간에 전 세계 수많은 학자가 이 연구에 도전했어요. 말하자면 유행하던 연구였지요. 당시에 람돌로지(람다파지학)라는 용어가 있었을 정도였습니다. 유전자의 발현과 제어는 내게도 역시 처음부터 최대 관심사였기 때문에, 나도 도전했던 겁니다."

| 구체적으로는 파지의 무엇을 연구하신 겁니까?

"구체적으로 얘기하면, 람다파지의 유전자 가운데 얼리early와 레이트late라고 해서, 초기에 발현하는 것과 후기에 발현하는 것이 있어요. 양자 사이에는 여러 상호작용interaction이 있습니다. 예컨대 후기 유전자는 초기 유전자가 발현해서 생산한 단백질이 어느 정도 모이지 않으면 발현 메커니즘의 스위치가 켜지지 않도록 돼 있어요. 그 분자적인 메커니즘이 어떻게 돼 있는지를 연구했습니다."

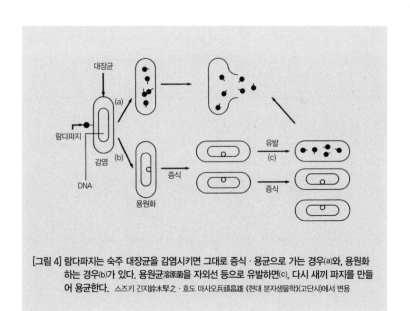

[그림 4] 람다파지는 숙주 대장균을 감염시키면 그대로 증식·용균으로 가는 경우(a)와, 용원화하는 경우(b)가 있다. 용원균溶原菌을 자외선 등으로 유발하면(c), 다시 새끼 파지를 만들어 용균한다. 스즈키 긴지鈴木堅之·효도 마사오兵頭昌雄 《현대 분자생물학》(고단샤)에서 변용

운과 센스가 발견을 좌우한다

여기서 잠시 해설하자면, 람다파지의 DNA는 그림 5처럼 돼 있다. 고리모양의 이중 사슬이다. 주위의 알파벳이 각각의 유전자자리를 보여준다.

람다파지의 DNA가 대장균의 DNA에 접합해 얌전하게 있는 경우는, 그림의 왼쪽 오페론이 작동해서 att 쪽에서 고리가 끊어지면 그때 대장균 DNA 속으로 들어간다. 그때 cI 의 리프레서가 작동하면 오른쪽 오페론과 후기 오페론에 속한 유전자는 발현이 중지된다.

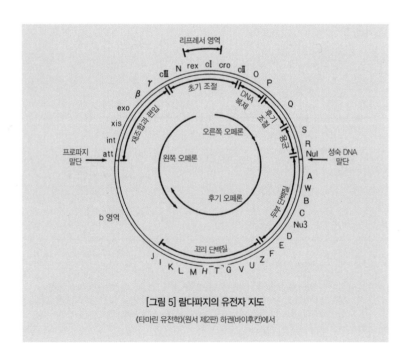

[그림 5] 람다파지의 유전자 지도

《타마린 유전학》(원서 제2판) 하권(바이후칸)에서

오른쪽 오페론이 작동하는 경우는 왼쪽 오페론이 작동하지 않는다. 그리고 Q유전자 쪽에서 일단 발현이 중지된다. 그러고 나서 약 5분간 Q유전자가 생산하는 단백질이 어느 정도 만들어졌을 때 후기 오페론이 작동을 시작한다.

이처럼 어느 유전자가 작동해서 산출한 것이 다음 유전자의 작동을 유도한다(또는 억제한다)는 관계가 여기저기 포진해 있다. 즉 초기 유전자가 만드는 것은 효소이고, 후기 유전자가 만드는 것은 구조단백질이라는 관계를 형성한다. 효소가 만들어지지 않으면 구조단백질이 만들어지더라도 이용할 수 없기 때문에 이러는 편이 유리하다.

"그때는 이 발현제어의 분자 메커니즘을 아직 잘 몰랐습니다. 모두 연구하고 있었지요."

| 그래서 성과가 있었습니까?

"아뇨, 일단 페이퍼는 작성했지만 대단한 건 하지 못했습니다. 당시 람다파지를 연구하고 있던 그룹 중에서는 거의 무시당해도 어쩔 수 없는 것밖에 하지 못했어요."

| 그 연구를 언제까지 하셨습니까?

"대학원에 있는 동안 계속했습니다. 3년 반 정도 걸렸지요. 박사학위도 그 연구로 땄습니다."

| 연구 하나에 그토록 시간이 걸립니까?

"걸리지요. 지금도 대체로 한 프로젝트에 1년 정도 걸립니다. 학생은 경험이 없으니까 그 몇 배나 걸리지요."

| 왜 그렇게 오래 걸립니까?

"무엇보다 잘못된 실험을 하기 때문입니다. 과학자의 연구라는 건 말이죠, 대부분 잘못된 실험을 하는 겁니다."

| 과학사에는 성공한 연구만 남으니까, 과학은 발견에 발견을 거듭하고 성공에 성공을 한 것처럼 보이지만….

"실제로는 실패의 연속입니다. 대발견 전에는 실패의 더미가 산처럼 쌓이지요. 어디서 실패하느냐, 크게 보면 두 가지가 있습니다.

실험과학 연구는 먼저 가설을 세우고 이를 실험으로 검증해가는 것이지요. 이렇게 돼 있지 않을까 생각하고 정말 그렇게 돼 있는지 어떤지 조사합니다. 그 최초의 가설이 잘못 설정될 가능성이 있어요. 이게 가장 큽니다. 다음으로는 검증 방법이 잘못된 경우가 있지요. 이럴 때는 실패해도 수정할 수 있지만 최초 가설 단계에서 잘못하면 뭐 어떻게 해볼 수도 없어요. 처음에 잘못된 방향으로 생각하면 그 뒤엔 어떤 실험을 해도 무의미하니까요. 아무리 해도 의미 있는 데이터가 나오지 않아요. 그런데 처음에 잘못된 방향으로 머리가 굳어지면, 가설 자체가 잘못 설정된 거라는 사실을 알아채지 못하기도 합니다. 실험 방법이 나빴다고 생각해 방법만 바꿔 다시 실험하기도 하지요."

| 잘못된 방향으로 계속 빠져버리는군요.

"두려운 일이지만, 흔히 있는 일입니다. 자칫하다가는 2년, 3년이 지나가버리지요."

| 평생 잘못된 방향으로 간 분도 있겠습니다.

"수두룩합니다. 결국 없는 건 아무리 열심히 찾아봐도 절대 없습니다. 아무리 머리가 좋은 과학자라 하더라도 본래 없는 것을 발견할 수는 없으니까요. 이쪽에 있을 거야 하고 가봤지만 거기에 아무것도 없었던 경우가 실제로 많습니다. 아니면 좋은 지점까지 갔으나 엇갈려버린 채 끝나거나."

| 어떻게 하면 잘못된 방향으로 가지 않고 올바른 방향을 찾을 수 있을까요?

"어렵지요. 물론 주의 깊게 사고해야겠지만 생각만 잘해서 알 수 있는 게 아니니까요. 머리가 좋다고 알 수 있는 것도 아니지요. 결국 운과 센스겠지요."

| 운이라면, '운이 좋다'고 할 때의 운 말씀입니까?

"예. 대발견을 한 사람들은 한결같이 말합니다. '행운이었다.' 이번에 함께 노벨상을 받은 사람 가운데 물리학상을 받은 뮐러Karl Alexander

Müller는, 예의 초전도에 관해 중요한 발견을 한 사람이지만, 그분과 얘기해봤더니 그분도 자신의 발견은 운이 좋아 가능했다고 했습니다."

| 교수님도 운이 좋았습니까?

"나도 운이 좋았지요. 말하자면 뭔가를 발견한다는 것은 연구자의 노력이 쌓이고 쌓이기만 한다고 해서 이뤄지는 것이 아닙니다. 결국 과학이라는 건 자연의 탐구입니다. 그런데 자연nature은 논리적logical이지 않지요. 특히, 생명현상이 그러합니다. 논리적으로 할 수 있는 것이라면 이치로 따져 생각하다 보면 알 수 있겠지만, 실상은 그렇지가 않지요. 자연이 지금 이런 상태로 존재하는 것은 우연히 이렇게 돼 있는 것일 뿐입니다. 생물의 세계라는 건 몇억 년에 걸친 우연이 쌓이고 쌓여, 거기에다 시행착오도 거듭한 끝에 지금 이렇게 돼 있는 것입니다. 이렇게 돼야 할 필연성 같은 건 없어요."

| 결국 생명은 합목적적인 존재가 아니라는 말씀입니까? 모노 등도 목적론적 생명론은 잘못이라고 분명히 말했습니다. 이런 생각, 즉 생명의 발생과 진화는 물질적 우연이 쌓이고 쌓여서 만들어진 것이라는 생각은 분자생물학을 하는 사람 사이에서는 보편적 견해인가요?

"나는 그렇게 생각해요. 내 주변을 둘러봐도 신이 내렸다는 생명론자는 한 사람도 없어요. 뭐, 생물학자도 다양하니까 다르게 생각하는 사람도 조금 있을지 모르겠어요. 그래도 대부분은 우연이라고 생각하

고 있지 않을까요."

| 세계가 이렇게 존재할 필연성은 없었다?

"생명의 진화 역사에는 여러 차례 분기점이 있었지요. 작은 분기에서 큰 분기까지 여러 번 있었습니다. 각각의 분기점에서 '어느 쪽으로 간 것이 더 나았을까'라는 거지요. 우연히 이쪽으로 왔기 때문에 이렇게 됐을 뿐, 이렇게 될 필연성 따위는 없습니다.

예컨대 내 연구를 두고 얘기하자면, 항체의 다양성이 유전자의 재구성에 의해 만들어진다는 발견 같은 거지요. 항체의 다양성도 유전자를 재구성해서 할 필연성은 전혀 없어요. 다른 방향으로 진화했다면 다른 방법으로 다양성을 낳았을 겁니다. 우연히 이쪽 방향으로 왔고, 그 방향으로 내가 연구했기 때문에 내가 발견했을 뿐이지요. 그런 의미에서 운이 좋았던 겁니다.

발견이라는 것은 우연히 자연이 그쪽 방향으로 마련해둔 상태에 (발견자가) 부닥치는(조우하는) 셈이지요. 자연과 다른 방향으로 갔다면 아무것도 발견하지 못했겠지요. 자연이 이렇게 돼 있을 거라고 생각하더라도, 인간의 사고나 상상imagination은 자연과 비교해 너무나 빈약하기 때문에 대개 잘못된 가설을 세우고 잘못된 방향으로 가버리기 마련입니다. 운이 좋은 사람만이 자연이 마련해준 것과 맞닥뜨립니다. 따라서 생물학은 어느 정도 '점은 맞을 수도 있고 안 맞을 수도 있다'와 같은 측면이 있습니다."

| 교수님은 운이 좋으셨다는 말씀인가요? 그리고, '센스'라는 건 무엇인지요?

"어려운 얘깁니다만, 뭐, 감(직감, 육감)이라고 해도 좋아요. '자연은 이렇게 돼 있을 거야'라는 가설을 여러 개 세운다고 해보지요. '맞는 가설과 맞지 않는 가설'이라는 면도 있겠지만, 한편으로는 '비교적 가설이 잘 맞는 사람과 전혀 맞지 않는 사람'이라는 면도 있습니다. 이런 측면에서, 맞는 사람, 즉 그 사람의 자연관이 자연에 가까운 사람일수록 센스가 좋다고 할 수 있겠지요.

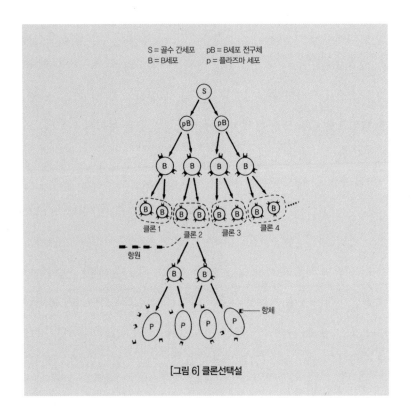

[그림 6] 클론선택설

버넷[7]이라는 유명한 생물학자가 있어요. 이 사람은 면역의 클론선택설(그림 6)[8]이라는 면역학의 가장 중요한 이론을 제시한 사람입니다. 면역학적 관용 현상[9]에 설명을 보태 1960년에 노벨상을 받았지요. 이분은 뭔가 특별한 전파로 자연과 교신해서 자연의 비밀을 알아내는 게 아니냐는 농담을 들을 정도로 '센스'가 좋았어요. 보통 사람이 전혀 생각지도 못하는, 설마 그럴까 싶은 가설을 세웠는데 그게 제대로 맞았지요. 거의 미스터리라고 해도 좋을 정도입니다. 이분이 어떻게 그런 가설을 생각해냈는지는 아무도 설명할 수 없었지요. 본인도 설명할 수 없었어요.

이번 노벨상 수상으로 스톡홀름 체류 중에 관례적으로 매년 진행되는 스웨덴 국영방송의 노벨상 수상자들 좌담회에 나갔을 때도, '과학적 직감의 존재를 믿는가'라는 주제가 나왔습니다. 참석자 전원이 '그렇다'고 대답했습니다. 그러나 직감, 즉 센스가 좋다는 것이 어디에서 오는가 하는 의문에 대해서는 좀처럼 명쾌한 대답을 들을 수 없었습니다. 확실히 말할 수 있는 점은, 좋은 발견을 하기 위해서는 열심히 일할 필요도 있지만, 여기에 덧붙여 운과 센스가 모두 필요하다는 것이지요. 이 가운데 어느 것도 없어서는 안 됩니다."

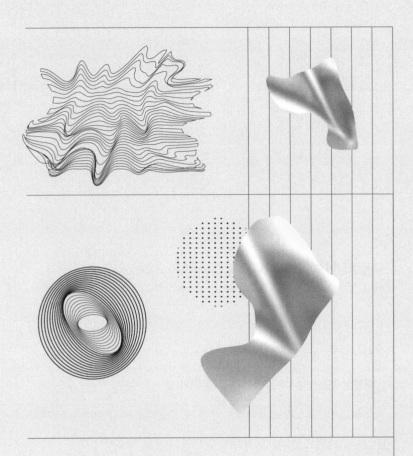

제3장

운명의 갈림길

따돌림당한 하이브리다이제이션hybridization(잡종형성) 기술

| 람다파지의 유전자 발현 억제 메커니즘 연구에 3년 반을 보내고 박사학위를 취득했다고 말씀하셨습니다. 박사학위를 따려면 당연히 박사논문을 써서 심사를 받았을 텐데, 이게 대단히 어려운 건가요?

"글쎄요, 어렵다고 해야 할까. 논문을 제출하도록 허락받을 때까지 가는 게 어려워요. 대신에 허락만 받으면 대체로 통과하지요."

| 논문을 제출하는 데 허가가 필요합니까?

"그럼요. 대학에 위원회가 있습니다. 학생의 연구 진척 상황을 체크해서 박사논문을 쓰게 할지 말지를 결정하지요. 대학원생마다 지도교관이랄까 지도교수가 있어서 연구를 지켜보고 있으니 진행 정도를 알 수 있습니다. 연구자로서 한 사람 몫을 할 수 있는 수준에 도달했다고

인정된 학생에 대해서만 논문을 써도 좋다는 허가가 나옵니다. 따라서 쓰기만 하면 대개 통과됩니다. 가끔은 형편없는 경우도 있지만, 이럴 때에는 이런저런 제안을 해서 다시 쓰게 합니다. 1년 정도 지나면 다시 한 번 쓰게 하지요."

| 박사논문 외에 여러 전문지에 논문을 발표하기도 하지요. 이건 마음대로 해도 됩니까?

"마음대로라고 하지만, 대학 당국의 허가는 필요 없으나 지도교수의 '오케이'는 필요하지요. 대개 지도교수와 연명連名한 논문이니까요. 어느 전문지나 전문가 레퍼리(심사원)가 있어서 내용을 심사해서 발표여부를 결정해요. 심사에서 떨어지면 지도교수도 곤란하니까 일단 일정한 수준에 도달하지 않으면 승인이 나지 않습니다."

| 교수님의 첫 논문은 1966년에 《비오케미카 엣 바이오피지카 액타*Biochimica et Biophysica Acta*》라는 생물화학·생물물리 전문지에 발표된 '고리 모양環狀 DNA의 시험관 내 유전자 전사의 방향'이라는 것이었지요. 연대로 보면 대학원 3년생일 때 쓴 것이겠군요. 역시 첫 논문 발표는 기쁜 일이겠지요. 어떤 논문이었습니까?

"아, 그 논문은 별거 아니었습니다. 파이φ 엑스χ 174라는 파지가 있는데, 이건 DNA가 이중 사슬이 아니라 한 줄이 둥근 고리 모양을 하고 있어요. 구조가 간단해서 람다파지와 함께 연구에 많이 쓰였지요.

DNA의 유전정보가 발현할 때 최초로 이뤄지는 건 정보가 RNA로 전사되는 겁니다. RNA로 전사된 정보를 토대로 단백질이 합성되지요. 이 전사에는 방향성이 있어요. RNA의 한쪽 끝을 5′말단이라 하고, 또 한 방향의 끝을 3′말단이라고 하는데[1], 5′말단에서 3′말단 방향으로 전사되는지, 3′말단에서 5′말단 방향으로 전사되는지를 확인하려는 연구였어요."

| 어떻게 됐습니까?

"5′말단에서 3′말단을 향해 간다는 사실을 알아냈습니다."

| 그런 연구를 어떻게 합니까? 현미경으로도 관찰할 수 없을 텐데요.

"5′말단에는 인이 들어 있기 때문에 보통의 인 대신에 방사성 인을 넣은 RNA를 합성합니다. 이것을 사용해서 실험하면 현미경으로 볼 수 없는 것을, 방사능을 검출해서 위치와 움직임을 추적할 수 있지요. 이런 방법을 아이소토프(동위원소)로 라벨을 붙인다(표지)고 하는데, 생화학이나 분자생물학에는 크게 도움되는 기술이라 널리 사용되고 있습니다."

| 그 논문에 함께 이름을 올린 하야시 다키林多紀라는 분이 지도교수였군요.

"그렇습니다. 지금 생각하면, 과학자에게는 운이 필요하다고 했지만 그때 하야시 교수를 만난 건 정말 행운이었어요. 하야시 교수는 샌디에이고에 오기 전에는 일리노이 대학에서 스피겔만Bruce Spiegelman 교수에게 배웠습니다."

| 스피겔만이라면 RNA가 DNA의 정보를 전사해서 운반하는 메신저 역을 한다 는 사실을 실험적으로 증명한 분 말씀인가요?

여기서 잠시 해설을 붙이자면, DNA의 정보는 제1장에서도 설명했다시피(34쪽 참조) 메신저 RNA에 의해 운반된다. DNA의 이중 사슬이 풀어져서 그 부분의 염기배열(유전암호)과 상보적인 염기배열을 지닌 RNA가 만들어진다. 바로 메신저 RNA다. 이것이 핵 바깥으로 나가면 이 정보를 토대로 아미노산이 모여 단백질이 만들어진다.

당시에는 DNA는 물론 RNA도 그 존재가 알려져 있었는데, 그 둘이 상보적인 염기배열을 통해 결합함으로써 서로 정보를 전달한다는 사실은 아직 모르고 있었다. 1961년에 스피겔만은 한 줄로 만든 DNA와 RNA를 함께 섞어놓음으로써, 그 둘이 상보적인 염기배열을 한 부분을 자신들이 찾아내서 결합한다는 사실을 실험적으로 보여주었다.

"한 줄기의 DNA와 RNA가 결합한 잡종(하이브리드)을 만들었기 때문에 이 방법을 하이브리다이제이션(그림 1)이라고 합니다. 역시 방사능을 이용하지요. DNA, RNA를 각기 다른 동위원소로 라벨을 해두면 둘이 결합해서 만든 하이브리드를 금방 찾아낼 수 있어요."[2]

┃ 두 줄로 된 DNA를 한 줄로 떼어내는 것은 어떻게 하는 겁니까?

"간단합니다. 가열하거나 알칼리를 작용시키면 떨어집니다."

┃ 하이브리다이제이션이라는 수법은 오늘날의 유전자공학 같은 데서도 널리
  사용되고 있는 것 같은데요?

"지금은 분자생물학의 가장 기본 기술의 하나가 돼 있습니다만, 당
시에는 말하자면 '의붓자식' 취급을 당하던 기술이었습니다. 방사능으
로 라벨(표지)을 해둔 것을 들러붙게 하는 수법은, 뭐랄까, 지저분한 방
법이라고 보는 시각이 있었지요. 머리가 좋은 사람은 유전학 수법 같

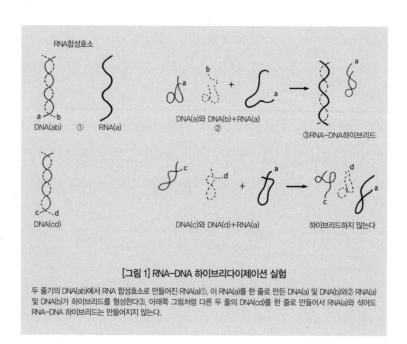

[그림 1] RNA-DNA 하이브리다이제이션 실험

두 줄기의 DNA(ab)에서 RNA 합성효소로 만들어진 RNA(a)①. 이 RNA(a)를 한 줄로 만든 DNA(a) 및 DNA(b)와② RNA(a)
및 DNA(b)가 하이브리드를 형성한다③. 아래쪽 그림처럼 다른 두 줄의 DNA(cd)를 한 줄로 만들어서 RNA(a)와 섞어도
RNA-DNA 하이브리드는 만들어지지 않는다.

은 걸 써서 더 우아하게 연구했기 때문에 하이브리다이제이션 따위는 머리가 나쁜 놈들이 한다는 인식이었지요. 그런데 나중에 유전자 재조합 기술이 만들어집니다. 거기에는 아무래도 하이브리다이제이션 기술이 필요합니다. 그래서 하이브리다이제이션 기술이 시민권을 얻게 되니, 모두가 '와—' 하고 사용하게 되었지요."

| 유전자 재조합 기술이 일반적으로 사용되게 된 것은 1970년대 중반 무렵이니까, 아직 훨씬 더 전의 일이로군요.

"거꾸로 얘기하면, 유전자 재조합 기술이 등장했을 때 하이브리다이제이션 기술을 지닌 사람은 금방 사용할 수 있었지요. 나중에 얘기하겠지만, 노벨상을 받은 면역항체의 다양성 연구에서도 결국 그때 갓 태어난 유전자 재조합 기술을 이용했습니다. 내가 이 기술을 금방 이용할 수 있었던 것도 그 뿌리를 더듬어 가면, 결국 학생 시절에 하이브리다이제이션 기술을 익혔기 때문이지요. 하이브리다이제이션은 여러 가지로 응용할 수 있어서 변종variation이 아주 많습니다. 하야시 교수가 그 방면의 전문가여서 그때 착실하게 가르쳤습니다. 그게 나중에 효과를 본 거지요."

| 그것도 운이 좋았던 셈이 되나요?

"그렇지요. 노벨상을 받은 사람들 가운데에는 분명 천재라고 할 수밖에 없는 사람이 많이 있어요. 하지만 그들이 노벨상을 받은 뒤, 다

시 또 노벨상을 받을 만한 대발견을 했느냐 하면 그런 경우는 정말 적어요. 모두 노벨상을 받은 뒤에도 각자의 필드를 조금 바꾸거나 해서 연구를 계속합니다. 그만한 재능을 가진 사람들이니까 어떤 연구를 해도 그럭저럭 업적을 올릴 수는 있어요. 하지만 대발견을 하지는 못해요. 어떤 필드에서나 머리가 상당히 좋은 사람 몇천 명 몇만 명이 같은 문제를 필사적으로 밤낮으로 생각하고 있겠지요. 이들 가운데 어느 한 사람만 대발견을 하게 된다는 건, 머리가 좋고 나쁘거나 재능만의 문제가 아니라 역시 운도 필요하다는 사실을 보여줍니다. 먼 과거부터 여러 방식으로 축적해온 지식이 효과를 발휘하는 셈입니다. 나 자신을 돌아볼 때 정말 그렇다고 생각합니다."

입소문으로 듣는 최신 정보

| 하이브리다이제이션 기술을 익힌 것도 축적의 하나였군요?

"그것하고, 내 경우는 그것이 인연이 돼 소크연구소Salk Institute for Biological Studies의 둘베코[3]와 알게 됐어요. 그리고 UCSD를 졸업하고 나서 그의 연구실에 들어갔습니다. 이게 아마 가장 컸을 거예요. 운이 좋았다는 면에서는."

| 둘베코도 노벨상 수상자군요?

"암 바이러스 연구로 1975년에 노벨상을 받았습니다. 그때부터 둘베코가 있는 곳이 암 바이러스 연구에서는 세계 제일이란 말을 들었지요. 거기에 들어가서야 비로소 세계 톱클래스의 연구실에서 연구한다는 게 얼마나 유리한지 절실히 알게 됐습니다."

| 그렇게 다른가요?

"다르지요. 먼저 정보량이 압도적입니다. 과학 세계에서는 같은 연구 주제를 다루는 그룹이 여기저기에서 경쟁합니다. 어디서 어떤 연구가 어디까지 진척되었는지, 어떤 새로운 이론적 기술적 진전 breakthrough이 있는지, 이런 정보를 늘 파악하는 게 연구자에게는 절대적으로 필요합니다. 그러지 않으면 다른 연구실에서 이미 1년도 전에 결론이 난 것을 여전히 열심히 하거나, 가장 효과적인 방법을 사용하면 며칠 만에 할 수 있는 실험을 몇 개월째 계속하겠지요. 자기 분야의 연구 전체의 진전 상황을 정확하게 파악하고 있으면 무엇이 지금 중요한 문제이고 무엇이 중요하지 않은지 저절로 알게 돼요. 이를 파악하지 못하면 본질적으로는 중요하지 않은, 말하자면 어떻게 되더라도 상관없는 것을 중요 문제로 확신해서 열심히 연구하겠지요.

과학은 맡은 영역이 넓고 깊어서 작은 것을 파고들면 연구 대상이 무수히 있습니다. 하지만 그 대부분은, 이렇게 얘기하면 너무 심한 말이 될지 모르겠지만, 어떻게 되든 상관없지요. 대부분의 학자는 무엇이 본질적으로 중요하고 무엇이 중요하지 않은지 분별하지 못하기 때문에, 어떻게 돼도 상관없는 것을 연구하다가 일생을 마칩니다. 과학자 대부분이 그런 연구를 하고 있습니다. 과학자임을 자처하며 과학을 생계 수단으로 삼고 있지만, 정작 과학의 입장에서 보면 있든 없든 관계없는 사람들이지요."

| 가혹하군요. 그런데 본질적으로 중요한 것은 무엇이고, 그렇지 않은 것은 무엇입니까? 어떻게 그것을 구별할 수 있나요?

"역시 과학 발전에 얼마나 본질적으로 이바지하느냐라는 기준이겠지요. 과학 발전에 주는 충격의 크기로 결정된다고 봅니다."

| 과학 발전에 본질적으로 이바지하는 것은 무엇입니까? 그 기준은 무엇인가요?

"과학은 일반 법칙의 발견을 목적으로 삼고 있지요. 더 일반성 있는, 더 보편성 있는 원리나 법칙을 찾아가는 과정이 과학 발전이겠지요. 이 목적에 좀 더 근접하는 연구일수록 중요합니다. 생물학을 예로 들자면, 유전자 구조의 원리는 많은 생물에 적용할 수 있기 때문에 중요합니다. 역시 각론이 아닌 근본 원리를 탐구하고 싶지 않다면 진정한 과학자라고 말할 순 없을 겁니다. 그런데 현실에서는 각론 가운데 특히 어떻게 되든 상관없는 것을 하는 사람이 너무 많습니다."

| 그건 왜 그런가요?

"결국 무엇이 진짜 중요한 것인지를 충분히 살펴보지 않고 연구를 시작하기 때문이겠지요. '이거 꽤 재미있겠는데' 하는 정도로 연구 주제를 정해버립니다. 그래선 안 됩니다. 앞에서도 얘기했지만, 과학의 세계는 광대하니까요. 그렇게 주제를 정한다면 할 게 얼마든지 있습니다. 그 주제로 실험하고 논문 쓰고 학회나 전문지에 발표하면, 어쩐지 자신도 과학자가 된 듯한 기분이 들지도 모르겠습니다. 하지만 그 정도로는 어떻게 되든 상관없는 과학자밖에 될 수 없어요.

나는 학생들에게 '가능한 한 연구를 하지 마라'고 얘기해요. '무엇을 할 것인가보다는 무엇을 하지 말아야 하는가'가 중요하다고 자주 얘기하지요. 그래요. 한 사람의 과학자가 평생 쓸 수 있는 연구 시간은 극히 한정돼 있습니다. 연구 주제는 얼마든지 있지요. '꽤 재미있겠는데'라는 정도로 주제를 정하면 정말로 중요한 주제를 연구할 짬이 없고, 그러다 일생이 끝나버려요. 나는 '이게 정말로 중요하다고 생각한다, 이것이라면 평생 해도 후회하지 않을 것이라 생각한다'는 주제를 찾을 때까지 연구를 시작하지 말라고 말하는 겁니다.

과학자에게 가장 중요한 것은 '무엇을 할 것인가'입니다. 무엇을 할 것인가 하는 아이디어이지요. 무엇을 할 것인지를 정하는 것은 곧 '무엇을 중요하다고 생각하는가'입니다. 젊을 때 가장 필요한 점은, 정말 중요한 것을 중요하다고 판단할 수 있는 능력을 익히는 일입니다. 젊을 때 이 능력을 익히지 못한 사람이 많아서, 어떻게 되든 상관없는 것을 하고 있음에도 자신은 뭔가 중요한 연구를 하고 있다고 착각하며 일생을 마치는 과학자가 많은 겁니다."

| 그래도 모두 중요한 것을 하고 있다고 생각하겠지요. 무엇이 중요한지는 주관이 상당히 개입된 판단이니, 타인이 그건 중요하지 않다고 규정할 순 없지 않습니까?

"그런 일면은 있지만, 중요도에 객관성이 전혀 없느냐 하면 그건 아니지요. 또 이 연구는 존중할 만하다고 생각하는 과학자들의 판단은 자연스레 일치합니다. 무엇인지를 엄밀히 분석할 순 없겠지만 자연스레 의견 일치가 생겨나는 배경에는 뭔가가 있다고 봐야지요. 판단은 결국 이제까지의 체험이 뇌 속에 남은 메모리의 누적으로 내려지기 때문에 뛰어난 과학자들의 공통 체험이 가져다준 공통 판단 같은 게 있다고 봅니다. 그런데 이 가운데 정보가 부족하거나 정보를 받아들일 때 판단을 제대로 하지 못해서 잘못된 가설을 세우고 또 이를 완고하게 신봉하거나 지엽 말단의 것에 집착해서 어떻게 되든 상관없는 탐구를 계속하는 이상한 사람이 많아요.

흔히 과학자에게는 오리지널리티(독창성)가 없으면 안 된다고들 합니다. 물론 그렇습니다. 하지만 오리지널리티의 의미를 잘못 알고 있는 사람이 있는 셈이지요. 독창적이고도 중요도가 높은 일을 하는 게 중요합니다. 다른 사람이 하지 않는 것이라면 무엇이든 오리지널하고 연구할 가치가 있다는 주장은 잘못된 것이라고 생각해요.

예를 들어 나비의 생리 메커니즘에 대해 어떤 사실을 알게 됐다고 칩시다. 이것이 다른 나비의 경우에는 어떠한지 조사합니다. 이 연구가 세계 어느 누구도 손을 대지 않은 자신만이 하고 있는 오리지널한 연구라고 칩시다. 분명 이 나비 연구는 다른 누구도 달리 연구하지 않는다는 점에서 독창적이겠습니다. 하지만 나비 일반에 대해 알고 있는 사실을 다른 나비에 대해 조사해도 지금까지의 생각을 뒤집을 만한 발견이 있을 가능성은 매우 낮습니다. 이와 비슷한 일은 얼마든지 있지요. 따라서 어떤 연구를 해야 더 일반성이 있는 법칙 발견으로 이어질지, 그 판단이 중요할 수밖에 없지요."

| **그런 판단 능력을 익히려면 어떻게 해야 할까요?**

"가장 좋은 방법은 세계적인 연구의 중심에 자신이 속해 있는 것입니다. 이 점을 둘베코가 있는 곳에 가서야 잘 알게 됐습니다. 연구의 중심부와 주변부는 이토록 정보의 격차가 크구나 하고 절감했습니다. UCSD는 지금은 아주 좋아졌지만 당시에는 갓 문을 연 지방 대학이라, 그 존재를 아는 사람도 별로 없었습니다. 하버드나 MIT, 칼테크(캘리포니아 공과대학) 같은 세계적 연구 중심지에서 보면 변두리라고 해도 좋을 곳이었습니다. 나는 그런 지방 대학에서 나 자신도 별것 아니라고 생각할 정도의 논문을 쓴 셈입니다. 나 같은 사람은 주류 연구자들 시야에 전혀 들어오지 않은 노바디nobody였을 겁니다. 또 거꾸로 람다 파지를 연구하는 학자가 세계에 몇백 명이나 있었습니다. 그 말단에

나도 줄을 대고 있었지만, 말단 쪽에서 보고 있노라면 전체 상이 시야에 제대로 들어오지 않았지요. 다른 연구자들이 무엇을 생각하고 무엇을 노리고 있으며, 어떤 방향으로 연구를 진행하고 있는지 제대로 알지도 못한 채 '나도 뭔가 할 게 있을 거야'라는 가벼운 기분으로 주제를 택했으니까요."

| 그래도 기초과학 세계에서는 누가 어떤 연구를 하고 있는지 모두 공개하고 있으니, 학회나 전문지를 통해 누구나 정보를 입수하고 있지 않습니까?

"그게 그렇지 않아요. 지면에 발표되는 정보는 매우 낡은 것입니다. 대개 반년에서 1년 정도 뒤늦은 것이지요. 따라서 그런 것을 기다리고 있다가는 연구의 최첨단 흐름에서 밀려나 버립니다. 최신 정보는 전부 입소문입니다. 같은 연구를 맨 앞에서 다투고 있는 연구실에서는 서로 아는 사이들이 많으니까 뭔가 좀 큰 발견이다 싶으면 금방 입소문으로 정보가 퍼집니다. 친구들이나 동료는 서로 전화로 얘기하지요. 연구실 모임 또는 심포지엄 같은 얼굴을 맞댈 장소가 많이 있어서 금방 정보가 퍼져요.

어느 분야에서나 세계의 연구 중심인 연구실이 있고, 그곳의 연구가 어떻게 진척되고 있는지 신경을 곤두세우고 있는 연구실 또한 있지요. 그런 곳을 세계 연구자들이 모두 방문합니다. 그런 곳에서 여러 정보를 얻는 동시에 자신의 연구실에서는 이렇다는 정보를 주고 갑니다. 결국 그 연구에 관해서는 그곳이 자연스레 세계의 정보센터가 되는 겁니다. 거기에 있으면 지방 연구실에서 좀체 얻을 수 없는 최신 정보를 힘들이지 않고 전부 입수할 수 있어요.

둘베코가 있던 곳이 그런 연구실이었습니다. 그곳에 있으면 연구의 전체 상이 시야에 들어와요. 무엇이 중요하고 무엇이 중요하지 않은지 자연스레 판단할 수 있게 되지요. 저쪽 연구실에서는 벌써 결론이 나 있는 것을 이쪽 연구실에서 고심하면서 여전히 뒤쫓고 있구나 하는 게 전부 보입니다. 그러니 무엇이 객관적으로 중요한지 알 수 있지요."

| 그렇게 보자면, 일본의 분자생물학은 샌디에이고에서 보면 로컬하겠군요. 분자생물학만이 아니라 대개의 기초과학에서 그렇겠네요. 결국 점점 더 격차가 생기게 될 텐데요.

"일본만이 아니라 유럽도 그래요. 일본이나 유럽에도 각 분야에서 세계 제일선 그룹에 속하는 연구실이 몇몇 있습니다. 하지만 전체로 보면 역시 세계 과학의 중심은 미국이지요. 아무리 일본의 산업기술이 발달했다 하더라도 기초과학에서는 압도적인 차이가 납니다.

최근 유럽 학자가 쓴 글을 보면, 미국의 과학은 셀프서피션트self-sufficient(자기충족적)라고 합니다. 유럽과 일본의 과학자들이 전부 없어져도 미국 홀로 해나갈 수 있다는 의미입니다. 반면 유럽이나 일본은 미국에서 들어오는 정보 없이는 과학이 성립되지 않는다는 뜻이지요. 국제적인 학술지의 논문 절반 이상이 미국에서 나와요. 학회 발표를 보더라도 그렇습니다. 그런 나라와 제일선 그룹에 속하는 연구실 수를 비교해보면 일본에서 최첨단을 달리는 연구실이 늘었다고는 해도 아직 미미한 수준입니다."

인기 연구실은 2, 3년생까지 만원

| 그런 연구실에 용케 들어갔군요. 어떻게 들어갔나요? 어떤 신분으로 들어간 겁니까?

"일본에는 없는 제도입니다만, 저쪽에서는 박사를 취득하고 대학원을 졸업하면 포스닥(post doctorate 또는 post doctoral의 약자)이라 해서 여러 연구실에 들어가서 연구자로 일하게 됩니다. 미국의 경우에는 이들이 연구 현장의 주요 일꾼이지요. 예컨대 내가 있는 MIT 연구실에는 연구자가 17, 18명 있는데 이 가운데 13, 14명이 포스닥입니다. 둘베코가 있던 곳은 포스닥이 30명이나 됐어요. 일본에서는 이런 제도가 없어 사람이 부족해 대학원생을 사환(잔심부름꾼)처럼 쓰고 있고 있지요."

| 포스닥 연구자는 급료를 받습니까?

"포스닥에는 연구실의 연구비에서 급료를 지급받는 사람과 외부 펠로십을 받는 사람, 두 종류가 있습니다. 좋은 대학의 좋은 연구실일수록 후자의 비율이 높습니다. 지금은 대체로 연간 2만 달러 정도쯤 될

까요. 결혼했다면 조금 힘들겠지만 혼자라면 넉넉하게 살 수 있지요."

| 포스닥은 자신의 연구를 하는 겁니까? 교수의 연구를 돕는 건가요?

"연구실 책임자에 따라 많이 다릅니다. 어떤 연구를 하느냐에 따라 교수와 상의하거나 제안을 받아서 연구 내용을 정하는 방식이 표준일 겁니다. 이 과정에서 연구 업적을 올려 독립하지요."

| 독립한다는 건 어떤 의미인가요?

"요컨대, 취직하는 겁니다. 다음 단계는 대학 조교수assistant professor 가 되거나 연구소 연구원이 되는 거지요. 미국에서 이런 자리는 대개 공모합니다. 내가 있는 곳에서도 여러 곳에서 그런 잡(일) 모집 요강이 돌아요. 연구실 칠판에 모집 요강을 붙여두면 자기 마음대로 응모하지요."

| 일본처럼 교수가 여기저기 자리를 확보하고, 자네, 거기에 가 보면 어때, 같은 식으론 하지 않나요?

"그런 경우도 다소 있지만, 기본적으로는 그렇게 돌봐주진 않아요. 모두 스스로 자기 자리를 찾습니다. 물론 교수가 추천장을 써줍니다만. 그래서 포스닥은 보통은 2년 내지 3년이지만 2년째 후반부터 모두 자리를 찾아 여기저기 왔다 갔다 하지요. 실적주의여서 깐깐합니다."

｜ 포스닥으로 들어가는 건 어떻습니까. 그것도 좋은 연구실은 들어가는 데에는 경쟁이 상당하겠습니다.

"그렇습니다. 대단하지요. 둘베코가 있는 곳은 그 무렵 엄청 인기가 있어서 2년 뒤, 3년 뒤까지 자리가 꽉 찼어요. 지금도 인기 있는 연구실은 모두 그래요. 미국에서는 포스닥으로 어느 연구실에 들어가든 학생이 모든 것을 스스로 결정해야 합니다. 그래서 박사 논문을 쓰는 일과 병행해 이곳저곳의 연구실에 자신을 포스닥으로 채용해줄 수 없는지 타진합니다. 좋은 곳에 들어가려면 2년 전, 3년 전부터 신청합니다. 한 사람 한 사람이 각기 실험할 장소가 필요하니까 어느 연구실이든 벤치라고 있는데, 벤치의 수만큼만 포스닥을 둘 수 있습니다. 아무래도 경쟁이 심하지요."

｜ 어떻게 뽑습니까?

"기본적으로는 면접이지요. 나는 이런 연구를 해왔는데 이제부터 이런 연구를 해보고 싶다는 식으로 얘기하지요. 아마도 10분 정도 얘기해보면 대체로 그 능력을 알 수 있지요."

｜ 둘베코의 연구실에 들어간 것은 역시 세계적인 중심에서 일해보고 싶다는 생각에선가요?

"아닙니다. 앞서 그렇게 얘기한 이유는, 둘베코 연구실에 들어가 본 뒤에야 알게 됐고 들어가기 전에는 몰랐기 때문이에요. 실은 좀 엉뚱한 생각으로 선택했어요. 하나는, 내가 샌디에이고가 너무 마음에 들었기 때문인데요, 바닷가인 데다 1년 내내 기후가 좋아 캘리포니아 가운데서도 그곳은 지상의 파라다이스랄 만큼 각별한 곳이지요. 그래서 샌디에이고를 떠나고 싶지 않다는 게 첫 번째 조건이었어요. 연구 차원에서는 그때까지 박테리오파지를 해왔지만 이제 도무지 재미가 없었습니다. 이렇다 할 만한 발견이 없기 때문에 좀 더 고등한 생물의 세포를 다뤄보고 싶다는 생각을 했지요. 그렇다면 UCSD 가까이에 있던 소크연구소의 둘베코가 있는 곳이 제일이었습니다."

| 소크백신의 그 '소크'입니까?

"그렇습니다. 소아마비의 소크백신이지요. 이것이 발견되자 미국인이 모두 기뻐했고 소크 박사가 있는 곳에 막대한 기부금이 몰려들었어요. 그래서 만들어진 연구소지요. 둘베코의 연구실은 그가 암 바이러스 연구의 제1인자여서 연구비도 많았어요. 그런 면도 매력적이었지요."

| 들어가는 게 쉽지 않았겠지요. 역시 2년, 3년 전부터 신청했습니까?

"아뇨. 둘베코 있는 쪽에 전화를 한 건 졸업하기 반년쯤 전이었을 겁니다. 평소에 나는 대체로 장래 설계 같은 건 별로 생각하지 않고 닥치는 대로 하는 편이어서, 2년이나 3년 뒤 일은 생각하지 않았지요. 좌우간 부딪쳐보자는 식으로 전화를 해봤어요. 그랬더니 지금 생각해

도 왜 그랬는지 잘 모르겠습니다만, 받아줬어요."

| 벤치에 빈 자리가 생긴 겁니까?

"아니, 없었어요. 만원이었어요. 2, 3년 뒤까지 꽉 차 있다고 했습니다. 둘베코가 반년간 유럽에 갈 예정이었는데, 그 기간에 자신의 벤치가 비니까 그걸 쓰라는 거였어요."

| 예? 그럼 교수의 벤치에.

"교수의 벤치라고 해도 다른 특별한 장소는 아니고, 다른 사람과 같이 실험하고 있었으니까 그건 문제없었지만, 그래도 그런 형태로 무리해서 받아줬구나 하고 생각해요."

| 반년 지나 둘베코가 돌아왔을 텐데, 어떻게 됐습니까?

"공간 사정이 좋아졌는지, 결국 나는 같은 장소에 계속 있을 수 있었습니다."

| 그렇게 무리해서까지 받아주었다는 것은 둘베코가 교수님이 우수한 인재라는 점을 알아봤다는 말씀 아닐까요?

"뭐, 저로서는 뭐라고 얘기할 수 없는 점입니다만, 신통찮은 놈이라고 생각했다면 무리해서 받아주진 않았겠지요. 어느 정도 평가해줬겠지요. 사실, 나는 둘베코와 전혀 모르는 사이는 아니었어요."

| 예? 그랬습니까?

"앞에서 얘기했듯이 UCSD에서 나는 줄곧 람다파지 연구를 하고 있었습니다. 박사논문 주제도 그것이었고요. 졸업하기 전해에 박사논문 요약본 같은 논문을 정리하고 있었습니다. 앞에서 보여준 람다파지의 유전자 지도(84쪽 참조)를 보면 알겠지만, 거기에 b영역이라는 어떤 기능을 하는지 잘 모르는 영역이 있습니다. 이 영역의 유전정보가 전사돼 만들어진 RNA의 움직임을 분석했더니 이 영역도 유전자의 초기early와 후기late의 발현조절에 일정한 역할을 하고 있다는 사실을 알았다는 논문이었지요. 나 나름으로 권위 있는 잡지에 발표하고자 미국에서도 가장 높이 평가되는《미국국립과학아카데미회보Proceeding of National Academy of Science》에 투고해보고 싶었어요. 이 회보에 투고할 수 있는 사람은 아카데미 회원이거나 회원의 추천을 받은 사람이어야 한다는 규정이 있어요. 아카데미 회원은 대단히 명망이 높은 최상위 과학자가 아니면 될 수 없지요. 내가 직접 알고 있는 사람들 가운데 회원은 아무도 없었습니다. 그래서 하야시 교수가 둘베코에게 의뢰했어요. 그랬더니 그가 흔쾌히 받아주어서 그 논문이《과학아카데미회보》에 실릴 수 있었습니다."

| 그랬군요. 그때 도네가와 교수의 논문을 읽고, 이 사람은 될성부르다 하고 이미 눈도장을 찍어둔 것이로군요.

"아닙니다. 내용 면에서 대단찮은 논문입니다."

| 그래도 정말 별것 아닌 논문이었다면 둘베코가 추천을 받아주지 않았을 테고, 추천해줬다 하더라도 회보 쪽에서 실어주지 않았겠지요.

"물론 일정 수준은 됐겠지만, 생물학적으로 본질적 발견이라는 측면에서 대단찮은 논문이었지요. 적어도 나 자신의 평가 기준에서는 그렇게 생각했어요. 다만 이런 얘긴 할 수 있겠군요. 그 논문 실험은 기술적으로는 깔끔하게 해냈다고. 그 실험도 하이브리다이제이션을 이용했습니다. 하야시 교수의 가르침을 받은 터라 내가 하이브리다이제이션 전문가가 돼 있었으니까요. 혹시 둘베코가 기술적인 수완을 평가해줬을지도 모르겠습니다. 왜냐하면 그의 연구소에 그때까지 오다小田라는 일본인 포스닥이 있었는데, 그 사람이 하이브리다이제이션을 잘했습니다. 둘베코는 그와 함께 SV40[4]이라는 암 바이러스를 계속 연구하고 있었어요. 그런데 그 사람이 떠나버려서 그로서는 하이브리다이제이션을 잘하는 포스닥이 필요했을지도 모르지요. 이건 내 추측일 뿐입니다."

| 일본인 포스닥이 많았습니까?

"꽤 있었어요. 지금도 많아요. 내가 있는 곳에도 세 명이 있어요. 일본인은 성실하게 일을 잘하고 실험 기술은 상당히 좋기 때문에 환영받아요."

| 둘베코의 연구실에서는 구체적으로 어떤 연구를 하셨습니까?

"내 중심 주제는 일관되게 '유전자의 발현이 어떻게 조절되는가'였습니다. 그전까지는 박테리오파지를 재료로 연구해왔지만, 이젠 조금 고급 세포를 재료로 삼고 싶었지요. 둘베코의 연구소에서는 모두들 오로지 SV40이라는, 히말라야 원숭이에서 분리된 암 바이러스를 재료로 삼고 있었기 때문에 나도 그것을 재료로 연구를 계속하려고 했습니다."

| SV40이라면 나중에 유전자 재조합 실험에 세계 최초로 사용돼 유명해진 바이러스로군요. 하지만 파지도 바이러스라면 SV40도 바이러스겠지요. 어느 쪽이 고급한 것입니까?

"바이러스가 감염시키는 상대가 다른 겁니다. 바이러스는 그 자체를 있는 그대로의 상태로 연구하는 게 아니라 세포에 감염시켜서 연구하지요. 박테리오파지의 경우는 박테리아를 감염시킵니다. 대장균에 감염시켜서 연구하지요. 이와 달리 SV40의 경우에는 동물의 세포를 감염시킵니다. 나는 구체적으로는 쥐의 세포와 원숭이의 세포를 사용했습니다. 이 정도면 박테리아로 연구해온 나에게는 놀라운 일이었지요."

| 무엇이 놀랍다는 말씀인가요?

"대장균은 아, 하는 사이에 분열하지만 동물세포는 좀체 분열하지 않아요. 따라서 대장균을 사용하면 어떤 실험도 하루면 되지만 동물

세포의 경우 1주일, 2주일 또는 그 이상의 시간이 걸립니다. 한마디로 문화충격culture shock이었어요. 처음엔 이걸로는 도무지 연구를 할 수 없겠다고 생각했으니까요."

소크연구소에서 바젤면역학연구소로

여기에서 잠시 해설을 붙이자면, SV40이라는 바이러스는 재미있는 바이러스인데, 어떤 세포에 감염시켰는가에 따라 그 뒤의 행동behavior 이 달라진다.

원숭이 세포에 감염시키면 박테리아에 파지가 감염됐을 때와 마찬가지로 세포 속에서 점점 자기증식을 한다. 결국 그 세포를 내부에서 파괴하고 증식된 바이러스가 바깥으로 확 쏟아져 나와 감염이 점점 더 진행된다. 이를 증식성 감염이라고 한다.

SV40이 쥐의 세포에 감염되면 SV40의 DNA가 쥐 세포의 DNA에 결합돼 형질전환⁵을 일으키면서 암 세포가 된다. 이럴 경우 바이러스의 자기증식은 일어나지 않는다. 따라서 바이러스에 의한 감염이 진행되는 일도 없다. 그 대신에 암으로 바뀐 세포가 점차 증식된다.

"이 두 가지의 경우, 분명히 SV40의 유전정보 발현 방식이 다르지요. 쥐의 세포에 감염시킨 경우에는 유전정보의 극히 일부밖에 발현하지 않아요. 자기증식에 관한 정보는 전혀 발현하지 않습니다. 또 원숭이 세포에 감염시켜 자기증식을 해갈 경우에는 파지가 자기증식해가는 경우와 마찬가지로 유전정보의 발현에 순서가 있어서, 초기와 후기의 조절이 있습니다. 이런 조절의 분자적 기반이 어디에 있는가에 대해 여러 생각이 있습니다. 유전정보는 전부 DNA에 기록돼 있지요. 그러나 그것이 발현될 때는 발현해야 할 정보가 먼저 RNA로 전사됩니다. 이렇게 되면 발현조절은 그 전사 과정에서 일어나는가, 아니면 더 나중의 과정에서 일어나는가라는 문제가 생겨요. 이를 조사하기 위해서는 어떤 RNA가 세포 속에서 산출되는지를 동정同定*하고 분석해야 합니다. 이 연구를 둘베코와 일본인 포스닥 오다 박사가 어느 정도 진행했는데, 이때 하이브리다이제이션 기술이 필요합니다.

뭐, 이건 내가 흥미를 갖고 있던 발현조절 문제이고, 동물세포를 어떻게 다뤄야 할지 잘 몰랐던 시기이기도 해서 둘베코가 말하는 대로 그 실험을 해봤던 겁니다. 3개월 정도 지나 일단 성과기 있었기 때문에 그의 연구실에 가지고 가니, '와우, 벌써 됐단 말인가'라며 엄청 기뻐하는 듯했습니다."

| 포스닥 연구는 교수가 '이것 좀 해줄래' 하는 식으로 이뤄집니까?

---

* 동식물의 분류학상의 소속을 결정하는 일.

"교수에 따라 상당히 다릅니다. 둘베코의 연구실은 모두가 비교적 자기 방식대로 자유롭게 연구하고 있었습니다. 둘베코가 말한 대로 내가 한 연구는 그것뿐이었지요. 그 뒤에는 내 마음대로 했어요. 둘베코는 나에게 좀 더 시키고 싶은 게 있는 듯했으나, 그걸 해도 소용없다며 내가 거절했습니다."

| 구체적으로 어떤 것이었습니까?

"폴리오마바이러스polyoma virus라고 해서 다른 암 바이러스가 있는데, 그는 이것도 SV40으로 한 것과 같은 작업을 해주기를 바랐습니다. 요컨대 그는 여러 암 바이러스에 대해 유전정보의 RNA로의 전사가 어떻게 이뤄지는지 서베이survey해보고 싶었지요.

서베이는 연구라기보다는 조사입니다. 이 바이러스는 이렇게 돼 있다, 저 바이러스는 저렇게 돼 있다는 점을 계속 조사해서 일람표를 만드는 일이지요. 그는 SV40에서 알아낸 사실을 다른 DNA를 지닌 암 바이러스에도 일반화할 수 있을지 여부를 확인해보고 싶었겠지만, 나는 이 나비가 이렇다고 알아낸 것을 다른 나비에 대해서도 조사하는 식의 실험은 싫다고 했습니다. RNA 전사의 단계에서 발현조절이 일어난다는 점을 알아내면, 다음에 해야 할 일은 그 조절 메커니즘은 무엇인지 생화학적으로 분자 레벨에서 해명하는 일이지요. 나는 그것을 해보고 싶었습니다."

| 그런 식으로 교수의 의향을 거슬러도 괜찮습니까? 일본에서라면 그럴 수 없

을 텐데요.

"미국에서도 뜻에 따르지 않으면 화를 내는 교수도 있었지만 둘베코
는 달랐어요. 그는 시원시원했어요. '좋아, 알았어. 그러면 자네는 자
네 하고 싶은 것을 해'라고 했지요. 그때부터 내 마음대로 했습니다."

| 마음대로 해도 됩니까?

"예, 괜찮습니다. 그의 연구실엔 어쨌든 30명이나 되는 포스닥이 있
으니까요. 그가 연구 내용을 하나하나 훑어보고 지도하는 건 불가능
했을 겁니다. 모두들 자유롭게 연구하고, 둘베코는 둘베코대로 자유
롭게 했습니다."

| 그러면 좋은 연구실에 들어가는 것의 이점은 무엇입니까? 모두 자기 마음대

로 할 뿐이라면 어디서 하든 마찬가지 아닙니까?

"여러 이점이 있습니다. 하나는 앞서 얘기한 정보지요. 좋은 연구실
일수록 좋은 정보가 빨리 들어와요. 그리고 모여 있는 사람들이 우수
하기 때문에 서로 대수롭지 않은 얘기를 나눠도 자극이 되고, 생각지
도 않은 힌트를 얻을 수도 있어요. 다른 사람의 실험을 보는 것도 사
고방식이나 수법 면에서 무척 참고가 됩니다. 과학자의 기본이랄까,
그런 소양을 교수나 선배의 연구를 실제로 봄으로써 배울 수 있지요.
예컨대 과학자는 모두 자기자신에게 부과한 기준standard이 있어요.

어느 정도의 것을 발견해야 그것을 대발견이라 생각하는지, 어느 정도까지 증명해야 증명됐다고 생각하는지가 모두 다르지요. 신통찮은 것을 발견했을 뿐인데도 대발견이라며 큰 소동을 일으키며 바로 논문을 쓰는 사람도 있고, 진짜 가치 있는 발견을 하기까지 실험을 거듭하면서도 좀체 논문을 쓰지 않는 사람도 있어요. 논문 내용을 보더라도 신통찮은 증명으로 대담한 결론을 이끌어내는 사람도 있고, 엄밀한 증명으로도 소극적인 결론밖에 내지 못하는 사람도 있지요. 제각각입니다."

| 그건 저널리즘 세계에서도 마찬가지입니다. 시시한 사실을 나열하다가 결론만은 대담하게 내리는 저널리스트가 많아요. 역시 될 만한 사람일수록 엄밀하고 조심스럽지요. 세기의 대발견인 예의 왓슨·크릭의 DNA 이중나선 구조 발견 논문도 "우리는 디옥시리보핵산DNA의 염기 구조를 제안하고자 한다. 이 구조는 생물학적으로 볼 때 매우 흥미를 돋우는 참신한 특질을 갖추고 있다"는 담담한 문장으로 시작하는, 겨우 900단어로 된 간결한 논문이었지요. 세기의 대발견이라며 들뜬 모습은 전혀 없었어요.

"하야시 교수도 둘베코도 자신들이 부과한 기준이 높은 과학자들이었기 때문에 내가 배울 점이 대단히 많았지요."

| 자유롭게 할 수 있게 된 뒤에는 무엇을 연구했습니까?

"연구 대상은 역시 SV40에 감염된 동물세포에 나타나는 각종 RNA

였는데, 이것을 좀 더 물질적으로 규명해서 분류classfication하는 일이었습니다. 이것도 그리 대단한 일은 아니었어요. 일단 성과는 올렸습니다만 그 뒤 재조합 DNA 수법을 이용할 수 있게 되면서 RNA 구조를 간단하게 알 수 있게 되었지요. 당시의 연구는 아무런 의미도 없어져버렸습니다. 그런 정도의 연구였어요."

| 소크연구소에는 비교적 단기간 머물렀나요?

"1년 반입니다. 1년 반 뒤 스위스 바젤의 면역학연구소로 옮겼습니다."

| 암 바이러스에서 면역학으로 연구를 전환한 것입니까?

"아닙니다. 비자 관계로 미국에 계속 있을 수가 없어서 어쩔 수 없이 갔습니다. 별달리 면역을 연구해보려고 했던 건 아닙니다. 도대체 면역이 뭔지도 몰랐어요."

| 그러면 연구 대상을 바꿨기 때문에 연구소를 옮긴 게 아니라 연구소를 옮겼기 때문에 연구 대상이 바뀐 겁니까? 노벨상을 받은 연구였으니, 이것도 우연이 만들어낸 행운인 셈이군요.

"풀브라이트 비자는 박사학위를 딴 뒤 18개월간만 유효했습니다. 따라서 1년 반이 지나면 미국을 떠날 수밖에 없었지요. 일본으로 돌아가든지, 어딘가 미국 외의 외국으로 가든지."

| 일본으로 돌아가려고 생각한 적은 없었나요?

"먼저 그 생각을 했습니다. 그래서 와타나베 이타루 교수에게 편지를 썼습니다. 일본에 일자리가 없는지, 대학 조수 같은 것 말이지요. 이타루 교수의 답장을 보니 그런 자리는 빈 데가 없지만, (구체적인 이름을 거론했습니다만) 민간 회사에 근무하는 동안 대학에 자리를 찾아보는 건 가능하다는 얘기였어요. 나는 회사에 갈 수 있을까 고민했지요. 그 회사가 특별히 싫은 건 아니었고, 원래 회사에 취직하는 게 싫어서 과학자가 되는 길을 택했는데, 이제 다시 회사라니, 그럴 생각이 전혀 없었습니다."

| 장래의 노벨상 수상자인데, 조수 자리도 없었습니까?

"그 당시에 나는 아무것도 아니었습니다. '노바디'였지요. 저쪽 지방 대학에서 대학원을 나왔지만 아직 제대로 된 업적도 올리지 못한 변변찮은 연구자였으니까요. 그래서 일본이 안 된다면 캐나다로 갈까 생각했어요. 미국 비자 기간이 끝나 캐나다로 가서 거기서 2, 3년 지내다가 무슨 수가 생겨서 미국에 돌아오는 경우가 제법 있었지요. 캐나다에 취직자리를 찾아보니 몬트리올에 가까운 셔브룩Sherbrooke이라는 작은 마을의 대학에 조교수 자리가 있었어요. 그래서 어떻게 할까 망설이고 있었지요. 캐나다 시골 대학의 조교수가 될까, 일본으로 돌아갈까. 그랬는데 어느 날 밤, 꿈을 꿨어요. 옛날 학생 시절 교토대학 생물화학반의 어두운 연구실이었어요. 거기서 어쩐지 무기력하고 초

라한 행색으로 실험을 하고 있더라고요. 그래서 이야, 큰일 났다고 생각했지요. 꿈속인데 말이지요. 실패했구나, 이럴 거면 캐나다에 갈 걸 하는 생각이 들었어요. 그런 꿈을 무려 세 번 정도 뀄습니다. 그만큼 내심 싫었던 것이니, 역시 일본으로 돌아가선 안 되겠다고 생각해 캐나다로 갈 결심을 했지요.

결심을 굳혔는데, 그 무렵 유럽에 가 있던 둘베코한테서 편지가 왔어요. 내가 소크연구소를 나간 뒤 어디로 갈 것인지, 어떤 식으로 결정을 내렸는지는 자기가 알 바 아니지만 가능성이 있는 곳이 있다는 내용으로, 면역학연구소 얘기가 적혀 있었어요. 로슈라는 세계적인 제약회사가 자금을 대서 스위스 바젤에 면역학연구소가 설립됐다는 내용이었지요. 둘베코는 그 연구소의 고문이 돼 있었어요. 소장인 닐스 야네가 그의 친구였지요. 둘베코가 그 편지에서 얘기하기를, 그 연구소에 면역학자는 이미 좋은 멤버들을 모았다, 분자생물학자도 모집하고 있는데 아직 사람을 찾지 못했다, 소장에겐 이미 이런 사람이 있다는 얘긴 해놨으니 올 생각이 있으면 편지를 써보라는 겁니다. 면역학에는 여러 재미난 문제가 있지만 분자생물학적인 엄밀한rigorous 연구 방법은 아직 응용하지 못하고 있다, 그러나 이미 분자생물학이 면역학에 공헌할 수 있는 시기가 슬슬 다가오고 있다, 틀림없이 재미있는 연구가 될 것이니 흥미가 있다면 가보는 게 어떻겠냐, 이런 내용이었습니다."

| 둘베코는 교수님의 비자 기간이 끝나는 걸 알고 있었군요?

"상담도 하고 했으니까요. 하지만 미국에서는 교수가 학생이나 포스닥의 처신을 염려해주는 일 따위는 보통 하지 않으니까, 저도 기대하지 않고 내가 직접 자리를 찾고 있었지요. 그래서 편지 서두에 '내가 어떻게 결정했는지는 알 바 아니지만 가능성이 있는 곳'이라는 식으로 쓴 것이지요. 가능성만 열어둘 뿐, 생각이 있다면 알아서 행동하라는 얘깁니다."

| 그건 실로 미국적이네요. 그래서 그 편지로 캐나다행을 그만두고 바젤로 가기로 한 겁니까?

"예. 나는 면역에 대해선 아무것도 몰랐기 때문에 친구 면역학자에게 면역학 분야에서 분자생물학자가 할 수 있는 일이 있는지 물었습니다. 친구는 그런 일은 전혀 없다며 일소에 부쳤지만, 나는 둘베코를 존경하고 있었기 때문에 그가 재미있다면 뭔가 그런 일이 정말로 있을 거라고 생각해서 거기에 가기로 결심했지요."

| 아주 간단하게 결정했군요.

"예. 대학을 졸업하고 난 뒤의 처신도 그랬지만, 그럴 때 나는 별로 고민하거나 깊이 생각하지 않고 되는 대로 결정하는 편입니다."

| 하지만 지금 와서 생각해보면, 운 좋은 방향으로 결정하셨군요.

"미국인 친구가 '너는 그런 데에 가서 앞으로 어떻게 하려고 하느냐, 괜찮겠냐'라며 걱정해주었지만, 나는 낙천적인 편이어서 망설임 없이 결정했습니다."

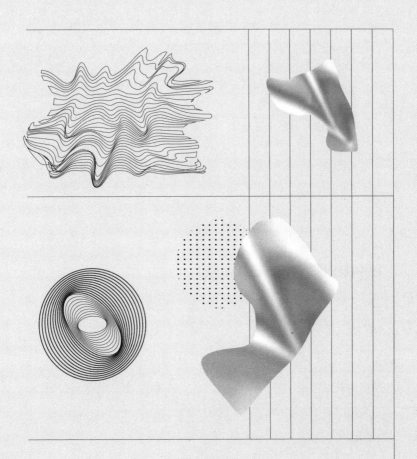

제4장

과학자의 두뇌

큰 수재는 생물학자가 되지 않는다

1971년, 도네가와 교수는 스위스 바젤에 있는 바젤면역학연구소로 옮겼다. 일본을 떠난 지 8년째, 서른한 살 때였다.

도네가와 교수는 결국 이 연구소에 10년 동안 있으면서 나중에 노벨상 대상이 되는 면역항체의 다양성 발현 메커니즘을 해명한다.

| 바젤면역학연구소는 어떤 곳인가요?

"그곳은 호프만 라 로슈F. Hoffmann-La Roche AG라는 세계 굴지의 제약 회사가 만든 연구소입니다. 바젤은 인구 17만, 18만의 작은 도시입니다만, 예전부터 공업 도시로 로슈 외에 치바 가이기Ciba-Geigy AG와 산도스Sandoz AG라는 두 개의 세계적인 제약 회사가 본거지를 두고 있는 화학 공업으로 유명하지요. 구미에서는 이런 식으로 대기업이 돈을

내서 상품 개발과는 전혀 무관한 기초과학 연구소를 만드는 경우가
종종 있어요."

| 일본에서는 대기업 연구소가 대개 상품 개발을 합니다만.

"로슈도 상품 개발을 하는 중앙연구소를 따로 번듯하게 두고 있습
니다. 바젤면역학연구소는 이와는 별도로 순전히 기초과학을 위한 곳
입니다. 상품과는 전혀 관계가 없어요. 로슈는 이미 미국에 이런 유의
분자생물학연구소를 만들었고, 바젤면역학연구소는 두 번째 연구소
입니다."

| 규모가 어느 정도입니까?

"그리 큰 규모는 아닙니다. 박사학위를 지닌 연구자가 50명에 각 연
구자의 어시스턴트로 일하는 기술자technician가 한 명씩 있습니다. 사
무 스태프 등을 합하면 총 150명 정도 되는 비교적 조촐한 연구소였
습니다."

| 면역 연구만을 합니까?

"그렇습니다. 면역에 관한 것이라면 무엇을 연구해도 좋습니다. 재
미있는 것이 이 연구소는 보통 연구소와는 달라서 부문 같은 조직이
전혀 없어요. 서열도 전혀 없습니다. 연구자는 박사학위를 막 딴 젊은
사람부터 60대까지 다양한데, 소장을 빼고 전원이 연구소 멤버라는

신분만 지닌 완전히 평등하고 자유로운 곳입니다. 연구자들끼리 필요에 따라 공동 연구를 한다든지, 뭐든 자유롭게 할 수 있지요."

| 일본의 연구소와는 많이 다르군요. 포스닥에서 한 사람 몫을 하는 연구자가 되었으니 기분이 좋았겠습니다.

"예, 그렇지요. 포스닥은 아무래도 일종의 피고용자니까요. 그에 비해 이쪽은 기술자가 적어도 한 명은 붙어 있어서 작지만 자신의 연구 그룹을 조직할 수 있지요. 말하자면 소기업 사장이 된 것 같아서 해보자는 의욕이 대단하지요."

| 논문을 보면 상당히 많은 사람이 공동 연구자로 차례차례 등장합니다. 연구 그룹의 사람들인가요?

"그렇지요. 처음엔 기술자와 둘이서 했습니다만, 사람이 더 필요하다면 소장의 승인만 얻으면 여러 명을 고용할 수 있었습니다. 자기 그룹의 연구 성과가 올라갈수록 사람도 돈도 점점 많이 쓸 수 있지요. 연구 막바지엔 열 명이나 되는 사람이 내 그룹에 들어와 연구소 예산의 5분의 1을 우리가 사용했습니다."

| 예산은 풍족했나요?

"그 연구소는 돈이 엄청 많아서, 돈 때문에 곤란했던 적은 한 번도 없었지요. 기재든 실험 재료든 원하는 것은 무엇이든 갖출 수 있었습

니다.”

| 소장 닐스 야네는 어떤 사람입니까?

“그는 덴마크 사람인데, 순수 기초면역학자입니다. 클론선택설이나 이디오타입[1] 이론, 네트워크론[2] 등 면역학 세계에서는 획기적인 이론을 잇따라 확립해, 앞서 말한 버넷(제2장 참조)과 나란히 거론되는 사람입니다. 1964년에 노벨상을 받았습니다만 이 사실을 연구소에 들어간 뒤에야 알았습니다. 나는 그때까지 면역학은 전혀 몰랐기 때문에 닐스 야네라는 이름조차 몰랐지요. 나는 뭘 잘 모르는 사람입니다. 기억력도 나쁘고 머리가 별로 좋지 않아요.”

| 그럴 리가 있나요.

“아뇨, 역시 과학자도 머리가 굉장히 좋은 사람과 그렇지 못한 사람이 있습니다. 이른바 뛰어난 수재는 말이지요, 기억력이 굉장히 좋아서 작은 것도 무엇이든 기억해요. 논리력도 뛰어나 논리적으로 구멍이 나 있으면 금방 알아차려요. 그런 수재들이 있어요. 나는 그런 타입은 아닙니다. 기억력 나쁘고 논리적으로 결함이 있어도 잘 알아채지도 못해요.

그 시절에 한 동료 과학자와 얘기를 나눴는데, 그도 수재 타입이 아니라더군요. (웃음) 그런데 그런 사람들이 과학자 쪽을 택한다고 해요. 그의 말인즉, 인간의 머리 용량은 대체로 모두 정해져 있어서 기억력이 엄청 좋은 수재 타입은 거꾸로 번뜩이는 능력이 없답니다. 수재 가운데 좋은 과학자가 좀처럼 나올 수 없는 이유가 절대 기억력이 방해를 하기 때문이랍니다. 우리는 다행스럽게도 기억력이 그다지 좋지 않기 때문에 머리 어딘가에 구멍이 뻥 뚫려 있는 셈이지요. 이 때문에 이따금 이상한 생각을 한답니다. 이런 게 과학자에게는 중요하다나…. 얘기가 다른 데로 흘러버렸군요. 무슨 얘기를 하고 있었지요?"

| 닐스 야네 얘기를 하고 있었습니다.

"아, 그랬지요. 아무튼 그 사람은 단순히 학자라고 하기에는 대단히 폭이 넓습니다. 문학에서 철학까지 모두 얘기할 수 있는 유럽적 교양인이었습니다. 과학자가 된 때는 나이 마흔 살이 지난 뒤였는데, 그전까지는 자칭 플레이보이였다는 소탈한 사람입니다."

| 그는 면역 전문가인데요, 교수님이 도전했던 항체 산출의 다양성 같은 연구도 그의 '수비' 범위 내에 있었나요?

"자신이 직접 연구하지 않더라도 그의 머릿속에 늘 자리 잡고 있던 과제의 하나였다고 할 수 있지요. 그 문제는 면역학의 핵심 문제 가운데 하나였기 때문에 면역학자라면 누구라도 관심을 갖고 있었습니다. 그 문제에 관해서는 거의 1세기 가깝게 논쟁이 이어져왔습니다. 다만 나는 면역학과는 인연이 없었기 때문에 아무것도 몰랐지요. 사실, 면역이라는 것 자체를 전혀 몰랐지요. 연구소 내에서 하루 걸러 한 번

세미나가 열렸는데, 거기에 가면 나는 까막눈이었어요. 처음엔 '정말 내가 대단한 곳에 왔구나'라고 생각했습니다."

| 아무튼 그곳은 면역학연구소이니 뭔가 면역과 관계있는 연구를 해야 했을 텐데요, '난 면역 같은 건 몰라요'라고 말해서는 통하지 않았겠지요. 처음에 무엇을 연구하셨나요?

"소크연구소에서 그때까지 하고 있었던 SV40의 유전자 발현 연구가 여전히 끝나지 않았기 때문에, 나는 바젤에 가서도 그 연구를 계속하려고 생각했습니다. 연구소에서 처음으로 야네를 만났을 때 나는 그걸 해보고 싶다고 했지요. 그랬더니 야네는 '면역학과는 어느 정도로 관계가 있나' 하고 물어요. 나는 '관계없다'고 했습니다."

| 실제로 관계가 없어 보이는데요, 그 연구를 하게 해줬습니까?

"예. 1년 정도 했습니다."

| 다행이로군요. 면역과 관계없는 연구를 한 사람이 또 있었나요?

"저뿐이었겠지요. 야네는 마음이 넓은 사람입니다. 연구원의 연구를 하나하나 장악하겠다는 생각 따위는 하지 않는 사람이었으니 내 연구를 허용했겠지요. 야네가 보기에 당시 저 인간은, 말하자면 어디서 굴러먹던 말 뼈다귀인지도 알 수 없고, 둘베코가 추천했으니 채용은 했으나, 무엇을 하든 그닥 신경 쓰지 않았을지도 몰라요."

| 그럼, 거꾸로 야네는 교수님이 하고 있던 분자생물학이 어떤 것인지 알고 있
  었나요?

"아니 뭐, 거의 모른다고 해도 되겠지요. 야네만이 아니라 그 무렵
면역학자가 모두 그랬습니다. 앞서 얘기한 둘베코의 편지에 있었듯이
아직 면역학 연구에 분자생물학적 방법론이 도입되지 않았던 시대였
으니까요."

| 교수님은 면역학을 모르고, 야네는 분자생물학을 몰랐으니 서로 길이 어긋난
  상태였군요. 처음에는 면역과 관계없는 연구를 마음대로 했는데, 어떤 계기로
  면역 연구 쪽으로 방향을 돌렸습니까?

"나 말고는 모두 면역 연구를 하고 있었어요. 내가 잘 알지는 못했
지만 다른 연구를 살펴보거나 세미나 발표를 듣고 있으면 결국 그곳
에선 면역학 분야의 좋은 연구자들이 모여 좋은 연구를 하는 것 같았
지요. 그런데 모처럼 그런 곳에 왔는데 나만이 다른 연구를 하고 있다
면 의미가 없겠다는 생각이 들었습니다. 그래서 여기 있는 동안은 어
떻게든 면역학 공부를 해보자고 결심했지요.

실은 바젤에서 2년 정도 있다가 다시 미국으로 돌아갈 작정이었어
요. 연구소 계약도 2년이었으니까, 2년 정도는 면역학을 공부하는 것
도 재미있을 것 같았습니다. 먼저 면역학 텍스트북을 읽는 것부터 시
작해서 다른 사람들 얘기도 들으면서 공부를 시작했지요. 뭐, 재미있
는 문제는 없나, 내가 할 수 있는 게 없나, 하고 찾아가던 중 항체의

다양성 문제와 맞닥뜨린 겁니다."

면역현상의 발견

여기서 면역과 항체에 대해 조금 해설하고자 한다.

면역은 글자 그대로 질병을 피하려는 것이다. 한 번 병에 걸린 사람은 보통 두 번 다시 같은 병에는 걸리지 않는다. 즉, 한 번 홍역에 걸린 사람은 두 번 다시 홍역에 걸리지 않는다. 다시 걸리더라도 매우 가볍게 겪고 끝난다. 이것이 일반적으로 말하는 면역현상이다.

홍역만 그런 게 아니다. 다른 전염병도 마찬가지라고 할 수 있다. 그렇다면 '전염병에 걸리기 전에 그 병균에 약하게 감염되면 그 병에 걸리지 않는 게 아닐까' 하고 생각하기 시작했다. 그래서 생겨난 것이 예방접종이다.

그 시초가 18세기 말의 제너Edward Jenner(1749~1823)의 종두種痘(천연두)라는 사실은 잘 알려져 있다. 제너는 우두牛痘*의 농(고름)을 접종함으로써 천연두를 예방했다. 그로부터 약 100년 뒤에 프랑스의 파스퇴르가 이 원리를 확장해서 예방접종으로 다른 많은 전염병을 예방할 수

---

* 소의 천연두. 소의 천연두로 인한 물집과 부스럼.

있다는 사실을 보여주었다. 파스퇴르는 예방접종에 이용할 독성을 약화시킨 병원균을 '백신'이라고 이름 붙였다. 덧붙이자면, 백신vaccine이란 '소vacca의'라는 의미로, 원래는 우두의 종두를 의미했다. 구미에는 백신이라는 말밖에 없기 때문에 백신도 종두도 같은 것임을 알 수 있다. 일본어에서는 이것을 분리했기 때문에 둘 다 같은 것이라는 사실을 알기 어렵다.

한 가지 덧붙이자면, 록히드 사건으로 '면책'이 유명해졌는데, 실은 면책과 면역은 영어에서는 동일한 이뮤니티immunity(면제, 면역)라는 말을 사용한다. 이뮤니티는 본래 면제된다는 뜻으로, 면책은 형사책임의 면제를, 면역은 질병 감염의 면제를 의미한다.

각설하고, 이렇게 해서 면역은 먼저 현상으로 발견됐으나, 왜 그렇게 되는지의 원리를 잘 알지 못한 채 실용 임상 의술로 이용해왔다.

면역의 원리는 파스퇴르 이후 100년 이상 탐구한 끝에 그 대강은 알게 됐으나 아직도 그 전모는 알지 못하고 있는 게 현실이다. 대강이라도 어떻게 돼 있는 것인지 약술하기만 해도 책 한 권이 되겠기에, 도저히 여기에서 다 설명할 수 없다. 서점에 가면 면역학에 관한 쉬운 해설서가 여러 권 있을 테니, 자세한 내용은 그 책들을 참조하기 바란다. 여기서는 일단 도네가와 교수의 업적을 알기 위해 필요하다고 생각되는 최소한의 기초 지식을 살펴보겠다.

면역 연구가 진행되면서 면역현상은 실로 폭이 넓고 복잡하기 짝이 없는 체계를 지닌 현상이라는 사실을 알게 됐다.

면역은 원래는 앞서 얘기했듯이 한 번 병에 걸리면 두 번 다시 그 병에는 걸리지 않게 되는(걸리더라도 약하게 치르고 낫는) 현상을 가리켰으나, 지금은 체내에 이물질이 침입했을 때 그 이물질을 배제하려는 생체 방어 반응 일반을 가리킨다. 즉 양자는 같은 원리에 같은 메커니즘으로 일어나는 현상임을 알 수 있다.

따라서 이식수술로 발생하는 거부반응도 면역현상이고 화분증花粉症이나 천식, 두드러기 등의 알레르기 증상도 면역현상이다. 혈액형이 다른 혈액을 수혈하면 혈액이 굳어버리는(응고) 것도 면역반응이고, 페니실린 쇼크와 같은 약물 쇼크도 면역반응이다.

요컨대 체내에 이물질이 들어왔을 때 그것이 어떤 것이든 이물질을 배제하려고 작동하는 '면역 메커니즘'이 있다. 면역 메커니즘은 본래 병을 막는 것이 목적은 아니고 이물질의 침입을 막는 것이 목적이다. 세균이나 바이러스 등 병원체도 이물질이기 때문에 면역기구의 공격을 받는다. 병원체이기 때문에 공격받는 게 아니다. 즉, 면역기구가 병을 막는 것은 그것이 목적이 아니라 결과인 것이다.

이러한 면역반응을 유발하는 체내 침입 이물질을 일반적으로 '항원'이라고 한다.

이물질 배제 시스템에는 여러 종류가 있는데, 그 주역을 담당하는 것이 항원항체반응이다. 그 밖에도 중요한 시스템이 많이 있지만 여기서는 언급하지 않겠다.

항체는 면역글로불린Immune Globulin이라 불리는 단백질로, 그림 1에서 보듯 Y자 모양을 하고 있다. 항체는 혈액이나 림프lymph액 속에 많이 들어 있어서 항원이 침입하면 항원과 결합해서 떨어지지 않게 된다(그림 2). 이것을 항원항체반응이라고 한다.

항원과 항체가 결합하면 어떻게 될까. 경우에 따라서 여러 현상이 일어난다. 상대가 세균인 경우에는 그 세포가 파괴되고 용균溶菌현상이 일어난다. 세균이 용해돼버리는 것이다. 또는 백혈구, 매크로 파지macrophage(대식세포) 등 식세포[3]가 이것을 먹어서 분해한다.

항원이 세포가 아니라 독성 물질 등인 경우 이 물질에 항체가 결합하

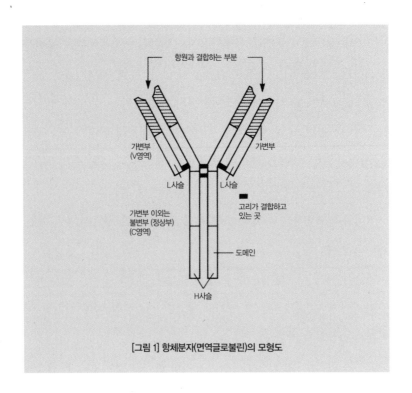

[그림 1] 항체분자(면역글로불린)의 모형도

면 독이 없어지고 무해한 물질이 되어 응집하거나 침강해서 배설된다.

주의해야 할 것은, 항원과 항체의 결합이 특이적이라는 점이다. 즉, 특정 항원에는 특정 항체만 결합한다. 항원과 항체는 1 대 1 대응관계이며, 흔히 열쇠와 열쇠구멍의 관계라고 얘기한다.

모든 이물질이 항원이 될 수 있기 때문에 항원의 종류는 무수히 많다. 이에 대해 항체도 그만큼의 종류가 없다면 거기에 대응할 수 없다. 어느 정도 흔한popular 항원에 대응하는 항체는 늘 혈액 속에 준비돼 있지만, 때로는 한 사람이 그때까지 만난 적 없는 항원이 침입하는

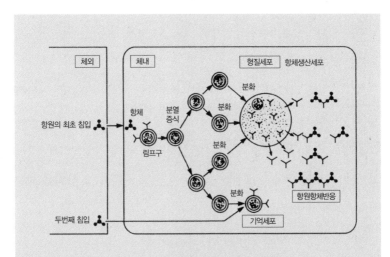

[그림 2] 항원의 침입과 항체의 형성(항원항체반응)

컬러판 《개정 생물도설》(히데후미도秀文堂)에서

항원이 체내에 침입하면 림프구 세포가 세포 표면에 붙어 있는 항체로 항원과 결합한다. 결합한 항원과 항체는 그대로 림프구에서 분리된다. 알몸뚱이가 된 림프구는 분열 증식해서 그 수를 늘린다. 늘어난 림프구의 대부분은 형태가 커져서 형질세포로 분화하는데, 일부분은 기억세포로 분화한다. 기억세포는 그대로 체내에 머물다가 같은 항원이 재침입할 때 급속히 다량의 항체 생산(2차 반응)을 촉진한다.

경우가 있다. 그러면 기다렸다는 듯이 그 새로운 항원에 대응하는 항체가 체내에서 금방 만들어진다.

인간의 체내에는 림프계라고 해서 온몸에 림프액을 순환시키는 시스템이 있는데, 그 속에 들어 있는 B세포라는 공 모양의 림프구 세포가 항체를 산출하는 세포다. 이 림프구 세포가 새로운 항원의 자극에 반응해서 새로운 항체를 만들어낸다.

다만, 이 대응에는 어느 정도 시간이 걸린다. 따라서 항원이 급속히 증식하는 악성 병원균일 경우에는 항체 생산이 때를 맞추지 못해 병이 점점 악화되기도 한다. 면역기구는 언제나 새로운 상황에 대응할 능력을 기본적으로 지니고 있으나, 속도와 양적 대응 능력이 반드시 충분한 것은 아니다.

그러나 그때 다행히 새로운 항체가 생산되고 새로운 항원을 제압하는 데 성공하면 이 경험이 항체생산세포에 기억된다. 그리고 나중에 같은 항원이 또 침입할 때 기억된 정보가 발동돼 매우 신속하게, 그리고 매우 대량의 항체가 생산돼 힘들이지 않고 거뜬히 그 항원을 제압할 수 있다(그림 2).

이미 알고 있겠지만, 이것이 백신의 원리다.

그런데 여기서 문제는 '이렇게나 많은 종류의 항체가 생산되는 메커니즘이 어떻게 돼 있는가'다.

항체는 단백질이다. 앞에서도 설명했지만 단백질은 아미노산을 연결해서 만든다. 그림 1의 면역글로불린(항체)을 구성하는 네 개의 고리

는 아미노산을 늘어놓아 만든 것이다. 어떤 아미노산을 어떻게 늘어
놓을지는 DNA에 유전정보로 기입돼 있다.

그럼, 항체의 종류만큼 유전자가 있는 것일까. 만일 그렇다면 항원
의 종류만큼 항체의 종류도 있다는 말이므로 엄청난 수의 유전자가
필요하게 된다. 수백만에서 수천만에 이르는 오더order가 필요하다는
얘기다.

여기에, 새로운 항원이 출현하면 새로운 항체가 만들어지는 현상은
어떻게 설명해야 좋을까. 이 항체를 만드는 유전정보도 DNA에 미리
기입돼 있는 것일까. 만일 그렇다면 항체의 유전정보는 지금 현재 존
재하는 항원에 대응하기 위해서만이 아니라 장래에 출현할지도 모를
모든 항원에도 대응하도록 돼 있는 셈이다. 이게 가능할까. 그렇지 않
다면, 뭔가 전혀 다른 메커니즘에 의해 항체 생산의 다양성이 보증되
는 것일까.

이를 두고 항체 생산 다양성의 수수께끼라고 하는데, 면역학상의 큰
문제였다. 이 수수께끼의 가설은 여러 가지가 있다. 크게 생식세포계
열설Germ line theory과 체세포변이설Somatic theory로 나뉜다.[4]

두 가설의 차이가 어디에 있느냐 하면, 간단히 말하자면 생식세포
에서 생식세포로 이어지는 본래의 유전정보에 모든 항체 생산 정부가
들어 있다는 것이 생식세포계열설이다. 체세포변이설은 생식세포가
전달하는 유전정보는 단순하지만 여기서 체세포가 발생 분화하는 과
정에 유전정보에 변화가 일어나 다양화한다고 본다.

바꿔 말하면, 생식세포계열설은 항체의 종류만큼 다른 유전자를 어버이로부터 계승한다는 말이다. 항체 이외의 많은 단백질은, 그 생산 정보를 전달하는 독자적인 유전자를 모두 어버이로부터 계승한다는 사실을 그때까지의 연구로 알고 있었다. 즉 생식세포계열설은 항체도 단백질이므로 다른 단백질과 마찬가지로 생산 메커니즘이 다르지 않다고 본다. 단백질은 어떤 것이든 생식세포 중의 유전자가 1 대 1로 대응한다고 여긴다.

그러나 이 설에 따르면, 앞에서도 얘기했듯이 어버이로부터 이어받는 항체유전자의 수가 터무니없이 많아지는 결점이 있다.

체세포변이설을 좀 더 자세히 얘기해보자. 항체를 생산하는 것은 B 세포라는 림프구인데, 이 세포는 그림 3에서 보듯 원래는 혈액의 백혈구나 매크로파지 등의 세포를 만드는 것과 같은 조혈간세포造血幹細胞에서 세포분열을 거듭하면서 발생 분화한다. B세포가 항원에 접촉해 활성화하면 다시 세포분열을 해서 형질세포plasma cell(플라즈마세포)라고 불리는 것으로 바뀌어 항체를 계속 만들어낸다. 이처럼 체내에서 조혈간세포에서 B세포로, B세포에서 플라즈마세포로 끊임없이 분화가 진행되는데, 이 과정에서 돌연변이가 계속 일어나 다양한 항체가 생산된다고 본다.

연구가 더 진행되면서 항체의 구조에는 어떤 항체에서나 동일한 불변부C(constant 영역)와 항체에 따라 바뀌는 가변부V(variable 영역)가 있다는 사실을 알게 됐다. 항체는 그림 1에서 보듯 네 줄의 사슬로 돼 있

다. 짧은 쪽을 L사슬Light Chain, 긴 쪽을 H사슬Heavy Chain이라고 한
다. L사슬은 220개의 아미노산이 연결된 것이고, H사슬은 330개 내
지 440개의 아미노산이 연결된 것이다. 이것이 각각 110개의 아미노
산으로 만들어진 도메인domain이라 불리는 블록으로 나뉜다. 이 도메
인 가운데 각 끝부분의 것만이 가변부고 나머지는 불변부다. 이 가변

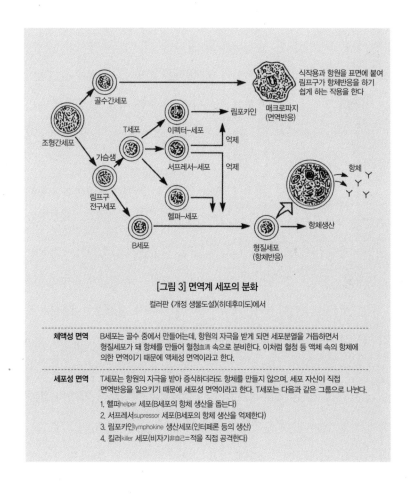

[그림 3] 면역계 세포의 분화

컬러판 《개정 생물도설》(히데후미도)에서

체액성 면역 B세포는 골수 중에서 만들어지는데, 항원의 자극을 받게 되면 세포분열을 거듭하면서
형질세포가 돼 항체를 만들어 혈청血淸 속으로 분비한다. 이처럼 혈청 등 액체 속의 항체에
의한 면역이기 때문에 액체성 면역이라고 한다.

세포성 면역 T세포는 항원의 자극을 받아 증식하더라도 항체를 만들지 않으며, 세포 자신이 직접
면역반응을 일으키기 때문에 세포성 면역이라고 한다. T세포는 다음과 같은 그룹으로 나뉜다.

1. 헬퍼helper 세포(B세포의 항체 생산을 돕는다)
2. 서프레서supressor 세포(B세포의 항체 생산을 억제한다)
3. 림포카인lymphokine 생산세포(인터페론 등의 생산)
4. 킬러killer 세포(비자기非自己=적을 직접 공격한다)

부에서 항원과 결합해 항원항체반응이 일어난다. 즉 항체의 특이성을 결정하는 곳은 가변부다.

불변부의 아미노산배열은 같고, 가변부의 아미노산배열만 다르다. 따라서 항체유전자의 유전암호도 항체에 따라 불변부와 가변부가 있는 셈이다.

만일 체세포변이설에 따라, 항체의 다양성이 유전자 수준에서 일어나는 돌연변이에 의한 것이라면, 왜 돌연변이가 가변부에서만 일어나고 불변부에서는 늘 그대로인가 하는 점을 설명해야 한다. 돌연변이는 일정한 확률로 어디에서든 일어나기 때문에, 특정 영역에서 돌연변이가 계속 일어나는 데 반해 바로 이웃 영역에서는 전혀 일어나지 않는다는 점은 생각하기 어렵다.

그래서 이런 생각도 있다. 항체의 유전자는 가변부를 코드code화하고 있는 V유전자와 불변부를 코드화하고 있는 C유전자가 있다. C유전자는 하나인데, V유전자는 많이 있다. 수정란의 DNA에는 이 모든 유전자가 갖춰져 있지만, 이것이 발생 분화하는 과정에서 C유전자에 V유전자의 어느 하나가 결합하는 형태의 유전자 재조합이 일어나 각기 독자적인 항체를 생산한다는 설이다(그림 4).

이 설은 제창자의 이름을 따서 '드라이어·베넷William Dreyer and Claude Bennett 가설'이라고 불린다. 그러나 이 가설이 전제하는 유전자 재조합이 정말 일어나는지는 알 수 없었다. 만약 일어난다면 어떻게 일어나는지 그 재조합 메커니즘에 대한 설명 역시 빠져 있었다. 따라서 이 가설을 믿는 사람은 별로 없었는데, 뒤에서 설명하겠지만, 나중에 이 가설은 도네가와 교수가 증명하는 유전자 재조합에 의한 다양성 생산 메커니즘에 상당히 근접한 것이었다.

다양성의 바탕은 유전자에 있다

┃ 아무튼, 애써 들어간 곳이니 연구소에 있는 동안에 면역 연구를 해보자고 마음먹고, 연구 주제를 찾던 도중에 항체의 다양성 문제와 맞닥뜨렸다고 하셨는데요, 그때 이미 드라이어·베넷 가설을 의식하고 있었습니까?

"아뇨. 말했듯이 나는 그다지 착실한 연구자가 아니에요. 따라서 다

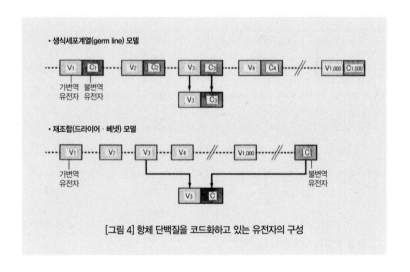

[그림 4] 항체 단백질을 코드화하고 있는 유전자의 구성

양성 문제를 해보겠다고 결심했다면 관련 논문을 싹 읽고 체계적인 지식을 얻은 뒤 연구를 시작해야 하는데, 나는 그러지 못해요. 이쪽으로 나가 보자는 대강의 방향만 정해지면 그다음은 다른 사람의 논문을 읽기보다는 내 연구에 열중하는 편이지요. 그래서 그런 얘기(드라이어·베넷 가설)를 하는 사람도 있다는 말은 들었지만 드라이어·베넷 가설 논문을 굳이 읽어보진 않았어요."

| 원래 다양성 문제라는 것이 있었는데, 그것이 자신의 연구 대상으로 적합할 것이라고 생각한 까닭은 무엇입니까?

"음, 한 계기가 있었지요. 그 연구소에 찰리 스타인버그라는 남자가 있었어요. 정말 머리가 좋은 남자였지요. 내가 이제까지 만난 사람 가운데 가장 머리가 좋은 남자였어요. 어쨌든 뭐든 다 알고 있었어요. 수학을 정말 잘해서 컴퓨터에도 밝았어요. 수학만이 아니라 뭐든 어느 정도는 알고 있었지요. 원래 델브뤼크(28쪽 참조)의 제자였는데, 학부 생활을 7년간이나 했습니다. 그 무렵부터 천하의 귀재로 이름을 날렸지요. '여자 문제만 아니라면 뭐든 어드바이스해줄 테니 말해봐'라고 할 정도로 지식 폭이 넓었어요. 물론 분자생물학도 잘 알고 있었지요. 그 연구소에서 그가 유일하게 분자생물학을 알고 있던 사람이어서 나와는 엄청 좋은 친구가 됐지요."

| 전문 분야는 무엇이었습니까?

"그게 말이지요, 자신의 연구는 신통찮았어요. 앞서 머리가 너무 좋으면 좋은 과학자가 될 수 없다고 했지요. 그 전형이었어요. 머리가 너무 좋아서 자신의 (과학적) 발견은 불가능했던 사람. 실험 같은 건 하라고 해도 금방 싫증을 내고 말지요. 실제적인 일은 거의 할 수 없는 사람이었습니다."

| 연구소에서는 무엇을 했습니까?

"결국, 야네도 일종의 자문역advisor으로 그를 고용한 거지요. 그런 사람이 한 명 있으면 편리해요. 무엇을 물어봐도 잘 알고 있어서 실로 적확한 판단을 해주니까요. 나도 그의 판단력 도움을 많이 받았습니다. 연구하면서 헤매고 있을 때, '나는 이렇게 생각하고 이런 방향으로 연구를 진행하는데, 이게 맞는 걸까' 하고 그에게 묻습니다. 그러면 그가 틀림없다고 말해주면 실로 마음이 든든하지요. 나는 연구 과정에서 몇 번이나 그에게 판단을 구했지요."

| 다양성 문제가 미해결이라는 점을 끄집어낸 것도 그였습니까?

"그렇습니다. 그도 면역이 전문은 아니지만 면역학에 어떤 문제가 있고 그 문제점은 어디에 있는가, 하는 건 잘 알고 있었습니다."

| 그렇군요. 다양성 문제는 그때까지 어떤 식으로 연구되고 있었나요?

"항체 연구는 항체의 종류가 엄청 많아서 어렵습니다. 모든 사람의

혈액에는 몇백만 몇천만 종류나 되는 항체가 서로 섞여 있어요. 섞인 상태로는 연구를 할 수 없어요. 단리單離라고 합니다만, 먼저 한 종류의 항체만 연구 대상으로 삼아 분리해야 합니다. 이것이 제대로 안 되면 연구를 좀체 진척시킬 수 없습니다. 그런데 당시 그 얼마 전부터 미엘로마[5]라는 골수암을 이용해 단일 항체를 대량으로 추출해서 연구할 수 있게 됐어요.

항체를 만드는 림프구는 골수에서 만들어지지요. 암이라는 건 하나의 세포가 계속 증식하는 질병이므로, 미엘로마는 하나의 항체를 생산하는 세포가 계속 불어나 그 항체가 병적으로 증식하는 겁니다. 항체는 단백질인데, 이 단백질이 오줌에서 대량으로 나오기도 해요. 이 단백질을 모아서 아미노산배열을 분석하는 일인데, 처음으로 항체의 분자 구조를 알아낸 거지요. 미국의 에덜먼Gerald Maurice Edelman과 영국의 포터Rodney Robert Porter라는 학자가 이 연구를 해서 1972년에 노벨상을 받았습니다."

| 단백질의 아미노산은 간단히 분석할 수 있나요?

"이미 생화학적으로 확립된 방법이 있어서, 생화학자라면 누구나 할 수 있어요. 영국의 생거Frederick Sanger(1958년과 1980년에 노벨 화학상 수상)라는 학자가 최초로 그 방법을 개발했을 때는 인슐린의 51개 아미노산배열을 해석하는 데에 10년이나 걸렸습니다만, 지금은 누구라도 간단히 할 수 있습니다. 그러나 분석하기 위해서는 어느 정도의 양을 채

운 시료가 필요해요. 항체의 경우는 분석할 만큼 충분한 양의 단일 항체를 그때까지는 채취할 수 없었어요. 미엘로마의 경우에는 단일 항체를 많이 채취할 수 있기 때문에 아미노산배열 분석을 할 수 있게 된 겁니다."

| 이른바 모노클로널Monoclonal이라는 겁니까?

"원래는 하나의 세포였던 것이 분열해서 계속 세포가 증식돼 만드는 집단이 클론[6]이니까, 이것도 모노(단일)클로널한 항체임이 분명합니다. 지금은 일반적으로 모노클로널은 인위적으로 만들어낸 모노클로널 항체를 말하지요. 영국의 밀스테인Cesar Milstein(아르헨티나 출신 면역학자)이라는 학자가 미엘로마의 암 세포와 B세포(항체생산세포)를 세포융합[7]시켜서 단일 항체를 대량 생산하는 데 성공했어요. 그는 그래서 야네와 함께 노벨상을 받았지요. 암 세포는 계속 증식하는 성향을 지녔어요. 이 때문에 B세포와 세포융합을 함으로써 계속 증식하는 B세포를 만들 수 있는 겁니다. 이것을 배양하지요. 그 결과 생겨난 클론의 세포군은 원래의 B세포가 생산했던 것과 같은 항체를 생산하기 때문에 단일 항체가 계속 만들어지는 겁니다(그림 5)."

| 모노클로널 항체는 의학에서는 연구나 치료에 엄청 응용되고 있기 때문에, 유전자공학이 낳은 가장 유망한 '상품'으로 주목받고 있습니다.

"모노클로널 항체는 우리 연구 재료로도 큰 도움이 됩니다. 하지만

밀스테인이 세포융합으로 모노클로널 항체를 만드는 데 성공한 때는 1975년이어서, 좀 나중의 이야기지요."

│ 그러면 당시 연구에 사용된 것은 천연 모노클로널 항체이거나, 실제로 미엘로마 병에 걸린 사람한테서 얻어낸 항체였나요?

"처음에는 사람의 미엘로마로 연구를 했으나 그 뒤에는 모두 쥐로 했어요. 이런저런 미엘로마에 걸린 쥐를 만듭니다. 그러면 각기 다른 항체를 얻을 수 있지요. 이것을 아미노산 분석을 해서 비교해보면 아미노산배열의 차이를 알 수 있게 됩니다. 항체에는 불변의 C영역과

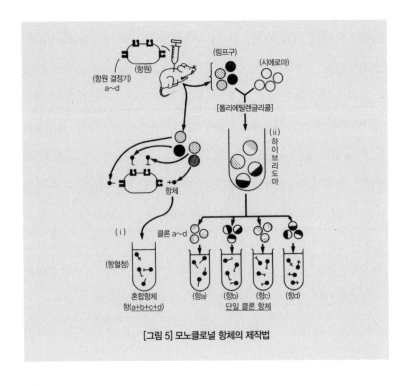

[그림 5] 모노클로널 항체의 제작법

가변의 V영역이 있다는 사실을 알게 된 것은 이 분석을 통해서였습니다. 두 항체의 아미노산배열을 비교해보니 완전히 같은 부분과 다른 부분이 있었지요. 또 하나를 비교해봤더니 같은 부분은 역시 같았지만 다른 부분은 또한 달랐어요. 그래서 불변부와 가변부가 있다는 사실을 알게 되었지요."

| 그래서 항체의 다양성은 아미노산배열 자체의 차이에서 기인한다는 사실을 알게 됐군요. 예전에는 다양성의 설명으로 아미노산배열은 모두 같은데 입체구조가 달라서 다양성이 생긴다는 식으로 설명을 한 것 같습니다.

"폴링Linus Carl Pauling(단백질 구조의 해명자로 화학결합론으로도 유명하다. 1945년에 노벨 화학상을 수상) 등이 그런 설을 주창했지요. 하지만 아미노산 분석을 통해 다른 항체는 아미노산배열 자체가 다르다는 점이 분명한 사실로 확인되자 폴링설 등은 통용되지 않았습니다. 다양성의 토대가 유전자 수준에 있다는 데에 의심의 여지가 없어진 거지요."

| 주장이라기보다는 증거인 셈이군요.

"항체의 아미노산배열을 일거에 밝혀낸 에덜먼과 포터의 연구가 가져다 준 충격은 실로 컸습니다. 그래서 모두 그 방향으로 연구를 해나가면 다양성의 수수께끼도 풀리지 않을까 생각했지요. 그래서 여러 항체를 추려내 차례차례 아미노산배열을 확인했습니다. 많은 항체의 배열을 비교해보면 거기에서 어떤 원리를 발견할 수 있을 것이라 생

각한 겁니다."

| 귀납법이군요.

"그래서 전 세계가 경쟁을 벌이듯 아미노산배열을 기세 좋게 해독
했습니다. 내가 그 연구에 착수하던 무렵의 일반적인 분위기였습니
다. 하지만 나는 그 얘기를 들었을 때 '바보들 아닌가' 하고 생각했어
요."

| 바보라고요?

"뭐, 그래요. 아미노산배열은 유전정보로 결정돼 있기 때문에 다양
성의 기원은 유전자 쪽에 있겠지요. 그러니 유전자 자체를 조사하지
않고서는 다양성의 기원을 알 수 없습니다. 아미노산을 아무리 조사
해도 다양성의 기원을 알 수 있을 리가 없지요."

| 정말 그렇군요. 듣고 보니 그렇습니다.

"당연히 그렇게 생각해야 하는데, 당시에는 그렇게 생각하는 사람
이 없었어요."

| 왜 그랬을까요?

"당시엔 유전자 자체를 연구하려는 발상은 분자생물학자 외에는 하
지 못했기 때문입니다. 보통의 면역학자는 생각도 못 했지요. 그런 게

가능하다는 사실을 몰랐던 겁니다. 내가 다양성 문제는 항체유전자 자체를 연구하지 않는 한 풀 수 없다고 소장인 야네에게 말했더니, 그는 '아니, 뭐라고' 하며 놀랐다고 합니다. 야네가 실제로 그렇게 말한 것은 아니지만, 나중에 '아, 그렇게 생각할 수도 있구나' 했다는 겁니다. 어디서 왔는지도 모르는 젊은 남자가 돌연 그런 얘기를 꺼내니까 놀랐겠지요. 분자생물학을 해온 사람에게는 당연한 발상이랄까, 상식에 속하는 것이었지만 보통의 면역학자들에겐 정말 놀라운 발상이었을 겁니다."

| 하지만 분자생물학이 그때는 그다지 인기가 있지는 않았을지라도 연구하는 사람이 꽤 있었을 텐데, 교수님과 같은 발상을 한 사람이 있지 않았을까요?

"있긴 있었겠지요. 예컨대 앞서 얘기한 모노클로널 항체의 밀스테인처럼. 그는 유전자공학에 공헌하겠다는 생각으로 모노클로널 항체를 만든 게 전혀 아니었어요. 실은 그도 항체의 다양성 문제에 계속 흥미를 갖고 있었지요. 그래서 그 연구를 좀 더 효과적으로 진행하기 위해 자유자재로 동종의homogeneous 항체를 만들고 싶어 했고, 그 결과로 세포융합법을 생각해낸 겁니다."

| 말하자면, 모노클로널 항체의 제조법은 다양성 연구의 부산물인 셈이네요. 그렇다면 밀스테인은 강력한 라이벌이었습니까?

"라이벌이라니요. 쑥스럽습니다. 밀스테인은 그 무렵 케임브리지

의 MRCMedical Research Council(의학연구심의회)에 있었어요. MRC는 당시 세계 분자생물학의 메카로 불린 곳이지요. 이중나선의 프랜시스 크릭 등 쟁쟁한 대학자들이 그곳에 모여 있었습니다. 내가 보기엔 에베레 스트산과 같은 존재였어요. 거기에 비하면 나는 세계의 변방에서 남 몰래 연구를 계속하던 무명의 애송이에 지나지 않았으니까요. 그쪽에 선 전혀 안중에도 없는 존재였지요."

| **그 말고도 또 있었나요?**

"미국에서는 리더가 같은 연구를 하고 있었지요. 그는 본래 니런버 그(32쪽 참조)의 제자였지요. 젊었을 때부터 수재로 명성이 자자했는데, 아주 젊은 나이에 NIHNational Institutes of Health(미국국립보건원. 미국의 의학·생물학 연구의 중심. 미국의 주요 의학·생물학 연구의 거의 전부가 NIH가 관리 배분하는 국가 자금을 받는다)의 부장이 됐지요. 그 무렵 미국을 대표하는 잘 나가는 분자생물학자였어요."

| **대단한 연구자들을 상대로 경쟁하게 되었군요.**

"하지만 그렇게 많진 않았어요. 미엘로마 항체를 재료로 해서 유전 자 수준에서 다양성 수수께끼에 도전하려 했던 사람은, 그들과 나중 에 런던에 있던 면역학자 윌리엄슨David Williamson이나 내가 있던 곳을 포함해서 전 세계에 전부 예닐곱 곳밖에 없었어요."

어떻게 자신을 믿게 하는가

| 처음에는 어떤 식으로 연구했습니까?

"기본적으로 생식세포계열설과 체세포변이설이 대립하고 있었지요. 생식세포계열설에 따르면, 항체유전자의 수가 엄청 많아야 했지요. 체세포변이설에 따르면, 유전자 수는 아주 적어도 돼요. 두 설 모두 여러 변형이 있어서 몇 개라고 수를 제시할 순 없지만, 어쨌든 두 설이 주장하는 유전자 수는 극단적으로 달랐어요. 네 자리 수, 다섯 자리 수나 달랐지요. 따라서 어느 설이 옳은지는 유전자 수를 세어봐야 판단할 수 있었지요."

| 그게 당시에 가능했나요. DNA의 유전암호를 모두 해독해서 어디에 어떤 유전자가 몇 개 있는지 읽어낸다는 건 지금도 불가능할 것 같은데요?

"물론 불가능합니다. 하지만 항체유전자의 수가 많은가 적은가 정도는 기술적으로 조금만 공부하면 당시에도 판단할 수 있었습니다."

| 구체적으로는 어떤 방법을 사용했나요?

"하이브리드 형성의 속도 측정이라는 방법을 썼습니다. 그것은 원리적으로 이렇습니다. 유전정보는 DNA에 염기배열로 기록돼 있지요. 이것을 메신저 RNA가 필요한 부분만큼 베껴서傳寫 핵 바깥으로 운반하지요. 여기서 단백질 합성이 이뤄집니다. 따라서 항체생산세포

가운데 항체생산정보 운반 역을 맡는 메신저 RNA가 있어요. 이것을 모아서 정제하고 방사능으로 표시(표지)를 해둡니다. 한편으로는 항체 생산세포의 DNA를 잘게 썰어서 다시 가열 처리를 해서 한 줄기 사슬 상태로 만듭니다. 여기에 앞서 준비해둔 RNA를 섞어놓습니다. 그러면 RNA와 대응하는 유전자 부분을 지닌 DNA의 조각들이 RNA와 결합합니다. 즉 하이브리다이제이션이 일어나는 거지요(97쪽 참조). 이때 하이브리다이제이션이 일어나는 속도를 봐야 합니다. 이 속도는 유전자 수에 비례하기 때문이지요. DNA의 단위량 가운데 결합한 유전자가 하나밖에 없는 경우와 유전자가 1만 개 있는 경우는 스피드가 완전히 다르겠지요. 이것을 측정하면 유전자 수가 어느 정도라는 절대치는 알 순 없어도 많은지 적은지는 대략 알 수 있습니다."

| 하이브리드가 일어난다, 일어나지 않는다는 것은 어떻게 알 수 있습니까?

"여러 방법이 있습니다. 품과 시간이 들지만 비교적 간단합니다. 예컨대 원심분리기에 겁니다. 그러면 하이브리드가 일어난 것은 무겁고 일어나지 않은 것은 가볍기 때문에 분리할 수 있지요. 그런 기술은 여럿 있습니다."

| 하이브리드 형성 속도를 측정하는 방법은 교수님이 고안했습니까?

"아뇨. 분자생물학에서 예전부터 여러 경우에 이용돼온 잘 알려진 방법입니다."

| 그러면 경쟁 상대인 윌리엄슨이나 리더도 같은 방법을 시도했나요?

"모두 그렇게 하고 있었어요."

| 결과는 어땠습니까?

"그게 말이지요, 재미있는 것이, 우리와 그들은 정반대의 결론에 도달했습니다."

| 그건 또 희한하군요. 각기 어떻게 한 겁니까?

"우리 쪽은 유전자 수가 적다고 나왔습니다. 따라서 체세포변이설이 옳은 것으로 예측된다고 결론지었지요. 그러나 리더와 윌리엄슨은 유전자 수가 많다고 나왔어요. 따라서 생식세포계열설이 옳다고 주장했습니다."

| 같은 실험을 했는데 어떻게 정반대의 결론이 나온 겁니까?

"윌리엄슨과 리더에게는 각기 다른 이유가 있었습니다. 윌리엄슨의 경우는 RNA의 정제 방법이 나빴지요. 충분히 정제되지 않은 RNA를 사용한 겁니다. 그럴 경우 어떻게 되는지 아십니까? 다른 유전자의 RNA가 잔뜩 섞이는 탓에 그것을 DNA와 섞으면 다른 유전자와 찰싹 달라붙어 버립니다. 이것을 그들은 전부 항체유전자가 일으킨 하이브리다이제이션이라 생각했지요. 유전자 수가 엄청 많다는 결론을 내릴 수밖에요."

| 그들도 일류 과학자 아닙니까? 그런데 실험을 그렇게 조잡하게 했단 말인가요?

"결국 그런 셈입니다. 내 추측입니다만, 왜 그런 일이 일어났느냐 하면, 과학자로서의 기초 트레이닝의 차이라고 생각해요. 나는 출신이 화학이기 때문에 화학, 물리의 기초 트레이닝을 받았어요. 그중에서 실험에서는 정량定量, 정성定性을 매우 엄밀하게 하도록 철저히 훈련받았습니다. 그런데 면역계나 생물계 출신 과학자들은 이 부분에서 그다지 엄밀하게 훈련받지 않은 거지요. 따라서 실험의 엄밀성이 결여돼 있습니다. 그런데 RNA 정제는 엄밀성이 조금만 결여돼도 얼마든지 정제되지 않은 것들이 섞여 들어가 버릴 만큼 미묘합니다."

| 그렇게 대단한 일인가요?

"대단하지요. 우선 첫째로, RNA만 하더라도 여러 종류가 있어서 세포 속에 무질서하게 뒤섞여 있습니다. 그중에서 메신저 RNA를 분리해내야 하는데, 메신저 RNA는 극미량밖에 없어요. RNA의 대부분은 단백질 제조 공장 역할을 하는 리보솜 RNA입니다. 이게 90퍼센트 이상이지요. 나머지 대부분은 아미노산 운반을 맡는 트랜스퍼(운반) RNA이고, 겨우 1, 2퍼센트가 메신저 RNA입니다. 먼저 이를 선별해내는 것이 보통 일이 아닙니다. 그런데 그 이상으로 힘든 것은 메신저 RNA 가운데 항체유전자 메신저 RNA를 선별해내는 일입니다. 메신저 RNA라고 하나로 얘기하지만 여기에는 몇만 종이나 되는 다른 유

전자 메신저 RNA가 혼재돼 있습니다. 이 가운데 항체유전자 메신저 RNA만을 선별하는 건 매우 어려운 작업입니다."

| 수백만 분의 1밖에 되지 않는 것을 솎아내는 작업이니, 대단한 일이로군요. 그런데 도대체 어떻게 분리합니까?

"결국 무게나 크기, 전하 등의 물리적 성질 차이나 여러 화학적 성질의 차이를 이용해서 분리합니다. 기본적으로는 생화학에서 흔히 이용하는 크로마토그래피[8]나 전기영동電氣泳動, Electrophoresis(200쪽 참조), 원심분리 등 전통 기술을 몇 가지 조합해서 분리합니다. 한 차례 전기영동에 걸었던 것을 다시 전기영동에 거는 식으로 끈질기게 여러 방법을 되풀이해서 불순물을 철저히 제거하지요. 나는 그 연구를 할 때, 이건 RNA 정제가 결정타가 되겠다고 생각했기 때문에 먼저 정제법 연구부터 시작했어요."

| 용의주도하시네요. 바젤에 가서 처음 발표한 '전기영동상 등질로 만든 미엘로마 L사슬의 메신저 RNA와 그 시험관 내 번역'(1973년)이라는 논문이 그것이군요. '시험관 내 번역'이라는 것은 정제한 RNA가 시험관 속에서 단백질을 만들게 했다는 뜻입니까?

"그렇습니다. 그것을 해보면 정말로 순수한 항체 RNA를 정제했는지 여부를 알 수 있습니다. 불순한 RNA가 섞여 있으면 항체가 아닌 단백질을 만들어버리기 때문에 금방 알 수 있지요."

| 정말 순수한 것을 만들었습니까?

"순도 100퍼센트는 아니었습니다. 최고가 98퍼센트였어요. 아무리 해도 50개에 1개는 다른 물질이 들어갔어요."

| 순도 98퍼센트면 훌륭하네요. 윌리엄슨은 어느 정도 순도의 항체 RNA를 썼습니까?

"모르겠습니다. 그들에게는 애초에 순도를 재야 한다는 발상이 없었어요. 순도를 알 수 없는 RNA를 사용한 거지요. 그 정도의 정제밖에 하지 않았던 거지요. 실패하는 게 당연했습니다."

| 그럼 그들과 실험 결과가 대립되더라도 교수님은 자신이 옳고 그들이 틀렸다는 자신이 있었겠군요?

"있었습니다."

| 리더의 경우는 어땠습니까?

"리더는 생화학자이니까 RNA의 순도가 중요하다는 걸 물론 알고 있었습니다. 실제로 꽤 순도가 높은 RNA를 사용했을 걸로 추측합니다. 결국 이 일련의 실험 초기 단계에서는 우리의 실험 결과와 그들의 실험 결과에 큰 차이가 없었습니다. 그러나 그 해석에서 큰 차이가 있었지요. 거꾸로 얘기하면, 그들의 초기 단계 실험은 불완전한 면이 있어서 해석의 여지가 있었다는 말도 됩니다. 우리가 실험 결과를 논문

으로 정리한 때가 1974년입니다만, 그해 캘리포니아의 스쿼밸리에서
꽤 큰 면역학 학회가 열렸습니다. 그 학회에 리더가 강연자로 초대돼
실험 결과를 발표할 예정이었지요. 나는 학회 주최자에게 내가 같은
실험을 했는데 다른 결론이 나왔으니 내게도 발언 기회를 달라고 말
했습니다. 그런데 주최자가 윌리엄슨이었지요. 앞서 얘기했듯이 그도
리더와 같은 결론을 내리고 생식세포계열설을 지지했습니다. 그러나
그는 공정한 과학자였습니다. 자신과 견해가 다름에도, 3분 정도 시간
을 주겠으니 발언해도 좋다고 했어요."

| 3분이라면 너무 빡빡하네요.

"그 당시 나는 아무도 모르는 애송이였고, 불쑥 뛰어든 셈이니 어쩔
수 없었습니다. 학회 발표라는 건 대체로 시간이 빡빡해요. 어쨌거나
리더가 30분 정도 얘기한 뒤 단상에 올라 3분간 얘기했습니다. 그때
일은 지금도 분명히 기억하는데, '리더는 틀렸다, 윌리엄슨도 틀렸다,
우리 쪽은 이렇게 해서 이런 결과가 나왔다, 이쪽 결론이 옳다'라고 일
사천리로 기세 좋게 얘기했습니다."

| 반향은 어떠했습니까?

"큰 반향이 있지는 않았습니다. '앗' 하는 사이에 발표가 끝나고 학
회는 계속 진행됐기 때문에 참석자들이 어느 정도로 내 발표에 관심
을 기울였는지는 나는 전혀 알 수 없었습니다."

ㅣ 사실, 저는 왓슨이 1975년에 쓴 《분자유전학》이라는 책을 갖고 있습니다. 거기에는 항체의 다양성 문제에 대해 한 장이 할애돼 있는데요, 시작 부분에 교수님의 논문과 리더의 논문을 인용해 "하이브리다이제이션의 속도를 측정하는 실험에서는 이제까지 실험에 따라 상반되는 결과가 보고돼 있는데, 생식세포계열설이 맞는지 체세포변이설이 맞는지 결론은 아직 나지 않았다"고 써져 있습니다. 이걸 보면, 역시 그 발표는 당시 상당히 주목을 받은 게 아닐까요?

"그렇습니까? 그건 몰랐습니다만, 나는 그때 리더 등의 발표를 듣고, 내가 옳다는 자신감이 더 강해졌습니다. 실은 그때 발표가 끝난 뒤 모임에 참석했던 다른 일본인이 내 곁에 와서 '이야, 리더와 경쟁하다니 힘들겠군요'라고 했어요. 그래서 내가 이렇게 말했습니다. '아니 전혀 힘들지 않습니다. 왜냐하면 그들이 잘못됐고 내가 옳기 때문에 힘든 건 그들이지요.'"

ㅣ 그 일본인은 대단한 자신감이라고 생각했겠습니다.

"어떻게 생각했을지 모르겠지만, 그래도 정말 나는 그때 내가 옳다는 확신이 있었어요. 초기 실험은 우리 쪽이나 리더 쪽이나 쥐 항체단백질의 코퍼사슬이라 불리는 가벼운 사슬의 유전자군에 대해서 행했습니다만, 앞에서도 얘기했듯이 그 실험에는 불완전한 면이 있어서 해석의 여지가 있었어요. 그래도 그 뒤 나는 곧 또 람다사슬이라 불리는 가벼운 사슬 유전자군을 쓰면 실험이 훨씬 개량될 수 있다는 사실을 알아냈습니다. 이미 최초의 실험 결과가 나와 있어서 우리의 결론이 옳다고 확인했지요.

과학에서는 자신이 확신하는 것이 가장 중요합니다. 자신이 확신하고 있는 것이라면 언젠가는 모두를 확신하게 만들 수 있습니다. 먼저 자신을 확신하게 만드는 일이 가장 힘들지 다른 사람을 확신하게 만드는 건 그다지 힘들지 않습니다. 다만, 사람에 따라서는 너무 쉽게 뭐든 확신해버리기도 합니다. 좋지 않아요. 그런 사람은 잘못된 것을 쉽게 옳다고 여겨버리니까요.

자기 자신에게 몇 번이고 '정말 그렇게 될까? 절대 틀림없겠지?' 하고 되물어서 '그래, 절대로 틀리지 않아'라고 시간을 들여 철저히 캐물은 끝에 확신해야 합니다. 이게 된다면 되는 겁니다."

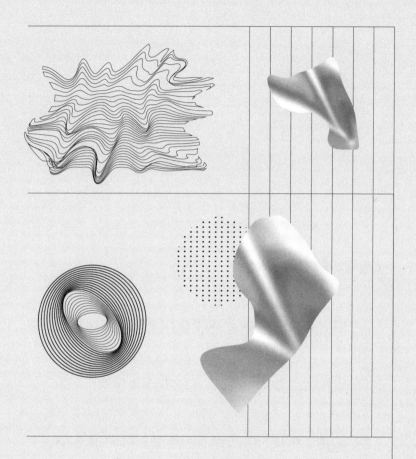

제5장

과학에
'두 번째 발견'은 없다

실험 결과를 어떻게 해석할까

| 그 학회에서 교수님이 리더의 생각이 틀렸다고 했을 때, 리더의 반응은 어땠
나요?

"그쪽도 바로 반론했지요. 잘못된 게 아니라고요."

| 결국 두 사람의 차이는 어디에 있었나요? 두 사람 모두 코퍼사슬을 재료로 써
서 하이브리드 형성 속도 측정으로 유전자 수를 파악하려고 했습니다. 리더
의 경우에는 윌리엄슨처럼 순도가 낮은 RNA를 써서 잘못된 측정 결과를 낸
것도 아니었을 텐데 말이지요?

"리더는 생화학 전문가이기 때문에 RNA 정제 같은 건 그의 장기입
니다. 앞서 얘기했듯이 RNA는 리보솜 RNA가 대부분이고 그다음으
로 많은 게 트랜스퍼 RNA지요. 메신저 RNA는 전체의 겨우 1, 2퍼센

트밖에 되지 않습니다. 이것을 어떻게 다른 RNA와 분리해서 효율적으로 추출하느냐가 정제의 첫걸음이지요. 그런데 조사해보니, 메신저 RNA 조각의 끝은 언제나 아데닌이라는 염기가 AAAA로 300개 정도 늘어서 있다는 점을 알게 됐습니다. 리보솜 RNA에도 트랜스퍼 RNA에도 그런 경우는 없어요. AAAA는 메신저 RNA에만 있었지요. 그러면 아데닌은 틀림없이 티민(T)과 결합하겠지요(27쪽 미주 4 참조). 그래서 TTTT로 티민이 몇 개 늘어선 것을 합성해서, 이것을 셀룰로스에·들러붙게 한 다음 원통관column에 넣습니다. 여기에 여러 RNA가 혼합된 것을 위쪽에서 흘려 내리면 메신저 RNA만 거기에 달라붙고 나머지는 아래로 빠져나갑니다. 이렇게 메신저 RNA를 분리할 수 있지요. 이것을 올리고oligoDT컬럼법이라고 하는데, 리더는 이 방법을 썼습니다. 그전까지는 엄청 힘든 작업을 거쳐 메신저 RNA를 분리했습니다. 리더가 올리고DT컬럼을 써서 메신저 RNA를 정제하는 문서를 내가 읽었을 때, '아, 이런 기막힌 방법이 있다니' 하고 감탄했습니다. 이런 연구자와 경쟁하는 일은 쉽지 않겠구나 생각했지요."

┃ 역시 같은 연구를 하고 있는 동료라 경쟁의식이 크게 발동된 겁니까?

"발동되지요. 과학은 가장 먼저 발견한 자만이 승리자입니다. 발견은 단 한 번밖에 일어나지 않지요. 같은 것을 한 번 더 발견한 것을 두고 발견이라고 하지 않아요. 1개월 차이든 1주일 차이든 빠른 쪽이 발견자입니다. 과학에서는 두 번째 발견은 의미가 없어요. 제로입니다.

그러니 경쟁이 치열합니다."

| 올리고DT컬럼을 쓰면 그전까지와 같은 고생을 하지 않고 단번에 정제할 수
있나요?

"천만에요. 그건 정제의 첫 프로세스입니다. 아직 갈 길이 남아 있
어요. 올리고DT컬럼을 세 번 정도 되풀이하면 다른 RNA와 메신저
RNA만큼은 상당히 분리됩니다. 그러나 아직 그중에는 몇천이나 몇만
의 다른 종류의 메신저 RNA가 섞여 있습니다. 그래서 그다음에는 항
체인 코퍼사슬 RNA만 추출하지요. 이게 훨씬 더 어렵습니다. 앞서 말
했듯이 원심분리나 전기영동 기술을 구사해서 분리합니다."

| 원심분리나 전기영동 분리는 결국 여러 RNA 혼합물을 무게나 전하의 차이
로 떼어내서 이를 작은 분획分劃으로 나누는 방법이군요. 그래서 목표로 삼은
RNA가 어느 분획에 들어가 있는지는 어떻게 알 수 있습니까?

"결국엔 그 RNA를 작동시켜서 목표로 삼은 단백질을 만드는지 여
부를 테스트해야 합니다. 이 경우에는 항체를 만드는 메신저 RNA
를 추출하는 것이지요. 따라서 분획을 하나하나 살펴서 어느 분획의
RNA가 정말 항체를 만드는지를 봐야 합니다."

| 어떻게 하면 그것을 볼 수 있나요?

"무세포추출액cell-free extract이라고 해서 세포를 갈아 으깨서 위에 뜨

는 세포질의 맑은 액체만을 추출해 거기에 RNA를 넣습니다. 그러면 그 맑은 액체 속에는 단백질 합성에 필요한 재료는 전부 모여 있으므로, RNA는 그것이 갖고 있는 정보에 따라 합성을 시작하지요. 거기서 만들어진 단백질이 항체인지 아닌지를 보면 됩니다."

| 만들어진 단백질이 항체인지 아닌지는 어떻게 조사합니까? 하나하나 화학 분석하나요?

"간단한 검정법이 있어요. 항면역글로불린anti-immunoglobulin이라고 해서, 면역항체를 항원으로 삼는 항체가 있어요. 이것을 넣어서 항원 항체반응이 일어나면 항체가 거기에 만들어진 거지요."

| 그러면 어느 분획에 목표로 삼은 RNA가 있는지 알 수 없으니, 하나하나의 분획에 대해 모두 동일한 조작을 해서 목표로 삼은 항체가 만들어졌는지 여부를 확인하는군요.

"그렇지요."

| 대단한 작업이겠습니다. 몇십 개나 되는 분획이 있을 텐데, 하나하나 다 확인합니까?

"물론입니다. 그뿐만이 아니지요. 한 번만 해서는 안 됩니다. 하나의 분획에 여러 RNA가 함께 들어 있어요. 그러니까 순도를 높이기 위해 목적한 RNA가 들어 있던 분획을 추출해서 한 번 더 전기영동에 걸

거나 원심분리기에 걸거나 해야 합니다."

| 그것을 또 몇 개의 분획으로 나눈 다음, 하나하나 목적한 RNA가 들어 있는지
여부를 확인하고요?

"그렇습니다. 힘든 일이지요. 그것도 수작업으로 실패를 거듭하면
서 합니다. 시간이 많이 걸립니다. 그전에 내 경우에는 미엘로마에 걸
린 쥐를 입수해서 사육 방법부터 배워야 했어요. 결국, 생각한 만큼
순도 높은 RNA를 손에 넣기까지 1년 정도 시간이 걸렸습니다. 지금
이라면 같은 작업을 하는 데 일주일 정도밖에 걸리지 않습니다. 하지
만 처음에는 시행착오를 겪기에 그 정도 시간이 걸리지요."

| 결국 그래서 그 실험은 RNA의 순도가 결정적 요인이라고 하셨군요. 윌리엄
슨은 순도가 낮아서 실패했지만, 리더는 순도가 높은 것을 썼으니 실험 결과
자체는 나쁘지 않았으나 해석을 잘못했다고 말씀하셨습니다. 그 해석 전에
유전자 수의 추정치는 어땠습니까?

"아마도 그의 경우는 200인가 300 정도의 수치였다고 생각해요. 어
느 쪽이든 수백 번의 오더order*이지요."

| 그러면 생식세포계열설이라기에는 수가 너무 적지 않습니까? 그런데 항체의

---

* 복제된 유전자 수를 셀 때의 단위.

종류는 100만 가지 정도는 되지 않나요? 생식세포계열설은 항체의 종류만큼 유전자가 있다는 말이니까, 수백 개의 오더라면 자릿수가 너무 적은 것 같습니다.

"그렇게 단순하지 않아요. 항체는 H사슬과 L사슬이 결합된 형태로 돼 있어요. 두 사슬은 각기 다른 유전자로 코드화돼 있다고 여겨져요. 그렇다면 H사슬의 유전자가 1,000개 있고 L사슬의 유전자가 1,000개 있다면 조합해서 100만 종류의 항체를 만들 수 있겠지요. 그리고 각각의 사슬이 C영역과 V영역으로 나뉘어져 있어요. 이게 또 각각의 유전자로 코드화돼 있다고 봅니다."

| 예의 드라이어·베넷 가설이군요(144쪽 참조). 리더는 드라이어·베넷 가설 쪽이었나요?

"생식세포계열설에도 여러 변주가 있습니다. 드라이어·베넷 가설도 변주의 하나지요. 생식세포계열설은 처음에는 항체의 종류만큼 유전자의 수가 있을 것이라는 간단한 이론이었지만, H사슬과 L사슬, C영역과 V영역의 차이 등을 알게 되면서 그 유전자의 조합이라고 생각하게 되고, 이에 따라 필요한 유전자 수는 줄었어요. 하지만 그래도 기본은 변하지 않았어요. 어느 것이든 그런 생각은 모두 기본적으로 생식세포계열설에 입각한 것입니다. '태어났을 때부터 필요한 유전자는 모두 준비돼 있다'는 생식세포계열설의 기본 생각에는 변화가 없습니다. 드라이어·베넷도 V유전자는 항체의 종류만큼의 수가 있고 그 '원

세트'는 모두 태어날 때부터 갖고 있다는 가설입니다."

| H사슬과 L사슬의 조합은 그렇다 치고, C영역과 V영역의 조합에서는 필요한
유전자 수가 줄지 않습니다. C영역은 정상부이니 하나일 수도 있고, 복수의
유전자를 상정했다 하더라도 그렇게 많이 있을 리 없겠지요. 그러나 V영역의
유전자는 역시 상당한 수가 필요하겠지요. 아무리 적게 잡아도 수백 개 차원
의 오더는 아니지 않을까요? 따라서 유전자 수가 수백이라는 리더의 실험 결
과로는 생식세포계열설이 부정되는 것 아닌가요?

"C영역의 유전자가 정말 조금밖에 없다는 사실은 그때에는 거의 알
지 못했어요. 그런데 말이지요, 그래도 리더는 그 수백이라는 V영역
유전자 수를 생식세포계열설 쪽으로 끌어당겨서 해석한 겁니다."

| 그런 해석도 성립하나요?

"리더는 반드시 RNA 전체가 항체유전자와 결합한 건 아니라고 해
석한 겁니다. '수백이라는 수는 유전자의 진짜 수를 보여주는 게 아니
다, 이건 최소한의 수치다, 진짜는 이것 이상으로 더 있을 것이다'라고
해석한 거지요."

| 그렇군요. 그렇게 생각하면 생식세포계열설과 모순되지 않는군요. 하지만 반
드시 결합하진 않는다는 말은 무슨 뜻입니까? RNA와 DNA는 서로 상보적인
아미노산배열을 발견하면 자연스럽게 결합하지 않나요?

"문제는 거기에 있었습니다. RNA와 DNA는 염기배열이 시작부터 끝까지 완전히 상보적이지는 않더라도 어느 정도 공통부분만 있으면 결합합니다. 바로 그렇기 때문에 항체유전자의 수를 셀 수 있어요. 항체는 엄청난 수의 종류가 있다고 해도 본질적으로 그 구조는 같습니다. C영역은 기본적으로 같고, V영역도 대부분은 아주 닮아 있어요. V영역에 초가변부hypervariable라는 아주 다른 부분도 있지만, 이곳을 빼면 V영역도 상당히 공통부분이 많습니다(그림 1). 어떤 항체의 RNA를 붙여 놓으면 엄밀하게 그것과 같은 항체의 유전자만이 아니라 다른 항체의 유전자와도 공통부분으로 결합합니다. 따라서 '항체유전자 전체라고는 할 수 없어도 그 많은 부분을 셀 수 있지 않겠는가' 이것이 그 실험의 기본 개념입니다.

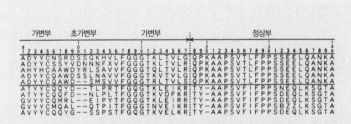

A=알라닌, E=글루타민산, I=이소로이신, N=아스파라긴, S=셀린, Y=티로신,
B=아스파라긴 또는 아스파라긴산, F=페닐알라닌, K=리신, P=프롤린, T=트레오닌,
Z=글루타민 또는 클루타민산, C=시스틴, G=글리신, L=로이신, Q=글루타민,
V=바린, D=아스파라긴산, H=히스티딘, M=메티오닌, R=알기닌, W=트립토판

[그림 1] 람다사슬(상단)과 코퍼사슬(하단)의 아미노산배열(아이젠에 의거)

James D. Watson, "Molecular Biology of the Gene" 제3판에서

그러나 이것도 엄밀히 말하면 조금 모호한 부분이 있어요. 공통부분으로 결합한다고 해도, 공통부분이 어느 정도 있어야 결합하고 어느 정도면 결합하지 않는지는 사실 잘 알지 못했지요. 공통부분이 조금이라도 있으면 결합한다는 게 아니라, 상당한 변이가 있을 경우에는 결합하지 않으리라 예측된 것입니다. 하지만 그 정도에 대해서는 알고 있지 못했는데, 리더는 그 부분을 찌르고 나온 겁니다."

| 그러면 리더의 주장에도 일리는 있었다, 어느 정도로 결합할지 확실치 않은 이상 수백 개로도 생식세포계열설이 성립된다는 주장을 펴는 것은 가능하다, 이 말씀이군요.

"그렇지요. 결국 나는 이래서는 결말이 나지 않는다고 생각했습니다. 어느 정도의 결합인지 선을 어디에 긋느냐에 따라 어느 쪽으로도 해석이 가능한 실험 결과였습니다. 과학에서는 그런 양의적인 ambiguous(모호한) 실험 결과가 나오는 경우가 있어요. 그럴 때 어떻게 해석하느냐 하면, 원래 그 사람이 옳다고 생각했던 쪽으로 끌어당겨서 해석하지요."

| 그렇군요. 과학에서만 그런 게 아니지요. 인간은 뭐든 자신에게 유리한 쪽으로 해석하지요.

"리더는 생식세포계열설이 옳다고 생각하고 그 연구를 계속 해왔으니, 양의적인 실험 결과를 생식세포계열설 쪽으로 끌어당겨 해석한

겁니다. 결국은요. 과학에서는 옳은 가설에 따라 작업을 하는 게 얼마나 중요한가 하는 것을 보여주는 사례입니다. 잘못된 가설을 따라가면 올바른 데이터도 잘못된 방향으로 해석해버려요. 데이터를 무리하게 비틀어서 잘못된 가설의 증명에 사용하는 거지요. 실험 결과의 해석에만 국한된 게 아닙니다. 올바른 가설을 따라가고 있느냐, 잘못된 가설을 따라가고 있느냐로 이미 실험 계획을 세우는 단계에서 차이가 나버리는 셈입니다. 역시 실험은 어떤 것을 증명하려고 하느냐에 따라 역점을 두는 방식이 달라지기 때문이지요. 처음부터 머리가 잘못된 방향을 향하고 있으면 효과적인 실험을 구상할 수 없어요."

과학에는 타고난 재능과 집중력이 필요

| 처음에 잘못된 가설을 세우면 나중에 어떻게 해볼 방법이 없습니까?

"꼭 그렇진 않습니다. 잘못된 가설에 입각해서 잘못된 예측을 토대로 잘못된 방향에 역점을 두는 실험을 했다고 하더라도, 실험 결과는 언제나 객관적인 팩트지요. 잘못된 가설을 토대로 실험하면 당연히 처음의 예측과는 다른 결과가 나오겠지요. 이런 상황에 봉착했을 때 어떻게 하느냐에 따라 바른 방향으로 돌아갈 수도 있고 잘못된 방향으로 점점 더 깊이 빠져들 수도 있습니다."

| 리더처럼 실험 결과 해석을 자신이 믿는 가설에 맞추려고 왜곡하면 그 뒤엔 계속 잘못된 쪽으로 가게 될 뿐이군요.

"왜곡하지 않더라도 자신의 예측과는 다른 결과가 나왔을 때, 그 결과가 도무지 생각도 못 한 것일지라도, '이건 내 생각이 틀렸던 거야'라며 기존 가설을 통째로 내버리고 뒤돌아보지 않는 사람도 많습니다. 이래서도 안 됩니다. '될 사람'은 결과가 자신의 생각에 반할지라도, 뜻밖의 결과를 두고 곧바로 '아니 이럴 수가'라는 생각으로 주목하지요. 그러고는 '이건 이렇게 돼버렸잖아, 아니 저렇게 돼버렸잖아' 하면서 이것저것 열심히 분석합니다. 이 과정에서 새로운 가설도 세우고 새로운 실험도 계획할 수 있습니다. 열쇠가 되는 중요한 것이 눈앞에 있어도 그것을 보지 못하는 사람이 많아요. 볼 수 있는 사람만 봅니다."

| 보이고 보이지 않는 것을 가르는 기준은 무엇일까요? 타고난 재능天分입니까?

"재능도 크겠지요. 재능이 있느냐 없느냐로 뛰어난 과학자가 될 수 있느냐 없느냐가 갈리는 경우가 많지요. 그런데 재능이 있는 과학자를 자칭하는 사람 가운데 재능이 없는 사람도 얼마든지 있습니다. 거꾸로 젊은 학생 가운데 재능이 살짝 엿보이는 우수한 인재도 있어요. 상당 부분은 타고난 천성이겠지요. 이와 더불어 중요한 점은 치열하게intense 보고 치열하게 생각하는 것입니다. 저 같은 사람은 일주일 걸

려 한 실험이 실패했다면 그 일주일을 그냥 날려버리고 싶지 않아서, 쓰러질 때 쓰러지더라도 지푸라기라도 잡는 심정으로 열심히 들여다 봐요. 왜 이게 실패했을까, 하고 생각에 생각을 거듭합니다. 관찰과 고찰에 쏟는 집중력이지요. 이게 중요하다고 봅니다."

┃ 교수님의 집중력은 유명하지요.

"젊었을 때는 여자와 음악회에 가서도 왜 그 실험이 실패했을까, 줄 곧 생각한 적이 있습니다. 온종일 집중해서 생각하다 보면 그때까지 보이지 않던 점이 보이는 겁니다. 보통 그냥 보기만 해도 보이는 것 과 치열하게 봐야지만 마침내 보이는 것이 역시 있습니다."

┃ 그렇다면 결국엔 타고난 재능만으로는 안 된다는 말씀이군요. 타고난 재능에 집중력이 더해져야겠습니다. 그런데 아무리 집중력이 필요하다고 해도 데이 트하면서도 실험을 생각하다니, 과학자도 쉬운 일은 아니군요.

"과학은 전 세계 몇억 명의 인간이 이제까지 도저히 생각해낼 수 없 었던 것을 생각해내려는 행동activity입니다. 엄청난 지적 에너지의 집 중이 필요해요. 머릿속에 다른 것이 들어 있으면 안 됩니다. 언제나 그것만을 생각하고 있을 필요가 있어요. 그래서 최근에 내가 연구실 에서 빨리 퇴근해 집에서 아이들과 놀기도 하다가, 나도 옛날에 비해 '타락'했구나 하는 생각을 하게 돼요. (웃음)"

| 바젤 시절의 교수님은 침식을 잊고 연구에 몰두했다고들 합니다. 집은 오직
  잠만 자러 가는 곳이었다고….

"침식을 잊은 적은 없어요. 그런 통속적인 표현은 별로 좋아하지 않
아요. 다만, 나는 열심히 하는 편이니까 연구에 열중했을 뿐이지요.
어쨌든 보통은 잠을 자거나 밥 먹을 때 말고는 거의 모든 시간을 과학
에 바친 셈이지요."

| 그럼 '침식을 잊고'가 아니라 '침식만은 잊지 않았다'는 말씀으로 알겠습니다.

"때로는 영화를 보러 간 적도 있고, 스키를 타러 간 적도 있어요. 하
지만 별로 재미없더군요. 가설을 세우고 확인하는 실험을 하고, 실험
이 잘돼서 가설이 확인됐을 때의 기쁨이야말로 스키 타러 갔을 때의
즐거움과는 비교가 되지 않으니까요. 이런 의미에서는 침식을 잊었다
는 표현에 가까울지도 모르겠군요. 그래도 침식을 잊은 적은 한 번도
없습니다."

| 매일이 철야의 연속이었나요?

"그건 말이지요, 내가 혈압이 낮아서 아침에 약해요. 그래서 아침은
늦게까지 자고 점심 무렵 연구소에 나가지요. 이런 생활이 계속 조금
씩 어긋나면서 저녁에 나가서 아침에 돌아오기도 했어요. 자는 시간
이 달라질 뿐 수면은 제대로 취했습니다. 대체로 과학은 머리를 쓰는
일이기에 잠이 부족해 멍해진 머리로는 연구를 할 수 없어요. 수면 시

간을 줄여봤자 아무 도움이 안 돼요."

| 그렇게 노력해도 실험은 좀체 잘 안 되겠지요? 전에 '연구는 실패의 연속'이
라고 하셨는데….

"정말 그렇습니다. 실험이 대체로 잘 안 돼요. 여러 원인 탓에 실패
가 잇따르지요."

| 실패가 연속되면, 실험이 싫어진 적은 없었습니까?

"그런 사람은 과학자가 되려고 하지 않겠지요. 아무리 실패해도 결
코 포기하지 않고 계속 탐구하는 것이 과학자의 기본 조건이라고 봅
니다. 실패에 실패를 거듭하면서 '이것도 안 돼, 저것도 안 돼' 하면서
계속 쫓겨 다니다가 어딘가에서 돌파구breakthrough를 찾게 됩니다. 그
때까지는 계속 '이것도 아니야, 저것도 아니야'라며 생각을 이어가지
않으면 돌파구를 만날 수 없어요."

| 그렇게 '안 돼, 안 돼'가 계속되면 의기소침해지지 않습니까?

"그럴 때가 다소 있습니다만, 그것을 떨쳐버릴 정도의 낙천가가 아
니면 안 되겠지요. 나는 상당히 낙천적이어서 어떤 실패를 해도 하룻
밤 자고 나면 금방 기운을 회복하고, '자, 다음 실험을 해볼까' 하는 기
분이 돼요. 아무리 안 되더라도 절망하지 않고 포기하지 않아요. 나와
함께 노벨상을 받은 초전도의 뮐러도 그런 것은 될 턱이 없다고 모두

가 얘기한 세라믹에 의한 초전도를 몇 년이고 실패에 실패를 거듭한 끝에 마침내 성공시켰어요. 분야는 조금 다르지만 프랙털fractal이론의 수학자 망델브로Benoit Mandelbrot도 그 이론을 완성하기까지 40년간이나 날이면 날마다 한 가지만 계속 생각한 모양이에요. 세계의 여러 연구실을 3년 내지 4년마다 전전하면서 달리 업적도 별로 올리지 못했지요. 그래서 교수가 되지도 못했습니다. 그럼에도 전혀 개의치 않고 오로지 자신의 연구를 40년간 뚜벅뚜벅 홀로 이어갔지요. 실패에 기죽지 않는 낙천성과 정신적 강인함이 필요해요."

| 얘기를 되돌리면, 교수님의 실험은 어땠나요? 항체유전자의 수 추정이라는 점에서는 리더와 많이 다른 결과가 나왔습니까?

"이것이 또한 리더와는 다른 의미에서 해석의 여지가 있는 실험 결과였습니다. 유전자의 수는 1개 내지 200개로 나왔어요. 최대 200개로, 그보다 훨씬 적을 것으로 보였습니다. 단 한 개일 가능성도 있었지요. 따라서 생식세포계열설은 성립하지 않는다는 것이 내 결론이었습니다."

| 리더는 최소 수백 개로, 실제로는 그보다 훨씬 더 많을 가능성이 높기 때문에 생식세포계열설이 성립한다고 생각했고, 교수님은 최대 200개로, 그보다 훨씬 적을 가능성이 높기 때문에 생식세포계열설이 성립하지 않는다고 생각했군요. 같은 실험을 하고도 이렇게 다른 결과가 나오다니, 어째서 그런가요?

"나는 내 실험 결과를 절대 확신하고 있었어요. 왜냐하면 같은 콘셉트의 실험이었다고는 하나 나는 리더보다 한 단계 플러스알파의 실험을 해서 하이브리드의 내용을 확인했습니다. 리더는 RNA·DNA의 하이브리드 형성의 속도 측정을 했을 뿐이기 때문에, 형성된 하이브리드의 구체적인 내용은 검토하지 않았지요. 그러고는 데이터 해석론으로 옮겨가 버렸어요.

반면, 나는 하이브리드의 경합competition 실험이라고 해서, RNA의 조건을 여러 가지로 바꿔서 실험했고 형성된 하이브리드 내용도 분석했어요. RNA의 정제 정도가 충분하지 않아서 일어난 불순한 RNA에 의한 하이브리드가 어느 정도이고, C영역 유전자에서 달라붙은 것이 어느 정도이며, V영역 유전자에서 달라붙은 것이 어느 정도인지를 분석했지요. 수를 가능한 한 엄밀하게 추적했습니다."

| 그래도 리더가 반론을 했습니다.

"아마 그로서는 저와 같은 무명의 애송이는 전혀 신뢰할 수 없다는 생각도 했겠지요. 그리고 그의 말대로 V영역의 변이가 상당히 큰 경우에는 분명히 RNA를 섞어놔도 붙지 않는 유전자가 있다는 점도 사실입니다. 따라서 그 데이터만으로는 어느 쪽이 옳은지 판정할 수 없다고 나는 생각했지요. 그래서 코퍼사슬에서 람다사슬로 연구 대상을 전환하기로 한 겁니다. 람다사슬의 유전자는 변이가 매우 적기 때문입니다. 아미노산의 수도 하나나 둘, 기껏해야 셋 정도밖에 다르지 않

아요. 이 정도의 차이라면 한 종류의 RNA로 모두 하이브리드를 일으
키지요."

"상식 밖의 가설"을 확인하고 싶다

그림 2를 살펴보면, 코퍼사슬과 람다사슬의 변이 차이를 보여준다.
숫자는 변이를 일으킨 아미노산의 수를 나타낸다. 코퍼사슬에서는 말

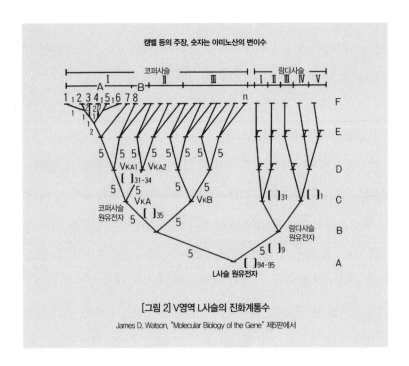

[그림 2] V영역 L사슬의 진화계통수

James D. Watson, "Molecular Biology of the Gene" 제5판에서

단으로 갈 때까지 상당히 많은 변이가 겹친다는 사실을 알 수 있다. 이렇게 되면 특정 RNA에 하이브리드를 일으키는 유전자와 일으키지 않는 유전자가 나와도 이상할 것이 없다. 이에 대해 람다사슬은 심플해서 말단으로 가도 별로 큰 차이가 없다.

| 그래서 실험 결과는 어땠나요?

"내가 생각한 대로 실로 깨끗한 결과가 나와, 람다사슬의 유전자는 수가 매우 적다는 사실을 알았습니다. 생식세포계열설이 성립하지 않는다는 점이 확실해졌지요. 코퍼사슬에서 람다사슬로 전환한 것이 대성공이었던 겁니다."

| 결국 처음부터 체세포변이설로 간 것과 람다사슬에 주목한 것이 잘한 일이었네요. 교수님은 처음에 왜 생식세포계열설로 가지 않고 체세포변이설을 택한 겁니까?

"지금 보면, 내가 연구자로 자라온 환경의 영향 덕이 크다고 생각합니다. 전에 분자생물학에는 생화학 계통과 유전학 계통이 있다고 했지요. 이 두 계통 사이에는 기본적인 사고방식의 차이가 있고 학문의 스타일도 다릅니다. 나는 출발점은 생화학이었지만 그 뒤에는 오히려 유전학 계통의 사람들한테서 더 큰 영향을 받았습니다. 교토대의 유라 다카시由良隆 교수(당시에는 조수), 둘베코도 그렇고, 바젤에서 만난 스타인버그도 그렇습니다. 유전 계통의 사람은 이런 문제에 부닥치면

자연스럽게 '그건 돌연변이mutation가 일어난 게 아닐까'라고 생각했어요. 그래서 체세포변이설을 선택한 겁니다.

반면 리더 쪽은 생화학 전문가이기 때문에 그쪽은 그쪽대로 또 자연스럽게 면역현상이라고 해서 생화학의 기본법칙에 반하는 경우는 없을 것이라고 생각해 생식세포계열설로 갔다고 나는 생각해요. 양쪽의 학문 세계에 미묘한 상식의 어긋남이 있다고 해도 되겠지요. 게다가 내 경우에는 면역학자들에 에워싸여 있었다는 점도 유리하게 작용했지요. 면역학자들은 항체의 극단적인 다양성을 진짜 생의 현실로 잘 알고 있기 때문에, 메커니즘은 알지 못해도 뭔가 '지금까지의 상식으로는 설명할 수 없는 것이 있어도 좋지 않겠는가'라고 생각한 사람도 있었던 모양입니다. 그래서 나는 자연스럽게 체세포변이설로 이끌렸고, 그것이 올바른 가설이었기 때문에 그 뒤의 연구가 유리하게 전개됐지요."

| 그 연구가 몇 년입니까?
"1975년입니다. 논문 발표가 1976년이지요."

| 그 연구를 끝내고 드디어 노벨상을 받은 유전자 재조합 연구가 시작된 건가요?
"아뇨, 그렇지 않아요. 그 연구는 람다사슬 연구와 겹칩니다. 그 연구가 결과적으로 항체의 다양성 수수께끼를 푸는 데 중요한 공헌을

했기 때문에, 그때까지 그 주제를 쫓아온 일련의 연구 흐름의 연장 선상에서 구상된 연구처럼 생각되겠지만, 실은 그렇지 않습니다. 다양성의 수수께끼 풀이는 코퍼사슬에서 람다사슬로 연구 대상을 옮겨 RNA·DNA의 하이브리드 형성으로 변함없이 하고 있었지요. 그쪽이 본류 연구라면 이건 말하자면 즉흥적인 착상처럼 해서 생겨난 지류 실험이지요."

| 아, 그랬나요. 그럼 어떤 일을 계기로 해서 생겨났습니까?

"드라이어·베넷 가설 덕분입니다. 다양성을 연구하던 사람은 보통 그 가설을 상식으로 진작에 알고 있었을 겁니다. 어쨌든 그 가설이 나온 것은 1960년대 중반이니까요. 하지만 나는 모르고 있었어요. 내가 처음으로 면역 세계에 고개를 들이민 때가 1972년입니다. 본래대로라면 그때 과거로 거슬러 올라가서 면역학을 착실히 배웠어야 하는데, 나는 공부하는 걸 별로 좋아하지 않아서 제대로 공부하지 않았지요. 공부하지 않아도 주변에 면역학자는 많이 있었고 뭐든 알고 있는 찰리도 곁에 있었기 때문에 알고 싶은 게 있으면 언제라도 물어보기만 하면 됐어요. 부끄럽지만 드라이어·베넷 가설이라는 게 있다는 사실을 계속 모르고 있었지요."

| 그런 걸 몰라도 하이브리드 실험은 할 수 있군요?

"그런데 1974년이었나 75년이었나, 찰리가 이런 생각이 있다며 V

유전자와 C유전자 결합 가설을 얘기해줬습니다. 그때 그것을 듣자마자 '유전자를 재구성하다니, 그런 일은 있을 수 없어'라고 생각했어요."

| 그랬나요? 왜 그렇게 생각했습니까?

"그 가설은 분자생물학의 상식에 반하는 주장이었습니다. 먼저, 일유전자-일폴리펩티드one gene-one polypeptide(1유전자 1단백질)라고 해서 하나의 유전자가 하나의 단백질 합성 정보를 담당한다는 것이 분자생물학의 상식이었습니다. 그런데 드라이어·베넷 가설에서는 하나의 단백질을 합성하는 데 유전자 두 개가 필요한 셈입니다. '이유전자-일폴리펩티드two gene-one polypeptide'인 거지요. 우선 이게 이상하다고 생각했어요."

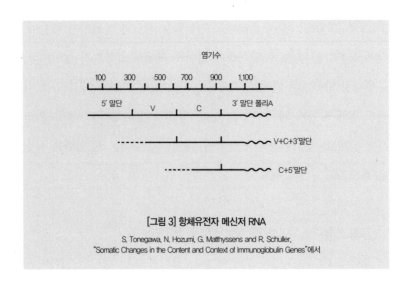

[그림 3] 항체유전자 메신저 RNA

S. Tonegawa, N. Hozumi, G. Matthyssens and R. Schuller,
"Somatic Changes in the Content and Context of Immunoglobulin Genes"에서

| 그래도 항체유전자에서는 이미 C영역의 유전자와 V영역의 유전자는 다르다는 게 알려져 있었지요.

"아뇨, 그건 말이지요, 유전자로서는 하나입니다. 하나의 항체유전자 속에 C영역을 코드화하고 있는 부분과 V영역을 코드화하고 있는 부분이 달라서 각각 한 묶음씩의 내용을 갖고 있다는 뜻이지, 즉물적即物的으로 다른 것으로 돼 있다는 말은 아닙니다. C유전자의 RNA와 V유전자의 RNA가 각기 따로 존재하는 건 아닙니다. 그림 3에서 보듯이 RNA는 한 개로, 그 3′말단에 C영역이 코드화돼 있고 5′말단에 V영역이 코드화돼 있는 관계로 돼 있어요. 양자는 하나로 연결돼 있고 하나로 연결된 폴리펩티드(단백질)를 합성하는 겁니다.

하지만 드라이어·베넷 가설에서는 V유전자가 하나하나 별개의 것으로 염색체 위에 늘어서 있는 꼴이 됩니다. 이것이 생식세포에서 면역세포가 발생 분화하는 과정에서 특정한 V유전자가 선발되고 C유전자와 결합해서 일체가 된다는 것이지요. 이게 유전자 재조합이라고 불리는 과정이라는데, 이 또한 '유전정보는 발생 분화 과정에서 변용되지 않고 항상성이 보존된다'는 분자생물학이나 발생생물학의 다른 상식에 반합니다. '인간이든 동물이든 태어날 때부터, 아니 태어나기 전부터 원래 세트의 유전정보를 DNA 속에 가지고 있고, 이 유전정보는 어떤 체내의 세포로도 바뀌지 않고 전달된다, 세월이 흘러도 바뀌는 것 없이 전달된다, 언제 어느 때 체내의 어떤 세포를 떼어내 살펴봐도 그 속에 있는 DNA는 수정란이 갖고 있던 DNA와 같다'라는 게 생물학의 상식이었지요. 그런데 드라이어·베넷 가설에서는 태어나기 전과 태어난 뒤에는 DNA 내용이 다르다고, 바뀌었다고 얘기니까 상식 밖이었습니다. 따라서 드라이어·베넷 가설은 발표됐을 때도 얼마 동안은 믿는 사람이 별로 없었지요."

| 그래도 그 무렵 면역학 세계에서는 믿는 사람이 꽤 나오고 있었겠지요?

"결국 그 가설을 쓰면 '왜 항체유전자의 가변영역可變域은 가변인데 정상영역定常域은 불변인가'라는 의문이 생깁니다. 하지만, 정상영역 쪽은 단 하나의 유전자에 지배되니까 변할 수 없기 때문이라고 설명할 수 있지요. 설명 원리로서의 그 가설은 매우 교묘하기 때문에 그것을 받아들이는 사람이 있었습니다. 그런데 '정말로 그런 유전자 재조합이 일어나는가'라고 물으면 아무도 대답하지 못했어요. 또 '그런 재조합이 이뤄진다면 재조합을 일으키는 메커니즘은 어떻게 돼 있는가'라는 문제는 아무도 생각해본 적이 없었습니다. 결국 어디까지나 가설에 머물렀습니다. 그래서 그 얘기를 들었을 때 '좋아, 우선 재조합이 일어나는지 아닌지 내가 확인해봐야겠군' 하고 생각했습니다."

| 오히려 부정적인 쪽으로….

"그렇지요. 부정적인 느낌, 있을 수 없다고 생각했기 때문에…."

| 그랬군요. 의외입니다. 그 반대일 거라고 생각했어요. '재조합이 일어나지 않

을까'라고 생각하고 연구해서 발견했다고 여겼습니다. 그러면 잘못된 가설에 입각해서 연구를 진행했고, 예측에 반하는 사실을 발견하게 됐다는 말씀입니까?

"다만 말이지요, 있을 수 없다고 생각했더라도 원리적으로 절대로 일어날 수 없다고 확신했다는 말은 아닙니다. 만일 그랬다면 그런 가설을 들었을 때 '저런, 바보 같으니'라고 생각했을 뿐 재조합이 일어날지 여부를 실험으로 확인하겠다는 생각은 하지도 못했을 테니까요. 실험을 했다는 건 있을 수 없다고 생각하면서도 마음 한구석에 '어쩌면 있을지도 모른다, 있다면 재미있겠다'는 생각을 했다는 말입니다. 그 무렵 내 마음속에 상반된 생각이 있었다는 얘기겠지요."

중요한 것은 실험상의 아이디어

| 그때 한편으로는 람다사슬로 하이브리드 연구를 계속하고 있었고, 생식세포계열설과 대결하고 있었습니다. 유전자 재조합이 있을지 여부를 확인해보고 싶다고 생각한 배경에는 드라이어·베넷 가설을 생식세포계열설의 변주로 보고 이를 공격하겠다는 의도도 있었나요?

"아, 그건 없었어요. 항체유전자의 변이가 이러쿵저러쿵하는 것과는 일절 무관하게 유전자 재조합이 일어나느냐 일어나지 않느냐, 순

전히 그것만을 조사하겠다고 생각했습니다. 말하자면, 그 얘기를 들었을 때 머리에 퍼뜩 실험 아이디어가 번뜩였습니다. 이렇게 되면 재조합이 일어나는지 아닌지 확인해보자는 생각이 떠올랐던 겁니다."

| 와우!

"아이디어라고 해도 개념적인conceptual 아이디어지, 기술적인technical 아이디어가 아니에요. 그럼에도 과학에서 가장 중요한 것은 개념 쪽의 아이디어지요. 즉 과학은 '이걸 모르겠다, 여기가 이상하다'는 점을 먼저 문제로 정식화하면서 시작해요. 여러 자연현상을 봐도 의문조차 들지 않는 사람이 있는데, 그런 사람은 아무래도 과학과는 인연이 없겠지요. 먼저 의문을 품고, 그 의문의 내용을 채워가면서 무엇이 왜 문제이고, 그 문제점을 확실히 질문 형태로 정식화하는 것이 첫걸음입니다. 과학자에게 다음으로 중요한 것은 그다음 단계입니다. 어떤 문제가 있을 때, 그 문제에서 구체적인 답을 끌어내기 위해서 '어떤 실험을 해야 하는가'라는 아이디어가 있느냐 없느냐가 중요합니다. 일단 그런 아이디어는 추상적인 사고실험이어도 좋아요. 구체적으로 그것을 어떤 기술을 구사해서 실현할 것인지는 나중에 생각하면 됩니다. 우선 어떤 실험을 하면 그 문제에 대한 답을 끌어낼 수 있을지 아이디어가 필요합니다."

| 그런 아이디어가 번뜩인 거로군요?

"그렇지요. 이렇게 생각했습니다. 드라이어·베넷 가설에 따르면, 생식세포계열에서 받아들인 대로의 유전정보와, 거기에서 발생 분화한 항체생산세포가 지닌 유전정보는 다릅니다. 전자에서는 DNA상에서 C유전자와 V유전자가 떨어지게 돼 있어요. 후자에서는 일체(한 몸)가 돼 있지요. 그러면 양쪽의 DNA를 가지고, 정말로 전자에서는 제각각 흩어져 있고 후자에서는 일체가 돼 있는지 여부를 조사해보자고 생각한 겁니다. 전자는 쥐의 태아에서 채취한 세포의 DNA를 쓰면 될 것이고, 후자는 그때까지 실험에서 흔히 써온 미엘로마에 걸린 쥐의 DNA를 써보자고 생각했습니다."

| 그렇군요. 태아의 세포를 쓴다는 건 멋진 생각입니다. 태아라면 아직 면역기구가 만들어지지 않았을 테니까요. 드라이어·베넷 가설에 따르면 그 DNA는 생식세포의 정보를 그대로 갖고 있고 C유전자와 V유전자는 분리돼 있겠군요. 하지만 그 유전자가 분리돼 있는지 일체가 돼 있는지는 어떻게 조사하지요?

"그것을 직접 조사하는 방법이 없기 때문에 역시 방사능으로 표지를 한 RNA를 프로브[1]를 사용해서 하이브리드법으로 조사합니다. 그림 3에 있는 것처럼 RNA는 3′말단 쪽의 절반이 C유전자로 돼 있어요. 따라서 RNA 전체를 프로브로 만든 것과 3′말단 쪽의 절반만 떼어내서 프로브로 만든 것, 이 두 종류의 프로브를 준비해두는 겁니다. 이것을 각각 태아의 DNA와 미엘로마 감염 쥐의 DNA와 섞어놓고 하이브리드를 만들게 한 뒤 정성껏 분석하는 겁니다."

| 3′말단(C)과 5′말단(V)을 각기 다른 방사능으로 표지해놓고 그것을 두 DNA
와 결합시켜서, 여기에서는 C와 V가 결합했다, 또 이쪽에서는 떨어져 있다는
식으로 DNA-RNA 하이브리드 분자를 직접 관찰할 순 없습니까?

"할 수 있습니다. 유전자 클론법을 사용하면요. 실제로 우리도 나중
에 그 방법을 썼습니다. 하지만 당시에는 고등동물 유전자가 아직 클
론화돼 있지 않았던 때라, 클론화에 의존하지 않고 세포의 DNA를 그
대로 사용해서 문제를 해결하는 방법을 생각했습니다. DNA나 RNA
나 분자생물학이 연구 대상으로 삼고 있는 것은 모두 엄청 작습니다.
개수로 보면 10의 몇 제곱이라는 엄청난 수를 모아야 겨우 하나하나
실험 조작을 할 수 있지요. DNA는 하나가 10^{-12}그램이에요. 그러니
DNA가 1그램이면 거기에는 개수로 쳐서 10^{12}개의 DNA가 모여 있습
니다. 분자생물학 실험은 모두 이런 엄청난 수를 한꺼번에 다뤄, 그
결과를 통계적으로 해석하는 방법을 씁니다."

| 그러면 RNA가 어디에 달라붙었는지를 어떻게 조사합니까?

"제한효소를 사용하면 된다는 걸 알아냈지요."

제한효소制限酵素, restriction enzyme란 DNA를 절단하는 작용을 지닌 효
소다. 현재 500종류 이상의 제한효소가 발견되었다. 그 하나하나가
DNA의 특정 염기배열을 찾아내서 DNA를 절단하는 기묘한 능력을
지녔다.

이 효소의 발견으로 분자생물학은 비약적으로 발전했다. 이것을 이용해 각종 생명공학이 발전했다. 제한효소가 발견된 때는 1970년대로, 발견자인 네이선스Daniel Nathans, 스미스Hamilton Smith, 아르버Werner Arber는 1978년에 노벨상을 받았다.

"제한효소로 DNA를 갈갈이 절단해버리는 겁니다. 그러면 어떤 규칙성을 띠면서 절단된 조각을 얻을 수 있습니다. 이것을 전기영동에 걸어 길이순으로 늘어놓습니다. 규칙성을 띠면서 절단된 조각을 순서대로 늘어놓는 게 중요합니다. 지금도 DNA를 절단하는 데에는 초음파를 쓰는 등 몇 가지 방법이 있긴 합니다만, 모두 무작위적으로 무질서하게 잘리지요. 그래서 잘린 조각들에는 아무런 규칙성도 없어 분석에 사용할 수 없었습니다."

| 제한효소로 자른 조각은 어느 한 조각이 원래의 아미노산배열 어디에 있었는지 알 수 있습니까?

"그건 모릅니다. 그러나 규칙성을 띠면서 질서가 잡혀 있다면 분석이 가능합니다. 그렇게 늘어놓은 제각각의 조각을 몇 개의 분획으로 나눠요. 그러면 그 어딘가에 항체유전자가 들어가겠지요. 다음에 그 분획마다 항체유전자의 RNA 전체를 프로브로 만든 것과 3′말단의 절반만을 프로브로 만든 것을 섞어놓습니다. 이렇게 하면, 항체유전자가 있다면 거기서 하이브리다이제이션을 일으키겠지요. 만일 C와 V

가 한 몸(일체)이 돼 있다면 RNA 전체가 하이브리드가 되는 것은 물론이고 3′말단 절반도 하이브리드가 되겠지요. C와 V가 제각각 흩어져 있다면 RNA 전체는 C에도 V에도 하이브리드를 일으키겠지요. 그러나 3′말단 절반은 C에는 하이브리드를 일으키지만 V에는 하이브리드를 일으키지 않겠지요. 정리해보면 그림 4처럼 됩니다.

두 프로브에 의한 하이브리드 형성 패턴을 보면 C 및 V와 일체가 돼 있는지, 제각각 흩어져 있는지 알 수 있겠지요."

| 그렇군요. 괜찮은 아이디어로군요.

"이 아이디어만 떠올리면 누구라도 할 수 있습니다. 이로써 태아의 DNA에는 CV 제각각, 미엘로마 감염 쥐에서는 CV 일체라는 패턴이 나온다면, 발생 분화 과정에서 유전자 재조합이 일어난다는 게 정말로 맞겠지요."

| 어떻게 됐나요?

"아이디어는 좋았지만 실제로 구체적인 실험 계획을 세우는 단계가 되니 어려운 문제가 생겼습니다."

		RNA프로브	
		전체(C+V)	절반(C)
항체유전자	CV 일체	O	O
	C V 각각 C	O	O
	V	O	X

[그림 4] 두 가지 프로브에 의한
하이브리드 형성 패턴

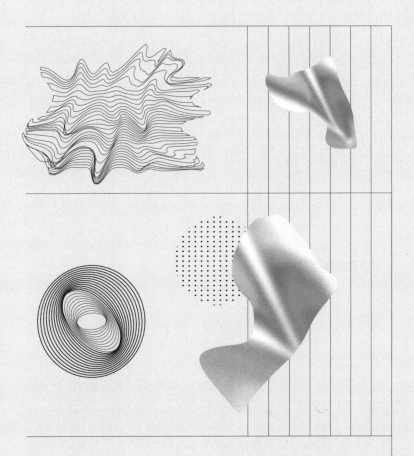

제6장

과학은
육체노동이다

제한효소에 주목하다

이야기가 점점 어려워졌기 때문에 이쯤에서 다시 한 번 문제점을 정리해서 복습해보자.

항체유전자의 다양성 생산에 대한 가설의 하나에 드라이어·베넷 가설이 있었다. 항체유전자가 생식세포에서는 한 개의 C영역 유전자와 다수의 V영역 유전자로 나뉘어져 있으며, 이것이 체세포로 분화하는 과정에서 유전자 재조합이 일어나, C유전자와 V유전자가 일체가 돼서 항체를 생산하기 시작한다는 설이었다.

도네가와 교수는 이 가설이 성립하는지 여부, 즉 유전자 재조합이 정말로 일어나는지를 실험으로 확인해보려고 했다. 그는 드라이어·베넷 가설에 의문을 품고 유전자 재조합이 일어날 리가 없다고 생각했으나, 실험 결과는 거꾸로 유전자 재조합의 발견으로 이어졌고, 노벨상 수상으로 가는 길을 열게 된다.

시료로 쥐의 태아에서 채취한 DNA와, 미엘로마에서 채취한 DNA를 준비한다. 태아 쥐는 아직 항체를 생산하지 않았고 DNA가 지닌 유전정보는 생식세포로부터 물려받은 그대로다. 따라서 만일 드라이어·베넷 가설이 성립한다면 DNA에는 C유전자와 V유전자가 제각각 떨어진 채로 존재할 것이다.

이에 비해 미엘로마는 항체생산세포가 계속 증식하는 질병이므로 이 병에 걸린 쥐는 항체를 계속 만들며, DNA에서는 C유전자와 V유전자가 일체가 된 항체유전자가 만들어졌을 것이다. 즉, 이 가설에 따르면 "항체유전자에 관한 한 태아와 미엘로마의 DNA상에서 염기배열에 큰 차이가 있다"는 결론에 도달하게 된다.

정말 그렇게 돼 있는지 확인하려면 어떻게 해야 할까.

도네가와 교수는 제한효소라 불리는 일련의 효소를 이용하면 이 가설을 실험적으로 시험할 수 있을 것이라 생각했다. 제한효소는 DNA의 특정 염기배열을 인식하고 거기서 DNA를 절단한다. 제한효소는 현재 500종류 정도 발견되었는데, 제각기 다른 염기배열을 인식해서 다른 부위를 절단한다.

예를 들면, 도네가와 교수가 실험에 사용한 Bam HI라는 제한효소는 그림 1에서 보듯 GGATCC라는 여섯 개의 염기배열을 인식해서 반드시 그곳을 그림과 같은 형태로 절단한다. 도네가와 교수가 그다음 실험에서 사용한 Eco RI라는 제한효소는 반드시 GAATTC라는 염기배열이 있는 곳을 그림처럼 절단한다.

제한효소는 모두 이처럼 각기 특이한 절단작용을 한다.

제한효소는 원래 세균의 세포 속에서 만들어지는 효소다. 세포 속에 박테리오파지나 바이러스 같은 다른 DNA가 침입했을 때 제한효소가 침입한 DNA를 잘게 썰어서 무력화시켜 피해를 입지 않도록 할 수 있다. 즉, 이는 세균이 지닌 이종異種 DNA의 침입에 대한 방어기구다. 제한효소의 이름 'Bam'이나 'Eco'는 제한효소를 만드는 세균 이름의 약칭이다. 최근에는 주요 제한효소를 상품화해 기업에서 제조해 판매하고 있다. 예전에는 연구자가 자신의 손으로 세균에서 직접 추출해서 정제한 뒤 연구에 사용했다.

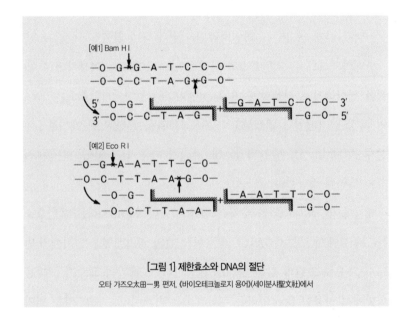

[그림 1] 제한효소와 DNA의 절단
오타 가즈오太田一男 편저, 《바이오테크놀로지 용어》(세이분사聖文社)에서

제한효소는 1970년, 미국의 존스홉킨스 대학의 스미스가 처음 발견했다. 이 발견으로 분자생물학 연구가 혁명적으로 도약한다. 제한효소의 등장으로 비로소 DNA를 본격적으로 연구할 수 있었기 때문이다.

제한효소가 등장하기 전에는 DNA를 특정한 곳에서 자를 수 없었다. 이 탓에 긴 DNA를 짧은 조각으로 나눠 해석하는 게 불가능했다. 사람이든 쥐든 DNA는 30억 염기쌍이 연결되어 엄청나게 길다. 대장균의 DNA조차 400만이나 되는 염기쌍이 있다. 이런 것을 그대로 직접 해석하기란 도저히 불가능했다. 아무래도 다루기 쉬운 길이로 잘라낸 뒤 해석할 필요가 있었다. 그러나 이게 불가능했던 것이다. 따라서 DNA의 어느 곳에 어떤 유전자가 있는지, 그 염기배열은 어떻게 돼 있는지는 전혀 알 수 없었다.

DNA를 마구 잘라도 괜찮다면 초음파를 쏘는 등 몇 가지 방법이 있기는 했다. 그런데 그렇게 하면 하나하나의 DNA가 무작위적으로 어떤 맥락도 없이 잘리기 때문에 해석할 수 없게 된다.

앞에서도 얘기했지만, 하나의 DNA는 10^{-12}그램 정도밖에 나가지 않는 극히 미세한 물질이다. 따라서 이를 하나하나 잘라서 분석하기란 도저히 불가능하다. 방대한 DNA를 한꺼번에 모아서 분석할 수밖에 없었다. 똑같은 조각으로 정리되지 않으면 어떤 분석도 할 수 없으나, 그때까지의 절단법으로는 모두 무작위적으로 잘렸을 뿐 가지런하게 절단할 수 없었다. 절단된 것들은 제멋대로 잘린 조각들의 집합체라 도무지 해석할 수 없었다.

그런데 제한효소를 이용하면 어떤 DNA도 반드시 같은 장소에서 절단되기 때문에 같은 크기의 조각들이 제대로 갖춰진다.

Bam HI의 경우에는 DNA상에 GGATCC라는 배열이 나타날 때마다 거기에서 절단한다. 확률을 계산하면 이 배열은 평균 4,000염기쌍에 한 번 나타난다. 물론 실제로는 수십 염기쌍만에 나타나기도 하고 수만 염기쌍만에 나타나기도 한다. 따라서 절단된 조각은 짧은 것이 될 수도 긴 것이 될 수도 있다. 그럼에도 어떤 DNA도 똑같이 절단되기 때문에 각각 정해진 수의 같은 길이의 조각이 만들어진다.

제한효소로 자르면 잘린 조작이 모두 뒤섞이게 된다. 그래서 전기영동에 걸어 분리시킨다.

그림 2에서 보듯, 한천寒天, agarose으로 만든 겔(콜로이드 용액이 젤리 상태로 굳어진 것)을 수조에 채워 넣고 겔의 한쪽 끝에 도랑을 파서 그 속에 DNA의 여러 조각이 뒤섞인 용액을 넣는다. 그리고 겔의 양 끝에 설치한 전극에 적당한 전압을 가한다. DNA는 음전하를 띠고 있으므로 DNA쪽을 음, 반대쪽을 양으로 해두면 DNA가 한천 겔 속을 헤엄치듯 양의 전극 쪽으로 이동한다. 이것이 전기영동이다.

이때 DNA의 각 조각은 분자량이 클수록 저항이 커져서 영동의 속도가 떨어진다. 분자량이 작은 것, 즉 작은 조각일수록 빨리 이동하고 큰 조각일수록 천천히 이동한다. 이 작업을 일정 시간 계속하면 DNA 조각은 분자량의 크기에 따라 깨끗하게 분리되는데, 이를 화학적으로 염색하면 그림 3에서 보여주듯 밴드(띠帶 구조)로 나뉜다. 각각의 밴드에 같은 분자량의 DNA가 모여 있는 것이다. 밴드 부분을 잘라내서 한 천 겔에서 분리하면 정리된 같은 길이의 DNA 단편을 얻을 수 있다.

이를 여러 방법으로 분석할 수 있다. 이미 알고 있는 유전자의 RNA 가 준비돼 있다면, 이것과 하이브리다이제이션을 일으켜서 이 유전자 가 이 DNA 조각 속에 있는지 여부를 알 수 있다.

도네가와 교수가 생각한 실험의 기본원리는 간단히 말하면 다음과 같다.

태아에서 채취한 DNA와 미엘로마에서 채취한 DNA를 각기 따 로 제한효소로 절단해서 조각들로 만들고, 이것을 전기영동에 건다. DNA 조각이 분자량별로 분리되면 이것들을 하나하나 다른 시험관에 넣어 거기에 항체유전자의 RNA를 섞은 뒤 어디에 어떤 항체유전자가

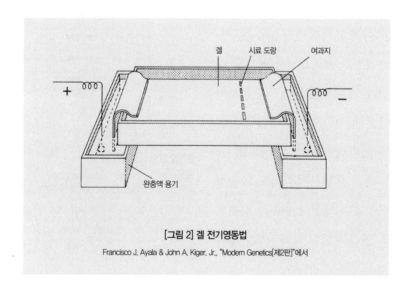

[그림 2] 겔 전기영동법

Francisco J. Ayala & John A. Kiger. Jr., "Modern Genetics[제2판]"에서

있는지 찾아낸다.

만일 드라이어·베넷 가설이 옳다면 태아의 DNA에는 C유전자와 V 유전자가 따로따로 떨어져 각기 다른 시험관 속에 있을 것이다. 미엘로마의 DNA에서는 C유전자와 V유전자가 연결돼 같은 시험관 속에 들어 있을 것이다.

스마트한 방법보다 확실한 답을

| 이 실험 기술은 그 당시 이미 확립
돼 있었나요?

"아직 알려져 있지 않았습니다.
스미스가 제한효소를 실제로 발
견한 때는 1970년이지만 논문이
나온 때는 1972년 무렵입니다.
내가 바젤에 간 다음 해지요. 그
러나 그런 논문이 나와도 그 실험
기술을 면역항체 연구에 응용할
수 있다는 점은 거의 아무도 생각
하지 못했을 겁니다."

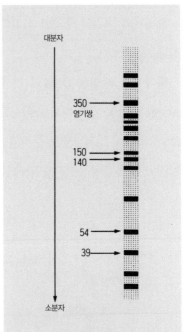

[그림 3] DNA 조각의 분리

마쓰하시 미치오松橋通生·오쓰보 에이이치大坪栄一
감역, 《왓슨 재조합 DNA》(마루젠丸善주식회사)에서)

DNA의 제한효소 조각은 전기영동으로 분리된다. 작은
조각은 큰 조각보다 빨리 이동한다. 따라서 그 이동 정
도를 이미 알고 있는 크기의 DNA 분자의 이동 정도와
비교함으로써, 조각의 크기를 추정할 수 있다(John C.
Fiddes와 Howard M. Goodman의 호의로).

| 교수님은 어떻게 그런 발상을 하셨습니까?

"사실 나는 제한효소에 관한 정보를 일찍부터 들었습니다. 바젤에 가기 전에 소크연구소의 둘베코 연구실에서 SV40이라는 암 바이러스를 연구했지요. 스미스가 제한효소를 발견한 뒤 네이선스와 함께 최초로 무엇에 응용했느냐면 SV40 연구였어요. Hind II 라는 제한효소로 자르니 SV40의 DNA가 열한 개의 조각으로 나뉘어졌어요. 이것을 전기영동으로 분리해서 하나하나 분석했지요. 어떤 분자량의 조각들이 어떻게 늘어서 있는지를 보여주는 지도를 그리고, 다시 각각의 조각을 분석해서 각기 어떤 기능을 담당하는지를 해명했어요.

앞에서도 말했듯이, 둘베코 연구실은 SV40 연구의 세계 중심이니까 그런 정보는 논문으로 발표되기 전에 금방 입수됩니다. 그 논문은 같은 SV40을 연구해온 사람에게는 상당한 충격이었지요. 그런 식으로 DNA 조각을 깨끗하게 분리할 수 있다니, 그때까지 꿈에도 생각하지 못했으니까요. '그런 파워풀한 기술이 있을까' 하고 생각했습니다. 그것을 본 뒤 내가 그때까지 해오던 SV40 연구는 의미가 완전히 없어졌다고 생각했지요. 오랜 기간 누구도 할 수 없었던 것을 그는 제한효소를 사용해서 2, 3개월 만에 후딱 해치웠으니까요. 그런 시기에 나는 바젤로 갔던 겁니다."

| 제한효소가 그토록 파워풀하다는 점을 알고 있었기에 그 실험도 금방 구상할 수 있었군요.

"아이디어는 좋았지만 정작 구체적으로 실험 계획을 짜보니 너무 어려운 일이라는 사실을 알게 됐습니다."

| 왜 그런가요?

"요컨대, SV40의 DNA와 쥐의 DNA는 크기의 오더가 완전히 다릅니다. SV40의 DNA는 겨우 5,000 염기쌍밖에 없어요. 따라서 제한효소(Hind II)로 자른 조각 수가 열한 개 정도밖에 안 됩니다. Eco RI로 자른 경우에는 단 한 곳에서밖에 자를 수 없어요. 그러나 쥐의 DNA라면 30억 염기쌍이니까, 이를 어떤 제한효소로 잘라도 조각 수는 수십만에서 수백만 개의 오더가 됩니다. 그러니 아무리 전기영동을 하더라도 조각이 너무 많아서 각각이 밴드로 구분할 수 있는 상태가 되지 않아요. 정밀한 분리는 전혀 불가능해요. SV40 정도의 DNA에는 유효한 실험 방법이라도 쥐의 DNA에는 그대로 응용할 수 없었습니다. 따라서 제한효소를 사용한 DNA의 분리 실험도 당시에는 아직 바이러스나 세균에는 응용되고 있었지만 포유동물에는 아무도 응용한 적이 없었지요."

| 그렇다면 교수님이 세계에서 처음으로 포유동물에 응용한 것인가요?

"그렇습니다. 하지만 나도 처음에는 이건 안 된다고 생각해서 포기했지요. DNA 조각을 제대로 분리할 수 없는 것 이상의 이유가 또 있었기 때문입니다. 분리한 뒤에 다음 순서로 RNA의 하이브리다이제이

션을 해야 하는데, 그러기 위해서는 상대가 되는 DNA가 어느 정도의 농도로 존재할 필요가 있습니다. 그렇지 않으면 하이브리다이제이션이 잘 되지 않아요. 된다 하더라도 시간이 무척 오래 걸립니다. 그런데 그 경우 하이브리드의 상대가 될 DNA는 수십만에서 수백만 개로 나뉜 조각 가운데 어느 하나에만 들어 있어요. 그러니 농도가 아무래도 옅을 수밖에 없겠지요. 게다가 그 DNA 조각은 한천 속에 들어 있어요. 따라서 하이브리다이제이션을 하기 전에 한천을 제거해서 정제해야 하는데, 이게 또 어렵습니다. 한천에는 여러 불순물이 많이 들어 있어서 완전히 정제하기 어렵습니다."

| 그런가요. 하이브리드는 한천 위에서 하는 것이 아니라 분리된 DNA를 한천에서 추출해서 하는군요.

"전기영동이 끝나면 한천 속에 DNA가 분자량이 큰 순으로 죽 늘어서 있습니다. 거기서 한천을 동일한 폭의 슬라이스로 잘라요. 프랙션fraction이라고 하는데, 거기에서 DNA를 추출해 이번에는 프랙션별로 시험관에 넣습니다. 그러면 각기 분자량이 다른 DNA가 들어간 시험관이 프랙션 번호순으로 죽 늘어서겠지요. 그런 다음 하나하나씩 방사능으로 표지한 RNA를 넣어서 하이브리드가 일어나는지 여부를 살펴야 합니다."

| 한천을 어느 정도 폭으로 잘라 하나의 프랙션을 만드나요?

"실험에 따라 다양합니다만, 우리가 한 예의 그 실험에서는 5밀리미터 폭으로 잘랐습니다. 수십 개의 프랙션으로 나눴지요."

| 그것을 하나하나씩 하이브리드 작업을 하고 방사능 카운트도 해야 하니, 엄청 품이 많이 들어가겠습니다.

"또 한 가지 문제는, 이런 방법으로 분리할 수 있는 DNA 조각의 양이 통상적인 작업으로는 한정돼 있어서 액체 속에서 RNA와 하이브리드를 충분히 만들게 하기에는 부족하다는 점입니다."

| 정말 힘든 작업이군요.

"결국 원리적으로는 가능한 실험이지만, 기술적인 장애로 순조롭게 진행되지 않습니다. 뭔가 새로운 기술을 개발할 수 없을까 하고 찰리 등과 여러 궁리를 해봤지만 좋은 생각이 떠오르지 않아 반쯤 포기하고 있었어요. 그런데 그 뒤에 바로 서던블로팅southern blotting이라는 매우 스마트한 방법이 개발됐지요. 지금은 그 방법으로 누구라도 간단히 분석할 수 있습니다."

| 어떤 방법입니까?

"그림 4에서 보듯, 제한효소로 DNA를 잘라서 전기영동에 걸기까지의 과정은 같습니다만, 그다음 한천을 잘라 프랙션으로 나누는 작업은 하지 않고, 그 대신 겔 위에 니트로셀룰로오스 필터를 얹고 아래

에 완충액[1]을 놓은 뒤 그 위에 마른 여과지를 놓습니다. 이렇게 하면 완충액이 아래에서 위로 모세관현상을 일으키며 올라가지요. 그때 겔 속의 DNA도 함께 위로 빨려 올라가 니트로셀룰로오스에 딱 달라붙습니다. DNA는 니트로셀룰로오스에 달라붙는 성질을 갖고 있으니까

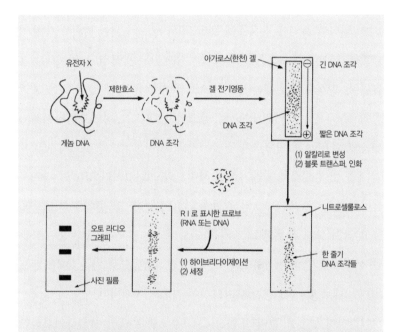

[그림 4] 서던블로팅법에 의한 전체 염색체 DNA 속 특정 유전자 포함 영역의 제한효소 절단부위 매핑

R. W. 올드 · S. B. 프림로즈 공저, 세키구치 무쓰오関口睦夫 · 아나이 모토아키穴井元昭 · 나카벳푸 유사쿠中別府雄作 공역, 《유전자 조작의 원리(원서 제3판)》(바이후칸培風館)에서

전체 DNA를 어느 하나의 제한효소로 처리해서 여러 크기의 조각 수십 개로 절단한다. 이것을 전기영동으로 크기에 따라 나누고 니트로셀룰로오스nitrocellulose 위로 옮긴다. 어느 유전자 X에 상보적인 높은 방사능을 지닌 RNA 또는 변성된 DNA를 니트로셀룰로오스 페이퍼 위의 DNA와 하이브리드를 일으키도록 한 다음 자기방사법autoradiography을 건다. 이렇게 해서 유전자 X의 일부 또는 전부를 포함한 제한효소 조각의 크기를 전기영동 이동 정도를 통해 알아낼 수 있다. 몇 가지 제한효소를 단독으로 또는 조합해서 이용함으로써 유전자 X의 내부 및 주변 제한부위의 분포를 지도로 표시할 수 있다.

요. 이 방법으로 한천에서 DNA를 깨끗하게 분리할 수 있지요. 게다가 전기영동 결과가 그대로 전사돼 있어요."

| 불순물도 들어가지 않는데, 프랙션으로 나누는 방법으로는 프랙션 단위로 한데 뒤엉켜버리지만, 그런 일도 일어나지 않는군요?

"이 필터를 들어내서 오븐에 넣고 70도 정도의 열을 가하면 수분이 증발하고 DNA가 니트로셀룰로오스 위에 단단히 고정돼 떨어지지 않습니다. 이것을 이번에는 방사능으로 표지한 RNA가 들어 있는 용액 속에 넣습니다. 그러면 RNA와 상보적인 DNA는 하이브리다이제이션을 통해 RNA와 단단하게 결합하지요. 하이브리드를 일으키지 않은 RNA를 씻어 깨끗하게 제거하면 하이브리드를 일으킨 RNA만 니트로셀룰로오스 위에서 DNA와 결합돼 남는 겁니다. 그 위에 X선 필름을 놓고 잠시 그대로 두면 RNA가 하이브리드를 일으켜 남아 있는 부분만 선명하게 감광 현상을 일으키지요. 전기영동으로 만든 DNA 밴드 위에 그대로 RNA가 결합하고 그것이 기록되는 겁니다.

이전까지 한천을 잘라 프랙션별로 DNA를 추출하거나 하이브리다이제이션을 하고 방사능을 카운트하는 등 성가신 작업이 전부 필요 없게 되었지요. 정밀도가 높아진 데다 노력도 몇 분의 1로 줄었습니다. 이 정도라면 포유류의 DNA 하이브리다이제이션 분석에도 충분히 사용할 수 있습니다. 이 방법이 개발된 뒤에는 모두 쓰게 됐지요."

| 그래도 당시에는 아직 그 방법이 개발되지 않았지요?

"그렇습니다. 뭔가 좋은 방법이 없나 고민하고 있을 때 내가 그런 스마트한 방법을 생각해냈다면 좋았겠지만, 나는 방법론적 재능은 별로 없는 것 같습니다. 과학자 가운데 그런 걸 엄청 잘하는 사람이 있어서 멋진 실험 방법을 생각하지만, 나는 뭐 실질 본위인 셈이지요. 방법은 두 번째고, 좀 촌스럽지만 답만 확실하게 내면 좋다는 쪽 말입니다. 왕왕 새로운 기술을 개발하는 사람은 그 기술로 뭔가 새로운 발견을 하나 싶지만, 그러지 못하는 경우가 허다합니다. 흔히 새로운 기술로 대발견을 하는 건 다른 사람인 경우가 많습니다.

나는 생물학적으로 의미가 있는 것을 찾아내지 못하면 생물학자로서는 무의미하다는 입장이기 때문에, 기술 개발에는 그다지 흥미가 없지요. 지금 어떤 문제가 눈앞에 있고, 그것을 푸는 데 예전의 촌스러운 방법론으로 하면 1개월이 걸린다고 합시다. 그런데 1개월 걸려 새로운 기술을 개발하면 사흘 만에 해결할 수 있는 새롭고 스마트한 기술을 개발할 수 있을지 모른다고 할 때, 나는 전자를 택합니다. 실험 조작은 별로 스마트하지 않아도 되니까 조금이라도 빨리 답을 찾고 싶은 거지요. 실험 아이디어는 멋진elegant 걸 찾아내려고 신경 쓰지만, 그 방법은 그렇게 멋지지 않아도 된다는 게 내 입장이지요."

비전秘傳 "실험실의 요리책"

| 그렇군요. 이번의 실험도 콘셉트는 실로 멋지네요. 그러나 그 실험 자체는 촌스러운 종래의 방법으로는 할 수 없었다, 따라서 포기했다는 얘기군요.

"아뇨, 그게 그렇지 않았습니다. 처음에는 분명히 이건 새로운 기술 개발이 없다면 안 된다고 생각해서 포기했어요. 그래서 2, 3개월 그대로 내팽개쳐 뒀던 거지요. 그런데 어느 날 연구소의 다른 연구실에 갔다가 거기서 플렉시글라스Plexiglas라는 아크릴의 일종으로 만든 커다란 수조를 다섯 개나 늘어놓고 전기영동을 하고 있던 장면과 마주쳤습니다. 하나가 50센티×70센티 정도의 크기였어요. 두께도 1센티미터가 넘어요. 그걸 보고 이렇게 어마어마하게 큰 전기영동 장치가 있었다니 하고 놀랐습니다. 하지만 실은 내가 몰랐을 뿐, 면역학의 연구로 혈청단백질[2]을 전기영동으로 분리해서 그 속에서 항체를 추출할 때 사용되는 지극히 표준적인 방법이었어요. 면역학자라면 누구나 알고 있던 건데 나는 면역학에 어두워서 그것도 몰랐지요. 분자생물학에서 보통 사용하는 전기영동 장치는 이렇게(20센티×20센티 정도이고 두께는 3밀리미터 정도) 작아서, 그 두세 배나 되는 수조를 그때 처음 보고 놀랄 수밖에요. 사용하는 겔의 양도 보통 우리가 사용하던 것은 기껏해야 100시시 정도입니다. 그런데 그건 2리터 정도의 겔을 흘려 넣어 사용하지요. 그것을 보고 놀라면서 동시에 만일 이걸 쓰면 될지도 모르겠다는 생각이 퍼뜩 들었습니다."

| 될 거라는 건 예의 그 실험 말씀입니까?

"예. 그만큼 전기영동 장치가 크고, 영동시키는 거리가 길어서 작은 장치라면 온통 굳어서 분리되지 않을 것도 이것이라면 어느 정도 분리할 수 있겠다. 그리고 시료의 DNA를 많이 흘릴 수 있으니 가장 문제였던 하나하나의 프랙션 속의 DNA 농도도 어느 정도 확보할 수 있겠다 싶었지요. 계산해보니 많은 양의 DNA와 제한효소를 사용해야 하는데 빠듯하게 어떻게든 될 것 같은 선이 나왔어요. 그래서 해본 겁니다."

| 잘됐군요.

"최종적으로는 잘된 거지만, 그렇게 되기까지 고생이 많았습니다. 예컨대 DNA를 많이 넣으면 겔 용량의 한계에 가깝기 때문에, 전기를 흘려도 부드럽게 흘러가지 않아요. 전압을 조금 높이거나 하면 한천에 묘한 힘이 걸려 비틀리고 일그러집니다. 이건 안 되겠다고 생각해 전압을 아주 내려서, 보통 DNA를 모두 겔에 넣는 데 5분이면 될 것을 세 시간이나 걸려서 하거나, DNA 최적 농도를 확보하는 등 여러 궁리를 거듭하면서 겨우 성공했습니다."

| 결국 그 실험을 시작해서 성공하기까지 시간이 얼마나 걸렸나요?

"확실히 기억하진 못하지만 대체로 반년 정도였습니다."

| 반년이나 됩니까? 역시 그렇게 오래 걸리는군요.

"그 정도는 걸리지요. 예를 들어 제한효소로 DNA를 자른다고 해도, 먼저 제한효소를 만드는 것부터 시작해야 하니까요."

| 그런가요? 지금은 제한효소 같은 건 돈을 주면 얼마든지 살 수 있습니다만, 당시는 연구자가 스스로 만들어야만 했겠군요. 그런데 어떻게 만듭니까?

"제한효소는 세균이 균 체내에서 만드는 효소니까, 기본적으로는 세균을 받아 와서 대량으로 배양한 뒤 세균을 갈아 으깨고 그 속에서 문제의 효소를 가려냅니다."

| 아니, 그런 일부터 시작해야 합니까? 쉽지 않네요. 그러면 그 세균은 어디에서 구하나요?

"연구자들끼리 대개 부탁하면 얻을 수 있지요. 내 경우에는 바젤바이오센터의 비클즈 박사에게 얻었어요. 그는 또 그대로 미국의 연구자로부터 얻은 겁니다. 전부터 연구에 사용했던 미엘로마는 괴팅겐 대학의 오스타터크 박사에게 받았지요."

| 본 적도 없고 알지도 못하는 상대일지라도 달라고 하면 줍니까?

"물건에 따라 다르겠지요. 세균이나 바이러스 같은 건 배양하면 얼마든지 불어나니까, 대개 부탁하면 줍니다. 쥐도 계속 불어나지요. 그러나 좀체 만들 수 없는 것, 그 사람 주변에도 별로 없는 것은, 예컨대 당시로 보면 제한효소를 발견자에게 달라고 해봤자 주지 않겠지요.

대신 세균으로 만드는 방법을 가르쳐줄 테니 스스로 만들어보라는 얘기를 해주겠지요. 특별한 것이 아닌 한 과학자들 사이에서는 부탁받으면 들어주는 것이 원칙적인 모럴입니다. 물론, 어디까지나 원칙이어서, 같은 분야의 경쟁 상대에게는 주길 꺼리거나 싫어하는 사람에게는 주지 않지요. 과학자의 세계에도 인간적인 끈끈함이 통합니다."

| 노하우는 어떤가요? 제한효소를 만드는 정보는 대체로 가르쳐줍니까?

"가르쳐줍니다. 기본적으로 논문도 있고, 그것으로도 알 수 없는 것은 문의하면 됩니다. 경우에 따라서는 그 연구자가 있는 곳으로 가서 직접 가르침을 청하기도 하지요. 미발표 연구에 대해서는 안 되는 경우도 있지만, 이미 발표한 것에 대해서는 서로 가르쳐주는 것이 기본적 룰입니다. 그러나 그것도 최근처럼 기업 연구자가 이 세계에 계속 들어오면서 사정이 많이 바뀌었어요. 기업 연구자는 우리에게서 계속 정보를 빼내가면서 자신들의 연구는 기업 비밀이라며 내어놓지 않아요. 그런 일방통행이 늘어 최근에 문제가 되었습니다."

| 그러면 거꾸로 기업 연구자에게는 공짜로 가르쳐주지 말고 돈을 받든지 하면 되지 않습니까?

"최근 점점 그렇게 되고 있습니다. 그래서 어지간한 연구 성과가 나오면 모두 곧바로 특허를 받으려고 하지요. 우리가 젊었을 시절엔 생물학은 돈이 되지 않는 학문이라고들 했으나 지금은 모두 특허, 특허

지요."

| 특허라는 게 실험 방법에 대해서도 성립하나요?

"그렇지요. 예를 들면 유전자공학의 가장 기본이자 기초 기술인 유
전자 재조합 같은 게 있지요. 이 기술은 스탠퍼드 대학의 코언과 보이
어가 개발했는데[3] 특허로 등록돼 있습니다. 그 기술을 이용하는 바이
오산업은 모두 스탠퍼드 대학에 로열티를 지불하고 있어요."

| 과학 세계도 상당히 각박해졌군요.

"오해하지 말기를 바라는 마음에서 얘기하자면, 특허는 과학 연구
자체와는 아무 관계도 없습니다. 특허는 기술을 영리 목적으로 사용
할 때만 문제가 됩니다. 우리가 그냥 연구하는 데에는 보통 장애가 되
지 않고, 과학자들끼리는 서로 무료로 기술을 가르쳐줍니다."

| 기본 정보는 논문에 있다고 해도, 그런 것은 역시 자세하게 들어가면 여러 노
하우가 있겠지요. 제한효소도 논문을 읽기만 하면 아무나 만들 수 있는 것은
아니겠지요?

"그렇지요. 논문에 있는 것은 정말 뼈대뿐입니다. 그것만으로는 알
수 없는 게 엄청 많아요. 예컨대 제한효소로 DNA를 자를 때는 먼저
바탕이 되는 DNA를 긴 상태 그대로 추출해야 합니다. 그런데 DNA
는 가늘고 긴 실과 같아서 너무 쉽게 끊어집니다. 무작위로 자를 경우

에는 처음부터 어떻게 잘라내든 상관없겠지만, 제한효소로 특정 부위를 가지런한 조각으로 잘라야 할 경우에는 DNA를 처음부터 엉뚱한 데를 잘라서는 곤란합니다. 그래서 DNA를 그냥 통째로 들어내야 하지요.

이런 게 당시에는 어려웠습니다. 사소한 조작으로도 금방 끊어져버리니까요. 예를 들면, 피펫이라는 유리 스포이드 같은 도구가 있어요. 이것으로 빨아들이기만 해도 DNA는 금세 산산조각이 나버립니다. 또 한 가닥의 사슬single strand로 된 DNA는 유리벽에 달라붙기 쉬워요. 그래서 특히 미량의 한 가닥 사슬을 다룰 때는 피펫 안쪽에 왁스를 칠한 뒤에 하지 않으면 망치고 맙니다. 실험에는 이런 미세한 기술적 노하우가 무수히 필요한데, 논문에는 전혀 없는 것들이지요."

┃ 그러면 다른 사람의 논문을 읽고 그대로 따라서 하는 실험追試을 하려 해도 간단히 할 수 있는 건 아니군요.

"그런 경우도 흔히 있습니다. 특히 중요한 연구인데, 다른 사람이 금방 쫓아오면 곤란한 경우에는 중요한 포인트를 의도적으로 빼고 쓰기도 하지요. 그래서 다른 사람이 뒤따라 실험해도 실패하지요. 과학 세계도 경쟁이 치열해지면서 교활한 무리가 나오고 있어요."

┃ 그렇다면 세세한 실험의 노하우는 좀체 알 수 없겠습니다.

"빨리 알고 싶으면, 어느 연구실에나 랩 노트라는 것이 있는데, 랩

쿡북cookbook이라고도 합니다만, 거기에 방법이 자세히 나와 있어요. 이대로 하면 절대 실패하지 않는다는 세세한 노하우까지 전부 적혀 있지요. 그것을 보면 됩니다."

| **외부 인사에게는 보여주지 않겠지요?**

"보통은 그렇지요. 하지만 그 연구실에 친구가 있다면 보여줄 가능성이 있어요. 그래서 사람들 연줄이 중요합니다. 그런 점에서 하버드나 MIT 같은 명문대를 나온 학생들은 연줄이 넓으니까 아주 유리하지요. 하지만 저처럼 샌디에이고의 시골에서 온 사람들은 연줄이 적으니까 힘든 면이 있습니다."

| **그래도 소크연구소의 둘베코 연구실에 있었는데, 인맥 만들기에는 큰 도움이 되지 않았나요?**

"그렇지요. 내 경우는 그게 아주 큰 도움이 됐지요. 지금은 바젤에 오래 머물다 보니 유럽에도 많은 지인이 생겼습니다. 전 세계에 친구들이 있으니까 웬만한 것을 아는 데는 고생하지 않아도 됩니다. 게다가 업적을 내서 유명해지면 모르는 사람에게 부탁해도 '저 사람이라면' 하고 가르쳐줍니다.

당시에는 일개 무명의 연구자였으니까 그런 이점도 없었고, 결국 스스로 하나하나 시행착오를 되풀이하면서 내 나름의 노하우를 쌓아가는 수밖에 없었지요. 따라서 무엇을 하든 엄청 시간이 걸렸습니다. 제한효소는 세균 배양부터 시작해서 생화학적 조작을 거듭하면서 극미량의 물질을 추출하는 겁니다. 그런데 이번 실험에서는 대량의 DNA를 흘려서 전기영동을 해야 하니까 제한효소도 대량으로 필요해요. 대단한 작업량이었습니다. 또 제대로 추출했는지 아닌지를 모르니까 테스트하기 위해 네이선스처럼 SV40 바이러스를 잘라보고 같은 결과가 나오는지 아닌지도 조사해봐야 합니다.

그 무렵 일본의 와타나베 이타루 교수 쪽에서 대학원을 갓 나온 호즈미 노부미치穗積信道 군(당시 마운트사이나이 병원 연구소 주임연구원, 토론토 대학 의학부 준교수)이 연구생으로 내 연구실에 와 있어서 그 실험을 함께 해보지 않겠느냐고 꾀었습니다. 그도 젊고 열심히 일하는 타입이라 우리 둘은 매일 쉬지 않고 일했어요. 그럼에도 제한효소 하나를 만드는 데에만 1개월 정도 걸렸어요."

노바디에서 썸바디로

| 실험 자체에 들어가기 전에 그런 준비가 중요하군요?

"DNA라 해도 미엘로마의 DNA는 전부터 정제하고 있었지만, 이번에는 도중에 잘리지 않은 긴 것이 필요해서 그것도 전부 다시 했어요. 이번에 처음 쓰게 된 쥐 태아의 DNA는 어떻게 채취하면 좋을지 몰라

몇 번이나 실패를 거듭한 끝에 겨우 채취할 수 있었지요."

| 태아에서 채취한다면 임신 중인 암컷 쥐의 배를 갈라 채취합니까?

"그런 거지요."

| 그러면 실패할 때마다 많은 쥐를 죽여야 했겠군요.

"몇백 마리를 죽였는지 셀 수도 없습니다. 그럴 수밖에 없는 것이,
1회분에 몇십 마리씩 필요해요. 쥐의 태아는 이렇게 작아요(새끼손가락
끝의 몇 분의 1). 가능한 한 발생 초기 단계의 태아를 사용하려고 하니까,
수정 뒤 12, 13일째의 것을 쓰지요. 이런 작은 투명한 몸체에 아주 작
은 눈이나 꼬리가 붙어 있어요. 그런 것을 20~30마리나 배를 갈라 들
어내서 페스토이라는 믹서 같은 기계에 솔루션(용액)과 함께 넣어 모터
를 윙 하고 돌리면 눈알도 꼬리도 어디론가 날아가고 세포가 모두 산
산조각 납니다. 불그스름한 오렌지색 액체가 되지요."

| 잔혹하네요.

"잔혹합니다. 과학을 위해서가 아니라면 도저히 할 수 없는 일이지
요. 쥐를 죽이는 건 이전에도 미엘로마 감염 쥐의 DNA를 추출할 때
부터 했는데, 처음 죽였을 때는 기분이 좋지 않았어요. 그때까지는 박
테리오파지나 바이러스 같은 것만 사용했기 때문이었지요. 그런 것에
는 아무 감정도 없었지만, 역시 쥐가 되니 죽이는 데 저항감이 들었어

요. 그런데 이것 또한 인간의 무서운 면이겠지만, 처음엔 그렇게 저항감이 들었는데 그러면서도 죽이는 데 익숙해지면 아무렇지도 않게 됩니다."

| DNA를 추출하는 데 또 몇 주일이 걸립니까?

"대충 1회분 추출하는 데 2주일 정도 걸렸어요."

| 하나하나의 시료 준비에 그만큼 시간이 걸리면, 실험 한 번에 반년이나 시간이 걸린다는 것도 무리가 아니군요.

"그러니 말이에요, 과학 연구라는 건 들이는 시간의 대부분이 육체노동이지요. 일반인들은 과학자는 오로지 머리를 쓴다고 생각할지도 모르겠지만, 적어도 우리 분야에서는 몸을 쓰는 시간이 더 깁니다."

| 특히 이 실험의 경우에는 대형 장치의 전기영동을 하니까 DNA나 제한효소를 대량으로 준비해야 하고, 보통 실험보다 훨씬 더 노동량이 많이 투입되었군요.

"그래서 나중에 '그건 영웅적인 일이었다'는 묘한 칭찬을 받기도 했어요. 보통은 너무 힘들어서 포기하는데, 무리인 줄 알면서도 잘해냈다는 식으로 해석들을 했습니다만, 지금 돌아보면, 그런 걸 해냈다니 하는 생각이 들 때가 있어요. 젊었으니까 가능했겠지요."

| 재료가 다 준비되면 드디어 실험에 들어가는군요. 결과는 어땠습니까?

"한마디로 얘기하자면, 쥐 태아의 DNA와 미엘로마 감염 쥐의 DNA 에서는 명백히 하이브리다이제이션의 패턴이 다르다는 걸 볼 수 있었 습니다. 만일 항체유전자에 재구성이 일어나지 않을 경우에는 두 개 의 DNA의 하이브리다이제이션 패턴이 완전히 똑같아야 하기 때문에 드라이어·베넷이 말한 대로 V유전자와 C유전자는 태아에서는 떨어 져 있고, 림프구의 분화와 함께 두 가지 유전자로 재구성돼 하나로 융 합한다고 해석했습니다.

다만 앞에서도 얘기했듯이 이 실험은 감도나 용량이 한계에 가까운 상태에서 했습니다. 따라서 세세한 부분에서는 그 직후에 다시 더 감 도가 높은 방법으로 행한 실험으로 수정된 점도 있습니다. 하지만, '재 구성이 일어난다'는 가장 중요한 결론에는 올바른 결과를 얻을 수 있 었습니다."

| 그렇군요. 태아 쥐와 미엘로마 쥐에서 하이브리다이제이션에 차이가 생기는 가, 생기지 않는가가 열쇠였군요. 유전자 재조합이 일어나지 않는다면 패턴이 똑같아야 하는데 달랐다. 하지만 교수님은 유전자 재조합 같은 건 일어나지 않을 거라고 생각했으니 그런 결과가 나오리라고는 예측하지 못했다….

"예측하지 못했지요. 태아 쥐에서도 미엘로마 쥐에서도 같은 패턴 이 나올 거라고 생각했지요."

| 그러면 그런 결과가 나왔을 때 많이 놀랐습니까?

"기억하고 있어요. 추운 겨울날이었는데 1월이었나 2월이었나, 그 날은 주말이어서 모두들 연구소에 안 오는 날이었지요. 그 무렵 나는 매일 오후 3시께 연구소에 나가 (다음 날) 아침까지 일하고, 그런 뒤 집으로 돌아가 점심때가 지나도록 잠을 자는 나날을 보냈습니다. 그래서 그 전날, 이미 실험은 마지막 단계에 와 있었지요. 프랙션 별로 추출된 DNA가 들어 있는 시험관이 몇백 개나 죽 늘어서 있었는데, 이제 하이브리다이제이션을 끝내고 하나하나의 시험관에서 하이브리드를 하지 않은 RNA를 씻어내고, 그다음에는 하이브리드를 해서 남겨진 RNA의 방사능을 조사(카운트)해보면 되는 참이었지요. 방사능 카운트는 감마선 카운터라는 기계가 있어서 거기에 시험관을 세트해두면 다음은 기계가 하나하나 카운트해서 그것을 죽 기록해주지요. 전날 밤 세트해두고 돌아갔다가 다음 날 아침 일찍 기록 용지를 보러 갔어요. 거기에는 시험관의 방사능 수치가 하나하나 숫자로 기록돼 있을 뿐인데요, 그것을 한 번 훑어보기만 했는데도 태아 쥐의 DNA와 미엘로마 쥐의 DNA에서 하이브리다이제이션의 패턴이 분명히 다르다는 사실을 읽어낼 수 있었어요. '허, 이거 정말이야?' 하고 생각했지요."

| '있을 수 없는 일이 일어났다' '내 눈이 의심스럽다', 뭐 이런 느낌이었습니까?

"그렇진 않았어요. 이미 얘기했지만, 그런 일은 없을 거라고 생각은 했어도, 마음 한편에선 어쩌면 그런 일이 있을지도 모른다고 생각했기 때문이지요. 그런 일이 벌어진다면 재미있는 일이고, 그렇게 되면 항체의 다양성 설명과도 연결될지 모르니까요. '이거 정말이야?' 하고 생각한 것과 동시에, '정말이라면 이런 좋은 일이 없을 것'이라고 생각했지요. 이런 멋진 얘기가 있을까 하고…."

| 이건 대발견이야라는?

"그렇게 과장할 일은 아닙니다. 어쨌거나 굉장히 재미있는 결과가 나왔구나 하는 느낌이었지요. 만일 예측한 대로 유전자 재조합이 일어나지 않은 결과가 나왔다면, 그것은 또 그것대로 하나의 발견이겠지만 상식대로의 결과니까 그다지 재미있어 할 일도 아니었겠지요. 과학자들에게는 자신이 예상한 대로의 결과가 나오는 것보다는 자신이 예상하지도 생각하지도 못한 상식 파괴의 결과가 나오는 쪽이 훨씬 더 재미있습니다. 상식에 맞지 않으면 않을수록 과학적으로는 더 큰 발견을 할 가능성을 품고 있으니까요."

| 그런데 그 실험 결과는 다른 해석의 여지가 없었습니까? 유전자 재조합 외에는 태아 DNA와 미엘로마 DNA의 하이브리다이제이션 패턴이 다른 결과를 다르게 설명할 순 없었습니까?

"중요한 질문입니다. 실은 좀 무리를 한다면 다른 해석이 불가능한 것도 아니지요. 예컨대, 종종 제한효소가 인식하는 DNA 부위에 돌연변이가 거듭 일어나서 그런 패턴의 차이가 생겼다는 등, 무리하면 가

능한 해석이 있겠지만 매끄럽게 해석하자면 누가 보더라도 유전자 재
조합이 일어났다는 게 솔직한 해석입니다."

| 그럼에도, 무리한 해석일지라도 그런 해석도 가능하다고 누가 주장하고 나서
면 난처해지겠군요.

"그렇습니다. 그래서 곧 추시追試(추가 시험)를 했지요. 역시 그런 큰 발
견일 가능성이 있는 결과가 나올 경우에는 그것이 정말 맞는지 여부
를 바로 추시해서 검증합니다. 여러 각도에서 몇 번이고 추시해보고,
이건 틀림없다고 판정되면 비로소 논문을 쓰지요.

추시할 때 좀 더 궁리하면 다른 해석이 가능해질 여지가 있는지 없
는지 확인할 수 있습니다. 예컨대 그다음 실험 때는 제한효소를 Bam
HI가 아니라 Eco RI를 썼습니다. 그랬더니 이건 Bam HI와는 다른 곳
에서 DNA를 자르기 때문에, 이걸로도 두 개의 DNA에서 패턴에 차
이가 있다는 결과가 나오게 되면, 앞에서도 얘기한 것과 같은 우연의
중복에 근거를 둔 해석은 가능성이 낮아지는 거지요."

| 결과는 어땠습니까?

"Bam HI의 경우와 마찬가지로 패턴에 차이가 났습니다. 따라서 이
건 역시 유전자 재조합이라고 생각하지 않을 수 없었지요. 그러고 나
서 제한효소는 바꾸지 않고 미엘로마 쪽을 다른 미엘로마로 바꿔서
해봤지요. 미엘로마에 감염되면 동일한 항체만 생산할 테니까요. 따

라서 다른 미엘로마에 걸린 쥐는 다른 항체만 만들지요. 다른 항체라면 C유전자는 같지만 V유전자는 다릅니다. 따라서 하이브리다이제이션의 패턴도 미엘로마를 바꾸면 바뀔 가능성을 예측할 수 있습니다. 실제로 그대로 됐습니다."

| 그렇게 되면 마침내 드라이어·베넷 가설이 옳다는 게 입증되는 것인가요?

"예. 그게 문제지요. 추시로 확실히 태아 쥐의 C유전자는 하나지만 V유전자는 복수로 존재한다는 사실을 알았습니다. 여기까지는 맞을 겁니다. 하지만 거기서 바로 드라이어·베넷 가설처럼 V유전자 수가 항체의 종류만큼 있다는 결론을 끌어낼 수 있느냐 하면 그렇게 되지 않아요. 앞에서도 얘기했듯이 항체의 종류는 엄청 많아서 그 가설로는 여러 불합리가 발생합니다. 그럼 도대체 어떻게 된 것인가, V유전자는 몇 개 있다, 항체의 다양성은 어떻게 발현되는 것인가 하는 의문은 여전히 풀리지 않고 남아 있다. 그리고 유전자 재조합이 일어난다는 점은 알았지만 그 메커니즘은 어떻게 돼 있는지 새로운 의문도 생긴다, 어떤 메커니즘이 가능한가 등, 생각해보니 여러 가능성이 떠올라요. 그중 어느 것이 옳은 것인가. 결국 그것을 발견한 덕택에 새로운 의문이 차례차례 솟아나게 됐지요. 즉 그 발견은 한 연구의 도달점임과 동시에 새로운 연구의 출발점이 된 것입니다."

| 결국 그 발견이 노벨상의 대상이 됐습니다만, 그때 이미 이건 노벨상급 발견

이라는 의식이 있었습니까?

"아뇨, 그런 건 없었어요. 왓슨 같은 이는 DNA 이중나선 구조를 발견하자마자 스스로 이건 노벨상감이라고 판단하고 '왜 노벨상위원회가 나를 찾아오지 않는 거야, 늑장 부리는 것 아니야'라며 불만스러워했다지만 제게는 그런 생각은 없었어요. 그것보다 저 개인적으로는 그 실험 결과만으로는 불만스러웠고, 그다음에 잇따라 새로운 의문이 꼬리를 물고 나와 '저것도 해보고 싶다, 이것도 해보고 싶다'고 생각했습니다. 주변에서는 '너는 이걸로 노벨상을 받을 거야'라는 사람이 꽤 있었지만 나는 실감이 나지 않았지요."

| 그 실험 결과는 언제 발표했습니까?

"그해(1976년) 여름에 콜드스프링하버Cold Spring Harbor연구소에서 항례의 심포지엄이 열렸습니다. 이미 얘기했지만, 그 연구소는 이중나선의 왓슨이 소장을 맡아, 미국만이 아니라 세계 분자생물학 연구의 메카인 곳이었어요. 거기에서 매년 여름에 열리는 심포지엄에서 연구발표를 하는 것이 세계 분자생물학 연구자에게는 최고의 영예였습니다. 거기에 초대돼 처음으로 발표했습니다."

| 초대됐다는 것은 교수님의 실험 결과가 정식 발표 전에 이미 미국에까지 알려졌다는 얘깁니까?

"그럴 만한 사정이 있었지요. 그해의 심포지엄 주제가 면역이었습

니다. 우리 연구소 소장인 야네는 세계적인 면역학자로 왓슨의 친구이기도 했지요. 그래서 그 심포지엄의 오프닝 토크도 그가 하게 돼 있었어요. 야네가 아마도 우리 연구소원이 중요한 것을 발견했다고 알렸겠지요. 심포지엄에 초청돼 마지막 연사로 발표했습니다. 그렇게 되니 뭔가 굉장한 발견이 있었다는 평판이 어느 샌가 퍼져 주목을 받게 되고 여러 사람이 들으러 왔지요."

| 긴장하셨나요?

"그럼요. 그때까지 저 같은 존재는 어디에 있는 말 뼈다귀인지도 모르는 일개 연구자에 지나지 않았어요. 그런 자가 세계적인 영광스러운 무대에 서는 것이었으니까요. 다만, 모두 알고 싶어 하는 것을 나만 알고 있고 그것을 모두에게 들려준다는 마음의 여유랄까, 득의의 기분이랄까, 그런 마음도 들었습니다. 어쨌든 세계의 면역학자가 계속 추구해온 큰 주제에 관한 발견이었으니까요.

얘기를 시작했는데, 그런 심포지엄은 발표자에게 할당된 시간이 한 사람당 10분인가 20분인가로 정해져 있습니다. 그 시간을 넘기면 중단되지요. 그러나 나는 이미 여러 추시까지 거듭해서 할 얘기가 산처럼 많았습니다. 정해진 시간 내에 도무지 다 얘기할 수 없었지만 정해진 시간이 끝나자 사회자가 중단시켰습니다. 그러니까 회장에서 듣고 있던 소장인 왓슨이 일어나 이건 중요한 발표이니 중단시키지 말고 끝까지 하게 하라고 말했습니다. 그래서 30분 정도 연장해서 얘기하고 질의응답도 했습니다."

| 반응은 어땠습니까?

"내 입으로 얘기하는 건 우습지만 솔직히 말해 반응이 컸습니다. 발표 전에는 어떤 자인지도 모르는 남자가 뭔가 큰 발견을 한 것 같다는 정도의 주목을 받았으나 발표하는 사이에, 이건 정말 재미있다고 생각하면서 모두 소리 하나 없이 외경의 마음으로 발표를 듣고 있다는 느낌이 내게 전해졌어요. 와, 그렇게 기분이 좋았던 적이 없습니다. 마치고 나니 엄청난 박수갈채가 쏟아졌습니다. 단에서 내려오니 바로 야네와 왓슨이 제게 다가와 '축하하네', '최고의 발표였네'라며 칭찬해줬습니다."

| 왓슨은 그전부터 알고 있었습니까?

"개인적으로는 거의 몰랐어요. 그때까지 그 사람은 구름 위의 사람이었지요. 그런 사람이 그렇게 칭찬해주니 정말 기뻤지요. 이로써 나도 '노바디'에서 '썸바디'가 됐다는 생각이 들었습니다."

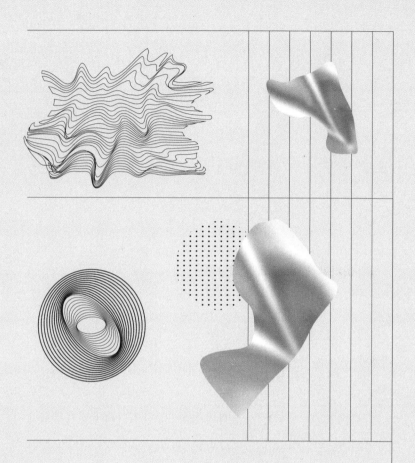

제7장

또 하나의 대발견

뇌의 미지의 메커니즘 해명 가능성

도네가와 교수의 발견은 생식세포(수정란)에서 체세포(개체)에 이르는 과정에서 유전자의 재조합이 일어나는 것이 틀림없다는 사실을 의미했다.

이 발견은 그때까지 분자생물학의 상식이었던 하나의 유전자에 하나의 폴리펩티드one gene-one polypeptide(일유전자-일단백질)라는 생각을 뒤엎었고, 동시에 생식세포가 체세포가 되는 발생분화 과정에서 유전정보는 바뀌지 않는다는 원칙도 무너뜨렸기 때문에 분자생물학계에 센세이션을 불러일으켰다.

"당시엔 이것이 어쩌면 대단히 큰 유전정보 발현 메커니즘의 발견이 아닐까 하는 생각들을 했지요. '항체유전자만이 아니라 여러 유전자에서 같은 일이 벌어지고 있지는 않을까', '이건 매우 일반성이 있는 원리의 발견이 아닐까' 하는 생각들을 했습니다. 그래서 전 세계의 여러 학자가 대거 같은 수법을 사용해서 여러 유전자 연구에 착수했지요. 나는 전해 들을 뿐이어서 모든 정보를 파악하진 못했지만, 많이들 그렇게 한 것 같아요."

| 그때 그 과학자들도 교수님에게 자신도 같은 방법으로 해보고 싶으니 가르쳐 달라고 했습니까?

"앞서 얘기했듯이, 내 실험은 아이디어만이 승부를 거는 실험이지 시료든, 시약이든, 기법이든 특별한 무엇을 사용하진 않았습니다. 쫓아오려고 마음만 먹으면 아무나 간단히 쫓아올 수 있었어요. 콜럼버스의 달걀과 마찬가지로 아이디어만 알면 누구라도 흉내 낼 수 있는 부류의 것입니다. 맨 먼저 한 우리는 많은 시행착오를 거듭했지만 뒤에 오는 이는 그런 고생을 할 필요가 없지요. 논문을 읽어보면 이렇게 하면 된다고 분명하게 적혀 있어요. 게다가, 앞에서도 말했듯이, 이런 실험의 뛰어난 개량법인 서던블로팅법이 발견된 바로 그 시기였기 때문에, 모두들 각자 연구해온 유전자에 그 방법을 응용하면 각각의 유전자가 재구성되는지 여부를 조사하는 것은 일주일 만에라도 할 수 있었어요."

| 결과는 어땠나요?

"잇따라 네거티브였습니다. 따라서 그것은 일반적으로 일어나는 현상은 아닌 것으로 굳어졌지요."

| 항체유전자에서만 일어나는 현상인가요?

"아뇨. 그것만 그런 게 아닙니다. 1년도 지나지 않은 기간에 고등동물은 아니지만 유전자 재조합이 일어나는 계系가 몇 개인가 발견됐습니다. 하나는 원생동물protozoa에 기생하는 단세포 미생물입니다. 이런 기생 미생물에 대해서도 숙주 동물의 면역계는 항체를 만들어 배제하려고 합니다. 항원항체반응을 자세하게 얘기하면, 단백질과 단백질의 결합인 거지요. 항체는 항원의 세포 표면에 있는 단백질과 결합함으로써 작용합니다. 그런데 원생동물은 동물에게 감염된 뒤에 항원단백질을 계속 바꿉니다. 그래서 면역계로부터 배제당하지 않고 계속 기생할 수 있지요. 기묘한 미생물입니다. 그 유전자를 조사하니 역시 유전자 재조합이 계속 일어난다는 사실을 알아냈지요."

| 면역계가 유전자 재조합으로 계속 새로운 항체를 만들어갈 때 미생물 쪽에서도 유전자 재조합으로 계속 자신을 변화시켜 도망가는군요. 다람쥐 쳇바퀴돌듯 말이지요. 그 밖에 또 어땠습니까?

"일종의 효모나 박테리아 가운데서도 재조합을 일으키는 유전자가 몇 개 발견됐습니다."

| 고등동물에서는 면역계 이외에 발견된 건 없습니까?

"지금까지는 발견되지 않았습니다."

| 더 있을 것 같은데 아직 발견되지 않았다는 말씀인가요, 아니면 면역계 외에

는 없을 것 같다는 말씀인가요?

"어느 쪽이라고 단정할 수 없습니다. 고등동물의 유전자는 앞에서
도 얘기했지만, 아직 몇 퍼센트밖에 조사돼 있지 않습니다. 따라서 앞
으로 발견될지도 모르지요."

| 만일 고등동물의 면역계와 하등동물만 그렇다면, 이는 면역계의 기원이 진화

론적으로 대단히 원시적인primitive 쪽에 있다는 말이 됩니까?

"그런 건 아닙니다. 면역계는 상당히 고등한 시스템입니다. 척추동
물이 등장하면서 비로소 생겨났으니까, 진화론적으로는 새로운 것이
지요."

| 그렇지만 지렁이에도 면역계라고까지 말하진 않지만 이물질의 침입에 대항

하는 일종의 면역반응이 있다고 하고, 진주조개에 이물질이 들어가면 진주가

만들어지는 것도 면역반응의 원형과 같은 작용에 따른 것이라고 설명하고 있

습니다만.

"하지만 그런 원시적인 반응은 모두 단순하지요. 유전자 재조합에
의한 다양성의 확보 같은 건 전혀 필요 없는 단순한 시스템이에요. 다

양한 이물질의 침입에 대해 그것을 개별적으로 배제해가기 위해 다양한 항체를 유전자 재조합으로 만드는 면역 시스템은 역시 진화적으로 대단히 앞선 고등동물만이 지닌 것이지요."

| 진화와 관련해 얘기하자면, 1976년의 콜드스프링하버의 심포지엄 발표를 정리한 논문에서 돌연변이나 유전자 재조합이라는 유전자의 다이내믹한 변화 능력이야말로 진화를 일으키는 요인이라고 말씀하셨지요. 돌연변이와 유전자 재조합이 없었다면 고차 생명체가 태어나지도 않았을 거라고….

"그것은 이미 분명해졌습니다. 유전자가 변화하지 않고 언제나 같은 유전자의 자기복제만 한다면 아무리 세월이 흘러도 같은 것밖에 만들 수 없겠지요. 돌연변이나 유전자 재조합으로 새로운 유전자가 차례차례 만들어지기 때문에 비로소 생명체는 계속 다양해지고 그것을 토대로 계속 진화하지요. 자연계에서는 생물의 세대가 바뀌고 자손이 새로 태어날 때마다 돌연변이도 유전자 재조합도 쉴 새 없이 일어나고 있습니다. 유성생물[1]의 어버이로부터 자식이 태어날 때 반드시 부모의 유전자가 재조합돼 자식의 유전자가 됩니다. 이 재조합으로 다양성이 생겨납니다. 또 그 재조합으로인해 어느 개체에 돌연변이로 생겨난 새로운 형질이 그 종 전체로 퍼져가게 되는 것이지요. 이런 식으로 유전자 재조합은 계통발생의 흐름 속에서는 일상적으로 일어날 수 있는 일이었으나, 그것이 면역계에서는 개체발생 중에도 일어난다는 사실을 알게 됐지요.[2] 이 발견의 의의가 여기에 있습니다."

| 그렇군요. 그러니까 개체 속에 진화와 같은 시스템이 있고, 그래서 면역항체의 다양성이 생겨난다는 말씀이로군요.

"간단히 얘기하면 그렇지요. 매우 급속한 진화가 일어나고 지극히 다양한 항체가 만들어진다, 그 속에서 그때그때 상황에 최적인, 이렇게 얘기하는 이유는 그때 침입해온 항원에 딱 맞는 것이라는 의미에서입니다만, 그런 항체가 선택되고 그것이 증식합니다. 바로 자연도태, 적자생존의 다윈적 진화론의 세계 바로 그거지요. 그래서 면역계를 다윈의 소우주라 부르기도 해요."

| 분자 레벨의 마이크로 세계에도 생물진화와 같은 시스템이 있었다는 점은 놀랍군요. 그러나 그런 시스템이 있기에 항체는 저토록 다양한 세계를 만들어냈겠지요. 즉 항체의 다양성은 진화가 낳은 생물 세계의 종 다양성에 필적한다고 봐도 되겠군요. 놀라운 일이네요.

"인체의 시스템 가운데 그만큼 복잡한 것은 뇌신경계 정도밖에 없다고 흔히들 얘기합니다."

| 앞서 얘기한 논문에도 그런 얘기가 있었지요. "야네는 면역계와 뇌신경계의 닮은 성질相似成을, 특히 지적했다"는 등.

"그렇지요. 그것은 그의 지론입니다. 하지만 당시 그가 지적한 그 양자의 유사성analogy은 매우 피상적superficial이긴 했지요. 양자 모두 네트워크 시스템이 돼 있다거나, 기억 능력이 있다거나, 그것을 통해

기능이 향상돼간다거나 하는 정도였지요.

그런데 재미있는 점은, 연구가 진행됨에 따라 면역계와 신경계의 유사성은 표면적인 것에 그치지 않고 더 실질적인 것이 아닌가 하는 얘기들이 최근 나오고 있습니다. 어떤 얘기냐면, 예컨대 이제까지 뇌 특유의 것이라고 했던 단백질이 몇 가지 있지요. 그것은 뇌 이외에는 어디에서도 발견되지 않았어요. 그런데 잘 조사해보니 면역계에도 있었어요. 림프구의 표면 단백질에 있다는 사실도 발견됐어요. 그와는 반대로 림프구의 표면에만 있는 것으로 생각되던 단백질이 뇌 속에서 발견됐다거나, 뇌하수체에서 만들어지는 호르몬의 일종이 실은 림프구에서 만들어지는 독특한 호르몬 형태의 물질과 같은 물질이라는 사실을 알게 되는 등, 면역계와 신경계는 물질 수준에서 닮은 점(상사성)이 있다는 사실을 알게 되었지요."

| 뇌에서 만들어지는 물질이 혈액을 타고 운반된다는 것과 같은 얘기 아닌가요?

"그렇진 않아요. 어느 것이나 각기 만들어집니다. 뇌는 뇌에서, 림프구는 림프구에서. 따라서 같거나 또는 비슷한 유전자가 제각각 쓰이고 있지요.

| 그리고 보니 신경계에서 뉴런(신경세포)과 뉴런 사이의 시냅스synapse(미소한 틈새)를 신경전달물질[3]이 흘러갈 때 그것을 인식해서 수용하는 리셉터receptor(수

용체)가 있네요(그림 1). 그 구조와 면역계에서 항체가 항원을 인식해서 붙잡는 리셉터의 구조는 매우 비슷하군요.

"면역계와 신경계가 여러 의미에서 닮았다는 사실을 점차 알게 됐지요. 지금은 양자의 경계 영역을 연구하는 신경면역학neuroimmunology 같은 학문까지 등장했지요. 그만큼 닮았다는 것은 우연이 아니라 두 시스템이 같은 기원을 갖고 있기 때문이 아니냐는 생각들을 하고 있어요."

| 하하, 재미있군요. 공통의 기원이란 진화 과정에서 그렇다는 말씀인가요?

"뇌의 조상에서 면역계가 분기해 나왔는지, 아니면 그 반대인지, 그 어느 쪽이든 공통의 조상이 있지 않았을까 하는 생각이 등장한 거지요. 진화의 흐름 속에서 뇌나 면역계, 어느 쪽이나 제대로 만들어진

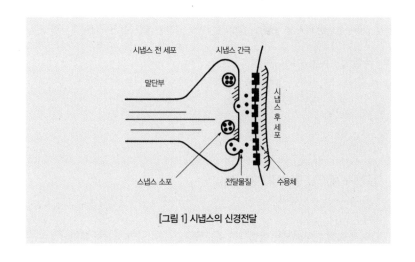

[그림 1] 시냅스의 신경전달

것은 척추동물이 등장하고 나서부터지요. 어느 쪽이나 고등동물일수록 더 발달했어요. 방금 얘기했듯이 공통부분이 많다면 그 설도 결코 무시할 수만은 없지요. 만일 양자가 정말 공통 조상에서 나왔다면, 양쪽 시스템에 닮은 부분(상사 부분)이 좀 더 있지 않을까 하는 생각도 있어요. 면역계에서 얻은 지식을 토대로 뇌를 다시 보면 뇌의 미지의 메커니즘을 해명할 수 있을지도 모르겠습니다."

| 교수님이 노벨상을 받은 뒤 기자회견에서 향후 연구 방향에 관한 질문을 받았을 때, 뇌에 흥미가 있다고 하셔서 매우 다른 방향 쪽으로 관심을 두고 계시구나 생각했는데, 그런 배경이 있었군요. 그렇다면 면역계의 기억 시스템과 뇌의 기억 시스템이 같은 원리를 이용하고 있다는, 생각지도 못했던 발견 쪽으로 전개될 가능성도 있겠습니다.

"여러 생각을 하고는 있으나 뇌 연구는 방법론적으로 어려워서 이론 검증이 좀처럼 잘 안됩니다. 방법론적 돌파구가 없으면 뇌 연구는 더 나아갈 수 없습니다."

유전자 재조합 기술의 의미

| 역시 과학 연구에서는 방법론이 중요하군요. 교수님의 유전자 재조합 발견도

제한효소가 발견돼 DNA를 특정한 부위에서 절단할 수 있게 되면서 비로소 가능했기 때문이었습니다. 당시에는 그때까지 생각지도 못했던 방법론적 돌파구가 차례차례 나타나 분자생물학이 비약적으로 발전했던 시대였군요.

"무엇보다 컸던 것은, 인위적인 유전자 재조합으로 특정 유전자를 클로닝할 수 있게 된 점이지요. 그 덕에 하나하나의 유전자를 추출해서 개별적으로 직접 연구할 수 있게 됐지요."

| 폴 버그Paul Berg(1980년 노벨상 수상)가 세계에서 처음으로 유전자 재조합 실험에 성공한 때가 1972년입니다.

"그렇습니다. 하지만 폴 버그가 한 것은 SV40이라는 암 바이러스의 DNA와 람다파지의 DNA를 결합해서 하나의 재조합 DNA를 만드는 것까지였지요. DNA를 대장균 속에 넣어 증식시켜서 클론을 만드는 데까지는 가지 못했어요. 이것까지 할 수 있게 된 때는 1973년에 진행된 코언의 플라스미드⁴를 이용한 실험 때부터지요."

여기에서 화제가 되고 있는 유전자 재조합을 이용한 클로닝에 대해 약간의 해설을 붙이고자 한다.

앞서 얘기했듯이 제한효소는 DNA의 특정 염기배열을 인식해서 그곳을 제6장의 그림 1(198쪽 참조)처럼 자른다. 제한효소는 말하자면 DNA를 자르는 가위와 같다.

이와는 반대로 DNA 조각을 결합시키는 효소도 있다. DNA 리가

아제ligase라 불리는 효소인데, 그림에서처럼 제한효소로 절단된 DNA 조각이 많이 있는 곳에 이 효소를 작용시키면 조각들이 연결돼 원래 형태로 되돌아간다. 그렇지만 완전히 본래대로 되는 것은 아니다. DNA 리가아제는 조각이 원래 어떻게 돼 있었는지와는 상관없이 단지 절단면만 맞으면 접합시킨다. 따라서 DNA 조각이 늘어서는 순서는 원래 상태와 다르다.

같은 제한효소를 쓰면 반드시 같은 절단면을 만든다. 따라서 두 종류의 DNA를 각기 같은 제한효소로 자르고 이 조각을 뒤섞은 뒤 DNA 리가아제를 작용시키면 두 종류의 DNA가 하이브리드한 것이 만들어진다.

그냥 DNA를 잘라서 뒤섞으면 영문을 알 수 없는 하이브리드체體가 만들어질 뿐인데, 여기서 목적을 갖고 손을 대면 재미있는 물질이 만들어진다.

예를 들어 어느 특정 유전자를 제한효소로 잘라서 그것을 대장균의 DNA 속에 넣으면 대장균이 세포분열을 할 때마다 그 유전자도 동시에 불어난다. 나중에 그 유전자만을 분리·정제하면 그 유전자를 대량으로 입수할 수 있다. 이와 같이 해서 단일 유전자의 복제를 대량으로 만들어내는 방법을 클로닝이라고 한다.

이로써 유전자를 하나하나 개별적으로 추출해서 연구할 수 있게 됐다.

그때에도 단일 유전자를 추출할 수 없었던 것은 아니다. 할 수 있는 것도 있었다. 앞에서도 말했듯이 특정 유전자를 코드화하고 있는 RNA를 추출해서 방사능으로 표지한 뒤 DNA 조각에 섞어 하이브리드한 것을 추출하면 된다. 그러나 이렇게 추출한 DNA는 양이 너무 적어서 그것 자체에 여러 생화학적 조작을 가하면서 분석할 수 없다. 이런 분석을 하려면 아무래도 양이 어느 정도는 되어야 한다. 그때까지는 그만한 양을 도저히 확보할 수 없었다. 하나하나의 조작에 필요한 것은 DNA로 기껏 10~20마이크로그램(1마이크로그램은 1000분의 1 밀리그램) 정도인데, DNA 10마이크로그램 속에 들어 있는 유전자 수는 조를 넘어 경 단위가 된다. 단일 유전자를 그만한 분량으로 추출하는 건 그때까지 불가능했기 때문이다.

그러나 대장균[5]에 넣어 세포분열로 계속 불려서 클로닝하는 방법을 쓰면 경 단위의 유전자라도 간단히 만들 수 있다. 대장균은 조건을 갖춰주면 하룻밤에 100만 배 정도는 거뜬히 불어난다. 이틀이면 1조 배, 사흘이면 100경 배가 된다.

클로닝을 통해 시료로 쓸 유전자의 양을 확보할 수 있다면, 그것을 분석해서 염기배열을 직접 읽어내는 일도 가능하다.

그렇게 해서 유전자 클로닝은 하나하나의 유전자를 직접 분석의 대상으로 삼는 길을 열었고, 그 이후의 분자생물학 연구를 비약적으로 발전시키게 된다.

실은, 클로닝도 굉장히 어렵다. 대저 유전자를 대장균의 DNA 속에 넣는 게 간단하게 할 수 있는 일이 아니다. 대장균 DNA를 추출해서 제한효소로 자르고, 거기에 다른 DNA 조각을 섞은 뒤 DNA 리가아제로 연결하는 조작은 가능하지만, 어디까지나 시험관 속에서나 가능하지 살아 있는 세포 속에서는 불가능하다. 그런데 클로닝은 시험관 속에서 할 수 없다. 왜냐하면, 클로닝은 살아 있는 대장균의 분열증식 능력을 이용하기 때문에 세포가 살아 있지 않으면 안 된다. 어떻게 해서든 유전자를 살아 있는 세포 속에 직접 집어넣지 않으면 클로닝이 불가능하다.

여기서 등장한 것이 벡터[6]라고 불리는 유전자 운반꾼이다. 벡터로는 박테리오파지, 플라스미드 등이 사용된다. 박테리오파지는 앞에서도 등장했지만, 세균을 감염시키는 바이러스다. 제2장에서 설명했듯이 박테리오파지에는 두 종류가 있는데(64쪽 참조), 용원성溶原性 박테리오파지를 대장균에 감염시키면 그 DNA 속에 들어가 버린다. 말하자면 천연 유전자 재조합 능력을 지니고 있다. 그래서 제한효소와 DNA 리가아제를 이용해서 목표로 삼은 유전자를 파지 속에 미리 집어넣는다. 이 파지를 대장균에 감염시키면 목표했던 유전자는 파지라는 차를 타고 간단하게 대장균 DNA 속으로 들어간다.

플라스미드는 작은 고리모양의 DNA인데, 세균 사이를 떠돌아다니며 기생하는 성질이 있다. 병원성은 아니지만 일정한 유전형질(특수한 단백질을 생산하거나 균에 약제에 대한 내성을 갖게 하는 등)을 전달한다. 플라스미드 속에 역시 제한효소와 DNA 리가아제를 이용해서 목표로 삼은 유전자를 집어넣는다. 그러면 그것은 대장균 DNA 내부에 들어가진 않

지만 대장균에 기생하면서 대장균이 분열증식할 때마다 계속 불어난

다. 이런 벡터를 이용해 특정 유전자를 선택적으로 증식시킬 수도 있

게 되었다(그림 2).

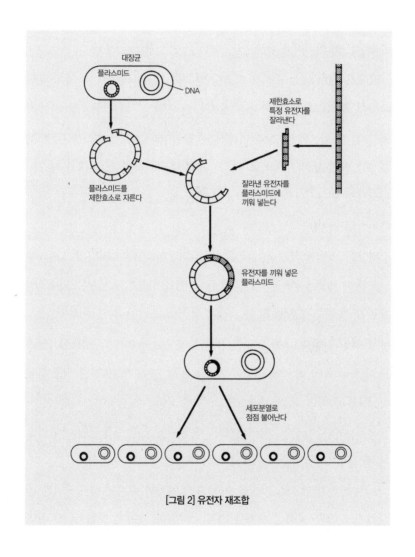

[그림 2] 유전자 재조합

당초 이 기술은 유전자 분석 등의 연구 목적으로만 사용됐으나, 지금은 산업적으로도 이용된다. 인슐린 등 중요한 단백질을 생산하는 유전자를 이 기술을 응용해서 대장균 속에 넣어두면 유전자가 계속 불어나 인슐린을 다량으로 생산할 수 있다. 이런 산업적 응용이 지금 다방면으로 추진되고 있다.

앞에서 나왔듯이, 유전자 재조합 연구를 최초로 한 사람이 스탠퍼드대학의 폴 버그다. 그가 연구 재료로 쓴 것은 SV40이라는 암 바이러스였다. 이 암 바이러스에 대해서는 도네가와 교수가 대학을 나와 처음 들어간 소크연구소의 둘베코가 세계적 권위자였다. 그래서 버그는 둘베코의 연구실에 1년간 '국내 유학'을 해서 SV40 취급 방법을 배웠다는 일화가 있다.

버그는 스탠퍼드로 돌아간 뒤 SV40의 DNA와 람다파지의 DNA를 연결해서 새로운 하이브리드 DNA를 만들어내는 세계 최초의 DNA 재조합 실험에 성공했다.

이 성공과 함께 그는 놀라운 가능성에 눈을 떴다. 그 재조합 DNA를 대장균 속에 넣으면 대장균 세포분열로 DNA가 계속 불어날 것이다. 그렇게 되면 암 바이러스도 계속 증식할 것이다. 이게 실험실 바깥으로 새어나가 암 바이러스가 든 대장균이 인간에게 감염되면 어떻게 될 것인가. 엄청난 바이오해저드[7]가 발생할지도 모른다.

이런 유전자 재조합 기술을 이용하면 이제까지 자연 상태에서는 존재하지 않았던 여러 유전자를 만들 수 있다. 지극히 강한 독성·전염성을 지닌 세균과 바이러스 등이 만들어질 가능성도 있다. 이처럼 무서운 가능성을 지닌 기술을 어떻게 다루면 안전성을 확보할 수 있을까. 이 방면을 연구하는 학자들이 모두 모여 안전성을 토의해서 대책을 마련할 때까지 잠시 실험을 자제해야 하지 않겠느냐고, 버그는 전 세계의 학자들에게 호소했다.

그 결과 1975년 2월에 캘리포니아의 아실로마에 세계 각국의 학자들이 모여 재조합 유전자의 안전 대책을 토론했다.[8] 회의를 거쳐 NIH가 1976년에 안전지침(가이드라인)을 만들었고[9], 그것을 전 세계가 답습함으로써 세계적으로 안전 대책이 확립됐다.

도네가와 교수의 연구는 바로 그런 시기에 행해졌다.

손으로 더듬던 연구에서 눈에 보이는 연구로

"전에도 말했지만, 나는 1976년의 실험 결과에 불만이 있었어요. 그 실험은 태아 쥐와 미엘로마 쥐의 항체유전자 RNA · DNA 하이브리다이제이션의 패턴 차이를 보는 방식으로 진행했지요. 패턴 차이로 태아에서는 C유전자와 V유전자가 떨어져 있고, 미엘로마에서는 양자가 같은 장소에 있다고 추정했습니다. 그렇다면 그들 사이에 분명히 유전자 재조합이 일어났다고 판단했지요. 이처럼 논리에 추정이 있는 간접 증명이었습니다. C유전자·V유전자를 직접 추출해서 '자, 태아에서는 이렇게 달라붙어 있어' 하고 보여준 게 아닙니다. 따라서 아무래도 다른 해석의 여지가 약간이나마 남아 있었어요.

이 점이 불만이었지요. 유전자 재조합이 일어난다는 사실은 알았는데, 그 메커니즘이 어떻게 돼 있는지는 몰랐기 때문입니다. 이론적 가능성으로는 그림 3과 같은 네 가능성을 생각할 수 있지만, 실제로 어떻게 돼 있을까 하는 (확인 불가능한) 문제도 있었어요. 재조합과 항체의 다양성 관계는 어떻게 돼 있을까 하는 생물학적으로 가장 중요한 문제도 남아 있었지요.

이런 일련의 문제를 풀기에는 하이브리다이제이션의 패턴 차이를 보는 간접적인 방법으로는 아무리 해도 결말이 나지 않아요. 직접 유전자를 조사하는 것 말고는 다른 방법이 없지요. DNA상에서 어느 유전자와 어느 유전자가 어떻게 늘어서 있는지를 직접 조사하지 않으면 그 이상은 알 수 없다고 생각했습니다. 결국 폴 버그 등이 개발한 방법을 써서 유전자 클로닝[10]을 하는 수밖에 없다고 1976년에 실험하면서 깨달았습니다. 실험 대부분은 판에 박힌 작업이라 손만 움직이면 됐으니까, 실험하는 동안 머리로 여러 생각을 했습니다."

| 유전자 재조합 기술로 클로닝을 할 수 있다는 점은 이미 알고 있었습니까?

"상당히 전부터 알고 있었습니다. 폴 버그는 그 연구를 하기 전에 둘베코 연구실에 와서 동물세포 배양 방법부터 공부했어요. 전에도

말했듯이, 그때까지의 분자생물학은 박테리아나 바이러스, 박테리오
파지 등의 원핵세포가 중심으로, 고등동물 세포(진핵세포)는 별로 연구
되지 않았지요. 연구하고 싶어도 고등동물 세포는 좀체 분열하지 않

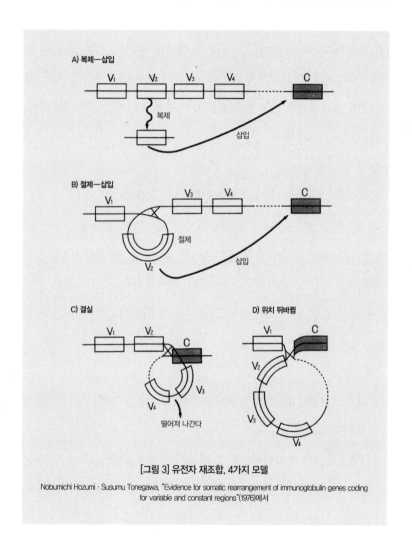

[그림 3] 유전자 재조합, 4가지 모델

Nobumichi Hozumi · Susumu Tonegawa, "Evidence for somatic rearrangement of immunoglobulin genes coding for variable and constant regions"(1976)에서

기 때문에 시료를 제대로 갖출 수 없다는 난점이 있습니다. 대장균
은 하룻밤 사이에 100만 번이나 분열하는데 동물세포는 한 번이나 두
번밖에 분열하지 않아요. 그래서 버그는 동물세포 DNA와 박테리오
파지의 하이브리드를 만들어서 대장균으로 불릴 수 있다면 동물세포
DNA를 빠른 속도로 늘릴 수 있고, 동물세포 연구도 박테리오파지 연
구와 같은 정도로 쉬워지지 않을까 싶어 그 연구를 시작한 겁니다. 그
가 그런 아이디어를 가지고 둘베코의 연구실에 와서 연구했다는 말을
나는 당시에 이미 알고 있었어요."

| 교수님이 둘베코의 연구실에 있었을 때와 시기가 겹치나요?

"약간 어긋났어요. 내가 들어갔을 때 그는 이미 없었지요. 하지만
내가 있던 캘리포니아 대학 샌디에이고 캠퍼스는 둘베코의 소크연구
소와는 길 하나를 사이에 둔 맞은편에 있어서 세미나 같은 것은 모두
들 마음대로 들으러 가는 관계였습니다. 이 덕분에 그런 정보가 자연
스레 들어왔지요."

| 그가 그 실험에 성공한 때가 1972년이니까, 그때는 교수님이 이미 바젤에 가
있을 때군요.

"그렇지요. 내가 있던 곳에 그 정보가 빠르게 전해진 듯해요. 논문
이 나오기 전에 알고 있었던 것 같습니다. 제한효소 정보도 그랬지만,
그런 새로운 정보는 둘베코의 연구실을 거쳐 금방 전해졌습니다."

| 아실로마 회의가 1975년이고, NIH의 가이드라인이 1976년이었지요. 따라서 그것은 당시 최신 기술이었군요?

"그런 셈이지요. 자랑을 좀 하자면, 둘베코가 나중에 내 연구를 칭찬하며, '도네가와는 그때 이용 가능한available 기술의 최첨단 일선에서 생물학적으로 남아 있는 주요 문제 가운데 무엇을 풀 수 있을 것 같은지를 찾아내는 재주가 뛰어났다'고 했습니다. 확실히 나는 그런 기술을 잘 활용해왔다고 생각해요. 당연한 얘기지만, 아무리 아이디어가 좋아도 기술이 없으면 절대로 실험할 수 없어요.

그런데 기술이 없어서 할 수 없다고 모두가 생각하는 연구에도 당시 이용 가능한 기술을 최대한 잘 활용하면 어떻게든 할 수 있는 미묘한 경계 영역이 있어요. 1976년 실험 같은 게 바로 그렇지요. 제한효소를 이용하는 것만으로도 가능하리라고는 아무도 생각하지 못했지요. 클로닝으로 항체의 다양성 비밀을 풀 수 있으리라는 생각을 대다수 사람은 아직 하지 못했지요."

| 이미 누구라도 이용 가능한 상태였지요?

"유전자 재조합의 기본 기술은 있었습니다. 원핵세포의 DNA에서는 이미 확립된 기술이었다고 해도 무방해요. 그러나 아직 여러 기술적 어려움이 있어서 고등동물의 진핵세포 DNA에서는 그리 잘되지 않았어요.

고등동물의 유전자에는 반복유전자와 유니크한 유전자 두 종류가 있어요. 반복유전자는 한 가닥의 DNA에 같은 배열이 몇 번이나 반복되는 유전자지요. 리보솜 유전자[11]나 히스톤 유전자[12] 등 이용 빈도가 높은 유전자는 같은 배열(복제)이 여러 번 반복돼요. 수만 번의 반복 배열도 있지요.

이에 비해 보통 유전자는 한 가닥 DNA 속에 같은 계열이 하나밖에 존재하지 않습니다. 클로닝은 같은 유전자를 계속 복제해서 불려가는 것이지만, 여기에는 그 바탕이 되는 순수한 유전자가 일정량 필요합니다. 이것을 먼저 DNA에서 추출해야 합니다. 반복유전자라면 몇 개라도 있으니까 DNA에서 비교적 간단하게 필요량을 추출할 수 있지요. 그러나 DNA 사슬당 한 개밖에 없는 유니크한 유전자를 추출하기란 힘든 일입니다. 30억 염기쌍의 DNA 가운데 단 하나밖에 없으니까, 1,000개의 염기를 지닌 유전자라면 300만 분의 1의 비율로만 존재하지요. 이런 걸 추출하는 일은 짚 더미에서 바늘 한 개를 찾는 것보다 어렵습니다. 그래서 그 당시에는 진핵세포에 대해서는 반복유전자의 클로닝밖에 할 수 없었어요. 유니크한 유전자의 클로닝은 많은 사람이 많은 유전자를 상대로 시도해봤지만 누구도 성공하지 못했지요."

| 그러면 교수님이 세계에서 가장 먼저 성공한 셈이 되나요?

"그렇습니다."

| 어떻게 성공할 수 있었습니까?

"인리치먼트enrichment를 했지요."

| 농축濃縮 말씀입니까?

"그렇지요. DNA 속에 한 개밖에 존재하지 않는 유니크한 유전자도, DNA의 그 유전자가 들어 있는 부분만 농축하면 여러 복제(반복 배열)가 있는 반복유전자와 마찬가지가 되지요. 300만 개의 DNA 조각에 한 개의 비율로밖에 존재하지 않는 유니크한 유전자라 하더라도, 특정 부분만 200배로 농축하면 1만 개에 하나 꼴로 반복유전자와 같은 비율이 되지 않겠습니까?"

| 그렇겠네요. 좋은 아이디어로군요. 당연히 그렇게 되겠습니다. 그런데 어떻게 농축할 수 있었습니까?

"하나는, 그때까지 연구에서 사용해오던 전기영동으로 DNA 조각을 흘려서 프랙션으로 나누고, 어느 프랙션에 목표로 삼은 DNA가 있는지 DNA·RNA 하이브리다이제이션으로 찾아내는 방법이지요. 이게 그대로 유전자의 농축이 됩니다. 프랙션이 20개로 나뉘고 그중 한 프랙션에 유니크한 유전자가 들어 있다면 그것만으로도 20배 농축하는 셈입니다."

| 과연 그렇기는 한데 그 정도의 농축으로는 충분하지 않겠지요?

"그다음에 R루프R-loop 형성법이라는 새로운 방법을 썼습니다."

| R루프는 무엇입니까?

"그 뒤의 연구와 계속 관련이 있는 기술이라 지금 설명하는 편이 좋겠군요. DNA는 보통은 이중 사슬이지만 가열하거나 어떤 종류의 염鹽을 가하면 한 가닥 사슬이 됩니다. 조건을 제거해서 본래대로 되돌리면 다시 본래의 이중 사슬로 돌아가지요. 두 가닥 사슬을 한 가닥 사슬로 만드는 것을 변성denature이라 하고, 한 가닥 사슬을 두 가닥 사슬로 되돌리는 것을 재생renature이라고 하지요. 각각 '자연 상태가 아닌 것으로 만든다', '자연 상태로 되돌린다'는 뜻이지요. 이런 조작을 할 때 DNA만이 아니라 RNA도 추가합니다. 재생할 때에는 어떤 특별한 조건을 설정하지요. 온도나 염 농도 같은 거지요. 그렇게 하면 그림 4처럼 DNA와 RNA가 서로 상보적인 부분이 동지로 결합하고 그곳만 원래대로 돌아가지 않는 현상이 일어납니다. DNA의 다른 부분은 원래대로 돌아가기 때문에 그 부분만은 고리(루프)가 돼 남게 되겠지요. 이것이 전자현미경으로 본 R루프(그림 5)입니다."

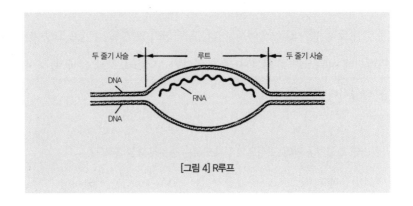

[그림 4] R루프

| 전자현미경으로 보면 이처럼 분명하게 보입니까?

"보이지요. DNA는 상당히 거대한 분자이기 때문에 전자현미경으로 몇만 배로 확대해서 보면 그 정도로 보입니다."

| DNA 자체가 이렇게 확실하게 형상까지 보일 줄은 몰랐습니다.

"형태를 알 수 있을 뿐만 아니라 염기의 수까지 어느 정도 추정할 수 있어요."

| 하나하나의 염기배열이 보이는 겁니까?

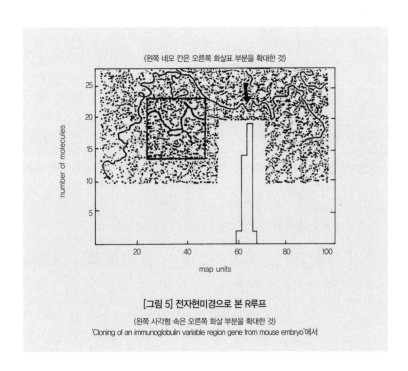

[그림 5] 전자현미경으로 본 R루프
(왼쪽 사각형 속은 오른쪽 화살 부분을 확대한 것)
'Cloning of an immunoglobulin variable region gene from mouse embryo'에서

"그것은 보이지 않아요. 하지만 어떤 다른 DNA 가운데 염기 수를 확실히 알고 있는 것이 있겠지요. 그것을 섞어놓습니다. 그리고 현미경의 같은 시야 속에 가져다 놓아요. 그러면 길이를 비교해서 그 부분은 염기의 길이가 어느 정도인지 알 수 있지요."

| 눈으로 본 비교니 대략적이겠습니다.

"전자현미경은 육안이 아니라 사진으로 봅니다. 그것을 크게 확대해서 제대로 자를 대서 비교하지요. 따라서 상당히 정확합니다. 몇 개의 RNA를 가지고 살펴보면 유전자의 지도를 그릴 수 있습니다. 끝에서 몇 번째 염기에 어떤 유전자가 있고, 거기에서 몇 염기 떨어진 곳에 다른 유전자가 있고…, 이런 식으로 유전자 지도를 그릴 수 있어요."

| 호오. 이건 대단한 기술입니다. 지금까지의 DNA·RNA 하이브리다이제이션 법이라면 양자가 하이브리드를 만든다는 점은 알았지만 어디에서 어떤 DNA와 RNA가 구체적으로 결합했는지 알 수 없었습니다. 이제는 그것을 현미경으로 볼 수 있게 된 것이군요. 이런 방법은 전부터 있었습니까?

"당시, 개발된 지 몇 개월밖에 되지 않은 방법이었어요. 스탠퍼드 대학에 있던 화이트와 데이비스라는 두 사람의 젊은 연구자가 알아낸 겁니다. 그 두 사람은 전자현미경 전문가로, 다른 것을 연구하다가 RNA와 DNA를 섞어 인큐베이트(항온기恒温器로 가열)했더니 R루프를 만

든 상태로 안정화한다는 사실을 발견했습니다.

나는 전부터 데이비스라는 사람을 주목하고 있었는데, 그는 이런 기법을 잘 개발해서 반년에 한 번 정도 내 연구실에 찾아와서는 최근 뭔가 재미있는 게 없는지 묻던 친구였어요. 스위스에 간 뒤에도 반년에 한 번 정도는 미국을 방문했기 때문에 미국에 도착하면 스탠퍼드에서는 데이비스, 어디에서는 누구, 이런 식으로 미리 눈여겨보던 사람들을 휘익 둘러보며 정보를 교환했지요. 그래서 R루프 얘기도 그전에 알았던 겁니다."

| 그때까지는, 굳이 얘기하자면, 눈에 보이지 않는 물질을 손으로 더듬어가며 연구했지만, 이로써 눈에 보이는 형태로 연구할 수 있게 되었군요. 그 차이가 크겠습니다.

"항체유전자 연구에도 엄청난 위력을 발휘할 정도였습니다. 그때까지의 연구로도 C유전자와 V유전자가 태아 쥐에서는 따로 떨어져 있고, 미엘로마 쥐에서는 함께 일체가 돼 있다는 사실을 알았지만, 이는 엄밀히 얘기하자면, 후자의 경우 C유전자와 V유전자가 결합해서 한 몸(일체)의 유전자가 됐는지 아닌지는 확실하지 않았어요. 그 당시에 확실히 얘기할 수 있었던 것은 제한효소로 자른 DNA 조각을 전기영동으로 분리했을 때, 같은 프랙션에 들어간 DNA 조각에 C유전자도 V유전자도 결합했다는 점뿐이었어요.

그런데 같은 프랙션에 들어 있다고 해서 그게 모두 동일한 조각인 것은 아니지요. 어쨌든 30억 염기쌍이나 되는 DNA를 자르는 것이니 어떤 효소로 자르더라도 수십만에서 수백만 개의 조각으로 잘리니까요. 이것을 겨우 50개 정도의 프랙션으로 나누는 것이니까 하나의 프랙션에는 수만 개의 다른 조각이 있는 셈이지요. 따라서 같은 프랙션 속에 있는 DNA와 하이브리드를 만들었다고 해도 같은 프랙션 속의 다른 DNA와 하이브리드를 만들었을지도 모르는 일입니다. 또 설사 그것이 같은 조각과 결합했다 하더라도 그때 C유전자와 V유전자가 결합해서 일체가 됐는지 아닌지도 잘 모르지요. 왜냐하면 제한효소로 자른 DNA 조각이라는 것은 하나하나가 분자량으로 수백만 개나 있어요. 그러나 C유전자나 V유전자의 분자량은 1만~2만 개지요. 따라서 C와 V는 같은 조각과 결합하더라도 분자량 100만 조각 속 여기저기를 갈갈이 흩어진 채 결합돼 있을지도 모르지요.

결국 그것만으로는 C유전자와 V유전자가 결합해 일체가 됐다고 단정할 수는 없었습니다. 물론 앞에서도 얘기했듯이, 조건을 여러 가지로 바꿔 추시를 거듭해간다면 같은 프랙션 내의 다른 DNA와 결합했을 가능성은 우선 부정할 수 있겠지만, 같은 조각의 조금 떨어진 부위에서 각기 따로 결합했을 가능성은 부정할 수 없지요."

| 그 점이 확실하지 않아서 계속 불만이 있었던 거로군요. 그럼 R루프 형성법을 사용하면 확실해진다는 말씀인가요?

"그렇습니다. C유전자만의 RNA, V유전자만의 RNA, 또는 CV 일

체의 RNA를 써서 루프를 만들어 전자현미경으로 들여다보면, C유전자와 V유전자가 결합해 있는지 떨어져 있는지, 떨어져 있다면 얼마나 떨어져 있는지 알 수 있지요."

| 그렇군요. 전자현미경으로 결합 여부를 직접 볼 수 있다면 토를 달 수 없겠네요. 의문의 여지없이 문제가 해결되는군요. 게다가 그 작업이 예의 제2의 대발견으로 이어졌습니다. '항체유전자는 일체가 아니라 몇 개의 부분으로 나뉘어 있다, 유전정보를 코드화하고 있는 배열 사이에 '개재介在배열'(275쪽 참조)이라 불리는 유전암호를 코드화하지 않은 염기배열이 있다는 점을 알게 됐다, 이것이 결국 항체유전자만이 아니라 고등동물세포(진핵세포)의 모든 DNA에 공통된다고 할 수 있다는 사실을 알았다'는 이른바 인트론Intron(개재배열)과 엑손Exon(유전암호를 코드화한 배열)의 발견이지요. 이 또한 노벨상급 발견이라 할 수 있지 않나요? 이번 수상 이유에는 이 성과도 들어 있습니까?

"아뇨, 들어 있지 않습니다. 이건 저 혼자 발견한 게 아니고 여러 연구자의 발견이 축적돼온 결과이기 때문에 누구의 업적이라고 결정하기 어렵습니다. 어쨌든 노벨위원회가 판단해서 누구의 업적인지 결정하겠지만, 이 문제는 치열한 경쟁이 벌어지는 분야라 대단히 어려울 거라 생각해요."

| 판단 여하에 따라서는 교수님이 또 한 번 노벨상을 받을 수도 있지 않습니까?

"글쎄요. 동물유전자의 인트론, 엑손의 발견이라는 점에서는 나중

에 얘기하겠지만, 확실히 우리 그룹이 빠르긴 했어요. 하지만 이보다 더 이전의 연구에서 이런 개재배열이 유전자에 존재하고, 유전자가 발현할 때는 그 부분을 건너뛰고 유전암호를 해독한다는 점을 암 바이러스의 한 계系에서 발견해낸 사람이 있어요(276쪽 참조). 이는 특별한 케이스를 발견한 것이었지만, 아이디어 면에서는 그쪽이 더 빨랐던 셈이지요."

시대의 요구에 대응할 수 없는 일본의 대학

| 이야기가 튀어버렸습니다만, 결국 R루프법을 도입해서 그만한 대발견으로 이어졌습니다. 이 방법을 도입한 이유는 항체생산세포의 DNA 속에서 정말로 C유전자와 V유전자가 일체가 돼 있는지 여부를 확인하고 싶었기 때문이라고 하셨습니다. 그때 어느 쪽일지 예측하고 있었는지요? 일체가 돼 있을 것이라고 생각했습니까, 아니면 떨어져 있지 않을까 하고 생각하셨나요?

"1976년의 실험을 하기 전, 유전자 재조합이 있을까 없을까를 예측했을 때와 같습니다. 그때도 상식적으로 그런 건 있을 리 없다고 생각했지만, 절대 없다고도 단정할 수 없었고, 어쩌면 있을지도 모른다, 있다면 터무니없는 일이라고 생각했지요. 그랬는데 정말로 있다는 결과가 나와 깜짝 놀랐지요.

그때와 마찬가지로 그 당시에는 연구 흐름에서 보면 당연히 일체가 돼 있겠다고 생각했지요. 하나의 유전자는 하나로 연결돼 있다는 게, 말하자면 상식이었으니까요. 하지만 그런 건 절대 없다고 단정할 수도 없었어요. 태아 쥐의 세포에서는 유전자가 C와 V로 나뉘어 계속 떨어져 있는 상태로 존재한다는 점이 분명해졌으니까, 무슨 일이 벌어져도 이상할 것 없다는 기분도 한편으로는 들었습니다. 그러나 적어도 그때까지의 연구로만 보면, 전기영동으로 DNA 조각이 나뉘고 같은 프랙션의 DNA에 어느 쪽 유전자든 결합한다는 점까지는 확인했기 때문에 우선 일체가 돼 있을 것이라고 예측했습니다."

| 그렇다면, 그것도 예측을 배반한 생각지도 못한 발견인 셈이로군요.

"이미 말했듯이, 예측대로라면 대발견은 할 수 없었겠지요. 예측이 배반당하면 당할수록 대발견으로 이어질 확률이 큽니다."

| 그런데 전혀 새로운 방법을 도입하려면, 전자현미경 조작법을 배워야 한다거나 여러 면에서 힘들겠지요.

"그런 일은 전문가에게 해달라고 합니다. 전자현미경은 아마추어가 조금 공부해서 조작할 수 있는 기기가 아닙니다. 여러 기술이 있어서, 저도 자세한 내용은 잘 모릅니다만, 음영을 넣는 법을 조금 공부하면 이제까지 보이지 않았던 것이 보인다거나 하지요. 솜씨가 있는 사람과 없는 사람의 차이가 엄청난 것 같습니다."

| 교수님 연구실에는 좋은 전문가들이 있었나요?

"크리스틴 블랙이라는 여성이 그 무렵의 논문에 이름을 함께 올렸습니다. 전자현미경 전문가입니다. 그녀는 정말 우수했는데, 그 뒤 일련의 연구는 그 솜씨 덕을 많이 봤습니다. 실은 R루프법에 대해 알게 되면서, 이건 전자현미경 솜씨가 좌우하겠다는 생각을 했기 때문에 그녀를 애써 바젤 대학의 생물학연구소에서 스카우트해 왔어요."

| 그 무렵부터 공동 연구자로 논문에 이름을 함께 올린 분들이 상당히 많았습니다.

"나중에 리타 슐러라는 여성이 이름을 함께 올렸습니다. 이 사람 또한 정말 우수한 기술을 지녔어요. 그리고 뭐랄까, 묘한 운을 타고 나서, 그녀가 손을 댄 프로젝트는 반드시 성공했지요. 전에 그녀가 일하던 곳의 보스가 그런 얘기를 하며 소개해주었는데, 정말로 그녀가 참가한 실험은 모두 잘됐어요.

그런데 본인은 진짜 욕심이 없는 사람이고 재미있는 인생철학을 갖고 있었지요. 자신은 언제나 능력의 80퍼센트만 발휘하며 살아가기로 했답니다. 가진 힘을 다 발휘하며 살아가는 건 잘못이라는 겁니다. 어떤 위기에 처하더라도 마지막 5퍼센트는 절대 사용하지 않고 남겨둔다고 합니다. 100퍼센트 전력을 기울이면 반드시 실패한다고 했어요. 매우 우수한 연구자로 당시 석사였는데, 꼭 박사 코스로 진학해 학자가 돼라고 했지만 그녀는 자신의 80퍼센트 이론을 실천해서, 그런 건 싫다며 결혼하고는 가정으로 들어가 버렸어요."

| 그 시기에 다양한 사람이 팀에 들어와 연구 체제가 대단히 커졌지요?

"역시 좋은 연구 성과를 내면 대접이 달라집니다. 1975년까지는 찰리나 호즈미 노부미치穂積信道 등과 별로 눈에 띄지 않은 형태로 연구소의 한 방에서 아등바등한다는 느낌이었습니다. 그런데 예의 실험에 성공한 뒤부터는 소장인 야네도 기뻐하며 '예산을 얼마든지 써도 좋다, 사람을 늘려도 된다'고 얘기했지요. 마지막에는 그 연구소 예산의 5분의 1을 우리 그룹이 쓰는 듯했습니다."

| 대단하군요. 성과에 따라 그토록 대접이 달라지는 겁니까?

"다르지요. 나는 그 연구소에 들어가 처음 3년 정도는 논문을 전혀 내지 못했습니다. 여러 번 시행착오만 했지 성과가 나오지 않았어요. 처음에 거기에 들어갈 때 2년을 계약했습니다. 2년째가 끝날 때 좀 더 연구를 계속하고 싶어서 1년만 계약을 연장해달라고 했지요. 그때는 야네도 흔쾌히 연장해주었지요. 그러나 다음 해 연말이 돼 1년만 더 연장해달라고 했더니 야네는 이젠 안 된다고 해요. 이미 1년 연장해주지 않았느냐, 더 이상은 안 된다고 했어요. 그의 입장에서 보면, 내가 무엇을 하고 있는지 전혀 알 수 없었을 테고 어디서 굴러먹던 말 뼈다귀인지도 모르는 작자였지만 둘베코가 추천했으니 받아주었을 뿐이었겠지요. 3년을 연구해보라고 했지만 아무 성과다운 성과가 안 나오

니, 더 놔둬도 나올 게 없겠다고 판단했겠지요."

| 그럼 정말 잘렸습니까?

"그렇습니다. 야네에게 '너를 여기에 둘 수 없다'는 얘기를 듣고 풀이 죽어 연구실에 돌아왔더니, 찰리가 '좋아, 내가 담판을 벌이겠어'라며 야네에게 얘기해주었지요. 찰리는 당시 내 연구를 도와주고 있었는데, 이제 좋은 지점까지 왔으며 이제부터 데이터가 계속 쏟아져 나올 것을 알았습니다. 전에도 얘기했듯이 야네는 찰리의 능력을 매우 높이 사고 있었어요. 그래서 찰리의 설득이 먹혀들었습니다. 1년만 더 연구소에 있어도 좋다는 허락을 받았습니다."

| 그때가 예의 하이브리드 형성 속도를 측정하는 것으로 항체유전자 수가 많은

    지 적은지를 알아보는 연구를 하고 있던 무렵이군요?

"다음 해에는 다행히 데이터가 마침내 나와서 어느 정도 논문도 낼 수 있었습니다. 그래서 또 연말에 연장을 부탁했더니 그 성과를 어느 정도 인정해서 2년 연장이 됐지요."

| 연구자의 신분이란 매우 불안정합니다.

"결국 연구자로서 어느 정도 능력이 있는가를 평가받는 게 관건입니다. 처음부터 능력을 인정받는 사람이라면 그런 자잘한 계약을 맺지 않습니다. 5년 계약을 하거나 영구직permanent 계약을 맺지요. 나는

2년, 1년, 2년을 연장받아 마지막 2년간 예의 항체유전자 재조합이 일어난다는 발견을 한 덕에 영구직 계약을 따낼 수 있었습니다."

| 과학자의 세계도 꽤나 고달프군요.

"쓸쓸하지요. 일본에서처럼 변변한 업적 없이도 한 번 조수가 되면 정년까지 계속 그 대학에 있을 수 있는 건 불가능합니다. 어제 들은 얘깁니다만, 내가 지금 있는 MIT에 응용생물학부가 있는데, 그 학부를 이번에 없앤다는군요. 옛날엔 식품과학부라는 이름이었는데요, MIT에서는 역사가 오래된 전통 있는 학부로, 교수가 30명 정도 돼요. 그 3분의 2 정도는 테뉴어tenure(종신직)라고 해서 이른바 영구직 교수입니다만, 이번에 학부와 함께 모두 없애버린다는 겁니다. 그 교수들도 다른 학부에서 받아주는 사람은 괜찮겠지만, 그렇지 못한 사람은 전부 목이 날아가지요. 테뉴어라 해도 여기서는 그런 대접을 받아요."

| 학부를 없애는 일이 흔히 있습니까?

"흔히 있는 일은 아닙니다만, 있어요. 일본의 대학과 미국의 대학을 비교하면 여러 차이가 있지만, 큰 차이 하나를 꼽자면 미국의 대학은 이런 변신이 빠르다는 점이 있지요. 시대의 변화에 대응해서 계속 자신을 변신시킵니다. 아무렇지도 않게 오랜 학부를 없애고 새로운 학부를 만듭니다.

일본은 거꾸로 한 번 설립된 학부는 누구도 없애지 않고 없앨 수도 없지요. 거기에다 새 학부를 만드는 건 거의 불가능합니다. 예컨대 일본에서 농업이 주요 산업이었을 때는 대다수 대학에서 농학부를 만들었지요. 그런데 농업을 하는 사람이 줄어든 지금도 대학의 농학부는 모두 남아 있어요. 동물학과나 식물학과 같은 것도 일부를 빼고는 옛모습 그대롭니다. 거기에 비해 지금 생물학의 주류는 분자생물학이 돼가고 있는데도 분자생물학부 같은 건 없어요. 미국에는 분자생물학부가 있는 대학이 많이 있습니다. 역시 학문은 그 시대가 요구하는 지식의 방향이 있어서 거기에 맞춰 그 알맹이가 시대와 함께 변해가는 것이지요. 대학도 거기에 맞춰 조직을 바꿔가지 않는다면 이상한 일이지요."

| 그렇습니다. 그렇게 하지 않으면 시대가 요구하는 지식 분야에 인재를 공급할 수 없게 되고, 사회 전체가 지적으로 뒤처지게 됩니다. 이렇게 대학 조직이 경직돼 있으니 일본의 지적 장래가 위태롭군요.

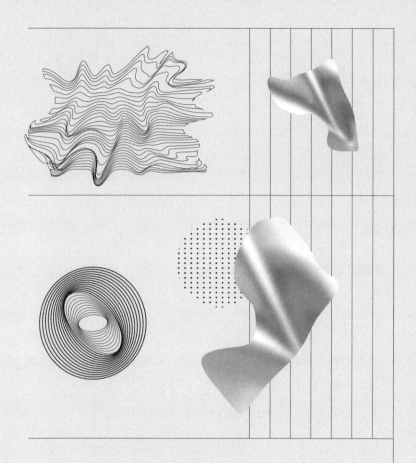

제8장

'생명의 신비'는
어디까지 풀 수 있을까

기묘한 염기배열

앞 장에서 얘기한 것을 다시 한 번 요약해보자.

도네가와 교수는 항체유전자 연구를 더 심화시키기 위해 이번에는 항체유전자의 클로닝에 착수했다.

클로닝이란 특정 유전자를 대량으로 복제하는 것이다.

유전자는 너무 작아서 당시에는 특정 유전자를 순수하게 분리해서 추출할 수 없었다. 따라서 그때까지의 연구법은 아무래도 간접적으로 할 수밖에 없어 격화소양隔靴搔瘍*의 감이 있었다.

그러다가 1970년대 중반에 인공적 유전자 재조합 기술이 개발돼 특정 유전자를 클로닝할 수 있게 됐다. 특정 유전자를 대장균에 집어넣

---

* 신발을 신고 발바닥을 긁는다는 뜻인데, 아무리 긁어도 시원할 리 없다.

어 대장균의 급속한 자연증식 능력을 이용해 증식하는 방법이다.

하지만 장대한 DNA 분자 가운데 엄밀하게 특정 유전자만을 추출하는 일은 매우 어려운 기술이다. 그래서 일반적으로는 숏건법[1]이라고 해서, 어느 정도 대략적으로 DNA 분자를 잘게 자른 뒤 전부 클로닝해버리는 방법을 썼다. 이렇게 하면 거기에는 DNA에 원래 포함돼 있던 모든 유전자의 클론이 다 들어 있게 된다. 이를 유전자 라이브러리라 부른다. 라이브러리가 만들어지면 그 어디에 목표로 삼는 유전자가 있는지 일련의 스크리닝[2] 조작으로 찾아낸다.

이런 수법을 활용해도 원래의 DNA 속에 하나밖에 없는 유니크한 유전자는 찾아내기가 매우 어렵다. 그래서 도네가와 교수 이전에는 진핵세포(동물세포 등 고등한 세포)의 하나밖에 없는 유전자를 누구도 클로닝한 적이 없었다. 도네가와 교수는 이것을 농축이라는 기술을 이용해서 비로소 할 수 있게 만들었다. 농축은 클로닝을 하기 전에 물리화학적인 수법을 이용해서 목표로 삼은 유전자를 포함한 DNA 조각의 농도를 높이는 기술이다.

이 기술의 일환으로 도네가와 교수가 이용한 방법이 R루프법이었다.

R루프에 대해서는 앞 장에서 설명했다(252쪽 참조). DNA의 두 가닥 사슬을 떼어놓고 거기에 특정 유전자의 RNA를 집어넣고 DNA의 대응 부위와 결합시킨다. 그것을 다시 두 가닥 사슬로 되돌리면 RNA가 이미 결합해 있는 부분만이 루프(고리) 모양이 돼 남는다. 이것을 전자현미경으로 관찰하면 DNA의 어디에 목표로 삼은 유전자가 있는지

알 수 있어, DNA 해석의 강력한 무기가 된다.

| R루프가 DNA 분석에 도움이 된 것은 알겠는데, 이것이 농축에 도움이 된다 니 어째서 그런가요?

"제1단계의 농축은 전기영동으로 했지요. 전기영동에서 흘려보내 면 DNA 조각들이 분자량의 크기에 따라 나뉘지요. 이것을 50개 정도 로 분획해서 DNA·RNA 하이브리다이제이션을 하도록 한 다음에 어 느 분획에 목표로 삼은 유전자가 들어 있는지를, 각각의 분획 일부가 RNA와 하이브리드를 만드는지의 여부로 결정하지요. 하지만 이 분 획에는 아직 다른 유전자가 무수히 있지요. 이것을 가능한 한 분리해 보고 싶은 거지요. 그러기 위해 다음에는 그 분획의 DNA를 추출해서 RNA를 섞어 R루프를 만들게 합니다. 이 DNA와 RNA 혼합물을 높은 염도의 물에 용해시켜 초원심분리기에 걸어요. 1분에 3만 5,000회 정 도의 속도로 이틀 동안 돌립니다."

| 이틀이나 돌립니까?

"대부분의 DNA는 이중 사슬 그대로지만 목표로 삼은 유전자가 있 는 DNA 조각은 그 일부에 R루프를 품고 있어서 아주 조금 비중이 커 져 있기 때문에 원심분리하면 대개 DNA에서 떨어져 나와요. 20개 정 도의 분획으로 나누어 어느 분획에 R루프를 품은 DNA(목표로 삼은 유전 자)가 들어 있는지를 살펴보는 겁니다. R루프가 만들어진 것과 그렇지 않은 것은 1세제곱센티미터마다 0.02그램 정도의 무게 차이가 있어요. 이 정도의 차이가 나는 것을 초원심분리기로 분리하는 겁니다."

| 그 분획만 추출하면 농축할 수 있게 되는군요. 그런데, 그걸로 어느 정도로 농축할 수 있습니까?

"전기영동과 초원심분리를 조합하면 대체로 360배 정도 농축할 수 있다고 봅니다."

| 그렇지만 원래 유니크 유전자는 모든 DNA 조각에 수만 분의 1 내지 수십만 분의 1의 확률로밖에 들어 있지 않은데, 그 정도의 농축으로는 부족할 텐데요?

"그렇습니다. 그다음은 클로닝을 한 뒤의 스크리닝[2]으로 가게 됩니다. 이것이 또 힘들지요. 재조합 유전자를 넣은 파지를 차례차례로 샬레schale(세균 배양 유리그릇)의 배지에 몇 장이고 심어갑니다. 이것을 배양하면 하나하나의 대장균이 증식해서 플라크plaque라 불리는 원반형의 집단을 만듭니다. 배지 위에 많은 플라크가 얼룩 반점 상태로 나타나지요. 이 어딘가에 목표로 삼은 유전자 클론이 모여 있습니다. 이것을 조사하기 위해 다시 RNA · DNA 하이브리다이제이션을 이용하지요(그림 1). 방사능으로 표지한 RNA를 프로브를 이용해서 그것이 어느 플라크 속의 DNA와 결합하는지를 조사하는 겁니다. 이때 RNA의 순도가 낮으면 목표로 삼은 유전자 이외의 DNA와도 결합해버리므로 여러

방법을 써서 대상을 좁혀갑니다.

우리가 처음에 했을 때는 대체로 6,000개 정도의 플라크가 나왔는데, 이것을 최초의 스크리닝에서 38개 정도로 좁히고, 다시 다른 수법

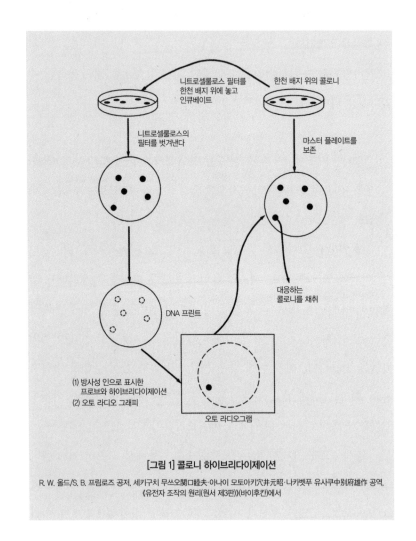

[그림 1] 콜로니 하이브리다이제이션

R. W. 올드/S. B. 프림로즈 공저, 세키구치 무쓰오関口睦夫·아나이 모토아키穴井元昭·나키벳푸 유사쿠中別府雄作 공역,
《유전자 조작의 원리(원서 제3판)》(바이후칸)에서

을 이용해서 최종적으로 한 개로 좁혀가는 겁니다."

| 듣고 보니 이것 또한 대단한 작업이로군요.

"설명을 상당히 생략한 겁니다. 실제로는 더 세세한 단계가 많이 있어요. 거기에다 같은 일을 V유전자, C유전자 각각 단독으로 해야만 하고, 람다사슬에 대해서도 해야 하지요. H사슬에 대해서도 해야 하니, 지금 생각해도 '용케 해냈구나' 할 정도로 매일매일 일을 계속했습니다."

| 유전자 재조합을 하는 건 교수님도 처음이었겠군요. 게다가 대상은 세계에서 아직 누구도 손대지 못했던 진핵세포의 유니크한 유전자라면 기술적으로 어려운 일이 굉장히 많았을 텐데요, 역시 시행착오의 연속이었습니까?

"한 가지 도움이 됐던 건, 그 무렵 바젤 대학에 베르너 아르버[3]라는, 제한효소 연구로 나중에 노벨상을 받은 사람이 있어서, 그 사람을 중심으로 유전자 재조합 공부 모임을 했던 일입니다. 수는 적었으나 우수한 사람들이 함께해서 큰 도움이 됐어요. 기술적인 정보 교환을 하면서 바로 그 무렵에 미국에서 유전자 재조합 안전성 문제가 제기돼 가이드라인을 만드는 회의가 열리기도 했지요(245쪽 참조). 스위스에서도 그것을 어떻게 할지 논의하기도 했습니다."

| 스위스에서도 가이드라인을 만들었나요?

"결국 우리의 결론은, 미국 기준으로 하자는 것이었어요. 그래서 벡터(유전자 운반꾼)든 뭐든 우리가 사용한 것은 전부 NIH가 안전성을 인정한 것입니다. 내가 노벨상을 받은 뒤 '도네가와의 실험이 성공한 것은 당시 미국에서 유전자 재조합 규제가 엄격했는데, 그는 스위스에 있었던 덕분에 그 규제에 걸리지 않고 자유롭게 할 수 있었기 때문이다'라고 말하는 사람도 있었지요. 하지만 그 말은 사실과 다릅니다. 우리는 미국과 완전히 같은 가이드라인으로 했어요."

| 벡터로 무엇을 썼습니까?

"람다파지를 썼지요. 그게 또 내게는 행운이었습니다. 전에도 말했지만, 람다파지는 내가 대학원 때 줄곧 연구했던 것입니다. 그 연구

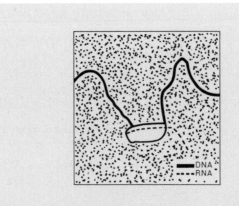

[그림 2] R루프의 확대도

Cloning of an immunoglobulin variable region gene from mouse embryo에서 변용

자체는 대단한 게 아니었지만 그때 한 연구가 기술적으로는 크게 도움이 됐습니다."

| 처음엔 어떤 유전자를 클로닝했습니까?

"태아 쥐의 V유전자를 클로닝했지요. 그리고 항체유전자 전체(C+V)에 대응하는 RNA와 R루프를 만들게 해서 전자현미경으로 살펴보니 RNA는 절반 정도만 DNA와 결합했고 나머지 절반은 밖으로 비어져 나와 꼬리처럼 돼 있었어요(그림 2)."

| 달라붙은 곳이 V유전자에 대응하는 부분이고, 비어져 나온 곳이 C유전자에 대응하는 부분이군요.

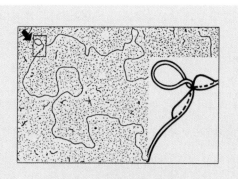

[그림 3] 전자현미경으로 본 트리플 루프와 확대도

Variable and constant parts of the immunoglobulin light chain gene of a mouse myeloma cell are
1250 nontranslated bases apart (gene cloning/ R-loop mapping/ RNA splicing)
-CHRISTINE BARCK AND SUSUMU TONEGAWA에서 변용

"그렇습니다. 그래서 태아 쥐에서는 V유전자와 C유전자가 떨어져 있는 것을 확실히 확인할 수 있었습니다. 그래서 다음에 미엘로마 쥐의 항체 L사슬 유전자를 클로닝했지요."

| 그쪽은 항체를 생산하는 세포니까 당연히 V와 C가 달라붙어 하나의 유전자로 돼 있었겠군요?

"그래야 맞는데, 실제로 클로닝해서 R루프를 만들게 했더니 의외의 결과가 나왔습니다. 그림 3과 같은 트리플 루프가 만들어졌어요."

| 호오, 이상한 일이군요. 이건 무엇입니까?

"이건 결국 C와 V가 떨어져 있고 그 사이에 관계가 없는 염기배열이 끼어들어가 있다는 뜻이지요. RNA는 관계없는 염기배열을 건너뛰어 C의 부분 및 V의 부분과 결합했어요. 건너뛴 부분의 염기배열은 이중 사슬 그대로 루프가 돼서 남은 거지요."

| C와 V가 달라붙어 있어야 하는데 실제로는 떨어져 있었다는 말씀이군요. C와 V 사이에 해독되지 않고 건너뛰어 버린 기묘한 염기배열이 존재한다는 사실을 발견한 것이, 곧 인트론의 발견이 되는군요?

"그런 셈이지요. 인트론이라는 이름을 붙인 건 좀 더 나중의 일이지만, 발견한 것은 그때입니다."

인트론에 대해서는 이미 약간 설명했지만, 여기서도 한 차례 설명을 덧붙인다.

그때까지의 유전자 연구는 오로지 박테리아 등 원핵세포를 재료로 삼았다. DNA, RNA의 구조와 기능이라면 원핵세포든 진핵세포든 다를 바 없다고 생각하고 있었다. 기본적으로는 그대로지만, 연구가 진행됨에 따라 원핵세포의 유전자와 진핵세포의 유전자는 서로 큰 차이가 있다는 사실을 알았다.

가장 큰 차이가 여기에 나온 인트론이라는 개재배열의 존재였다. 원핵세포의 유전자는 하나로 연결돼 있는데 비해, 진핵세포의 유전자는 몇 개의 유닛unit으로 나뉘어 있고 그 사이에 무의미한 개재배열이 연결돼 있었다. 무의미하다는 건 그 배열이 단백질로 번역되지 않는다는 말이다.

앞에서도 말했지만, 유전자라는 건 어떤 단백질을 생산하기 위한 정보다(항체도 단백질이다). 유전정보는 DNA상의 염기배열을 통해 주어진다. DNA의 염기배열을 메신저 RNA가 베껴 쓰고(傳寫) 그 정보대로 아미노산이 연결(번역)되어 단백질이 만들어진다. 이런 사실을 원핵세포 연구로 알게 되면서 유전정보의 전달과 해독 메커니즘은 기본적으로 해명됐다고 생각했다.

그런데 진핵세포의 경우에는 그 메커니즘이 달랐다. DNA상에서 유전정보는 분단돼 있고 그 사이에 무의미한 염기배열을 끼워 넣은 상태로 연결돼 있다.

이것을 그대로 RNA가 전사해버린다면 영문을 알 수 없는 정보가 돼 목표로 삼은 단백질을 만들 수 없다. 그래서 RNA는 유전정보를 전사할 때 유의미한 정보와 무의미한 정보를 구별해서 전자만 거두고 후자는 버리는 것이다.[4]

유의미한 유전정보가 실리는 염기배열을 엑손이라고 하고, 무의미한 개재배열을 인트론이라고 한다. RNA는 엑손 부분만을 잘라내서 연결하는 형태로 유전정보를 전사한다. 이것을 스플라이싱[5]이라고 한다(그림 4).

진핵세포의 DNA에는 왜 인트론이 있을까. 왜 유전정보는 분할돼 있을까. 스플라이싱의 메커니즘은 어떻게 돼 있는가. 어떻게 해서 유

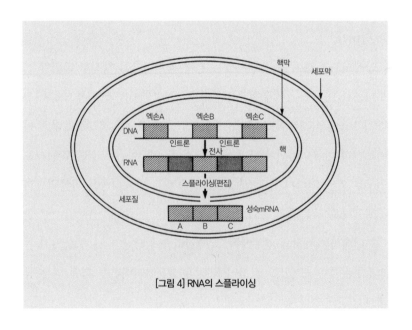

[그림 4] RNA의 스플라이싱

용한 유전정보만을 깔끔하게 취할 수 있을까. 자세한 것은 아직 충분히 알고 있지 못하다.

'무의미'와 '유의미'의 의미

| 트리플 루프를 발견했을 때 어땠습니까? '이게 도대체 무엇이냐'라고 생각하셨나요? 그 의미를 금방 이해하셨습니까?

"의미는 금방 알았습니다. 그 조금 전에 RNA가 유전정보를 전사하는 과정에서 스플라이싱을 하는 경우가 있다는 사실이 아데노바이러스[6]라는 바이러스에서 발견됐습니다. 그 발견에 대해 들었을 때, '아니, 그런 일이 있단 말인가' 하고 놀랐습니다. 그 얘기가 강렬한 인상을 남겼지요. 그때 '이건 바이러스의 유전자에 있는 특유한 현상인가, 아니면 진핵세포 유전자에도 있는 것인가'가 화젯거리가 되었지요. 그래서 트리플 루프를 봤을 때 금방 '이건 스플라이싱이야' 하고 감이 딱 왔습니다. 이건 항체생산세포니까 본래 C와 V는 결합돼 있어야 하는데, 이게 떨어져 있다는 건 RNA에 전사될 때 스플라이싱이 일어났기 때문이라는 얘기가 되겠지요. 이건 엄청난 발견이라고, 그걸 발견한 크리스틴 블랙이라는 전자현미경 전문가와 함께 환호성을 지르며 기뻐했습니다."

| 전자현미경으로 발견했다는 건 대단한 일일 테지요?

"그런 가치 있는 것을 발견하기까지 무의미하게 끝난 무수한 검색이 있었지요."

| 스플라이싱은 전에 아데노바이러스 보고가 있긴 했지만 진핵세포에서는 최초의 보고가 되는군요?

"그렇습니다. 우리 작업과는 별개로 바로 비슷한 무렵에 다른 유전자에서 다른 방법으로 두 그룹이 보고했습니다. 그리고 그 뒤 차례차례 인트론의 발견이 늘어나, 결국 진핵세포에서는 인트론이 있는 게 당연하다는 사실을 알게 됐지요."

| 왜 진핵세포에만 인트론이 있습니까?

"왜 그런지는 아직 알아내지 못했습니다. 그러나 유전자의 진화와 관계가 있다는 게 유력한 설입니다. 즉, 하나의 엑손은 원래 그것 단독으로 하나의 유전자였던 게 아닌가 하는 추론이지요. 원시적이고 단순한 미생물이 더 복잡하고 고등한 생물로 진화할 때 유전자도 단순하고 짧은 유전자에서 복잡하고 긴 유전자로 진화하겠지요. 그러나 그때 긴 유전자는 완전히 새롭게 독자적으로 만들어지는 게 아니라 단순한 유전자가 중복되거나 조합되어 만들어지는 게 아닐까, 단순한 유전자를 하나의 블록으로 해서 블록이 거듭되면서 복잡한 유전자가 만들어지는 게 아닐까, 하는 설입니다."

| 그렇다고 해도 인트론이 어떻게 거기에 들어갑니까?

"단순한 유전자도 그 전후에 스페이서spacer라고 해서 다른 유전자와의 사이에 단락되는 부분이 있어요. 유전자가 조합될 때 그 스페이서 부분도 유전자에 끌려 들어갑니다. 그것이 인트론이 되지요. 따라서 원래 하나의 유전자였던 부분의 전후에 인트론이 들어가는 형태가 됩니다."

| 그 설에 따르면, 하나의 엑손은 하나의 통합성을 지닌다는 말이네요?

"그렇습니다. 예컨대 항체유전자의 경우, 전에 얘기한 것 같습니다만, 도메인이라 불리는 하나의 통합성을 지닌 부분이 조합돼 만들어지는데, 도메인 하나가 하나의 엑손이 되지요. 도메인과 도메인 사이에 인트론이 끼어드는 형태로 돼 있어요. 처음에는 인트론이 무작위로 만들어지는 게 아닌가 생각들을 했지만, 그게 아니라 이런 식으로 진화론적으로 형성된다는 사실을 알았습니다. 이 내용을 내가 1979년 논문에 썼습니다."

| 그렇다면, 유전자에는 그 생명의 진화 역사가 새겨져 있다는 얘기가 되는군요?

"바로 그렇습니다. 그렇지 않으면 이상한 겁니다. 인간이나 동물 같은 고등한 동물이 일거에 태어났을 리 없고, 지금에 이르기까지 긴 진화의 역사가 있지요. 진화는 유전정보의 변화가 축적된 것이므로, 유

전자 위에 그 역사가 각인돼 있는 게 당연합니다. 복잡한 유전자가 갑자기 탄생한다고 볼 순 없지요."

| 그런가요? 생각해보면 당연한 말씀이지만, 진화는 먼저 유전자에서 일어나는 군요.

"인간의 DNA든 동물의 DNA든 잘 조사해보면, 유전정보가 코드화돼 있는 유전자의 부분이란 실은 아주 조금밖에 없어요. 정확하게 알 순 없지만 '대략 10퍼센트 정도밖에 안 되지 않느냐'라고 말들을 해요."

| 나머지 부분은 무엇인가요. 인트론입니까?

"인트론도 많지만, 인트론 외에도 유전정보를 코드화하지 않은 여러 부분이 있습니다. 그렇다고 해도 DNA에 그만큼이나 의미가 없는 부분이 있다는 점은 정말 놀라운 일이었지요."

| '의미가 없다'는 것 말씀인데요, 그게 정말로 무의미하다는 게 확실한가요? 그렇지 않으면 아직까지는 그것이 지닌 의미를 모른다는 뜻입니까. 장래 연구가 진척되면 그 의미를 알게 될 가능성도 있을까요?

"그것은 '의미'의 정의에 달렸습니다. 단백질을 코드화하고 있는 염기배열만이 의미를 지녔다면, 그것은 단백질을 만들지 않으니까 무의미한 게 맞지요. 하지만 단백질을 코드화하고 있지 않은 염기배열이

모두 의미가 없는 건 아니겠지요. 예컨대, 유전자의 발현을 제어하는 데 사용되는 염기배열도 있어요. 이런 것은 무의미하기는커녕 대단히 중요한 기능을 수행하지요. 그리고 DNA 구조에 관계하는 배열도 있어요. DNA가 이중나선 사슬로 돼 있다는 점은 잘 알려져 있지요. 하지만 DNA가 그냥 이중 사슬이냐 하면 그렇지는 않아요. 더 고차적인 구조가 여러 가지 있어요. 원핵세포의 DNA라면 그냥 이중 사슬이지만, 진핵세포의 경우 이중 사슬이 히스톤이라는 단백질에 나선 모양으로 휘감겨서 장식용 구슬을 연결한 실처럼 돼 있어요. 이것을 크로마틴chromatin이라 부르는데, 이게 또 구부러져 더 고차적인 나선을 만들어요(그림 5). 이러한 이중 삼중의 나선구조가 있고, 그 상태에 따라

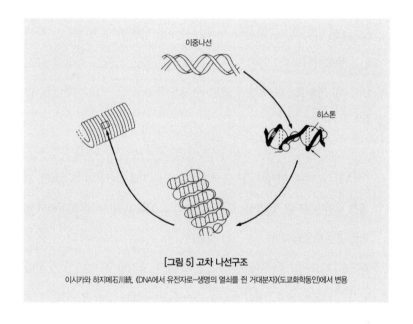

[그림 5] 고차 나선구조
이시카와 하지메石川統, 《DNA에서 유전자로—생명의 열쇠를 쥔 거대분자》(도쿄화학동인)에서 변용

유전자가 발현하거나 하지 않는 것도 있지요.

단백질 구조와는 관계없는 염기배열이라도 이런 DNA의 구조에 관계하는 것이 있습니다. 이것을 제거할 경우 DNA의 구조가 바뀌게 된다면 이 역시 무의미하다곤 할 수 없겠지요. 물론, 전혀 무의미한 것도 있어요. 있거나 없거나 관계없는 염기배열이지요. 그러나 그런 고차 구조의 얘기는 사실 아직 잘 모르는 부분이 많습니다. 고차 구조를 제대로 탐구하기 위한 방법론을 아직 찾아내지 못했습니다."

| 흔히 단백질의 기능은 단백질의 구조에 좌우된다고들 합니다. 그렇다면 단백질의 아미노산배열을 코드화하고 있는 염기배열 이외에 단백질의 구조를 코드화하고 있는 염기배열도 있나요?

"아, 그건 달라요. 단백질의 구조는 아미노산배열이 결정되면 자연스레 결정돼버립니다. 어떤 아미노산배열은 어떤 특정 구조밖에 가질 수 없게 돼 있어요. 따라서 구조만을 코드화하고 있는 염기배열은 없습니다."

| DNA의 무의미한 염기배열은 앞서 한 진화 이야기와 결부시켜 생각하면, 지금은 무의미하지만 옛날에는 유의미했습니다. 진화 과정에서 무의미하게 돼버린 경우가 있습니까?

"물론 있지요. 그 때문에 진화의 과정에서 생겨난 무의미한 것이라는 얘기도 나왔습니다. 예를 들면, 가짜 유전자라는 것이 있어요."

| 가짜 유전자, 그건 뭡니까?

"진짜 유전자와 거의 같지만 염기배열의 일부가 약간 달라서 유전자로서의 기능을 완전히 잃어버린 것을 가짜 유전자라고 하지요. 얘기가 조금 튑니다만, 문제는 '유전자의 진화가 어떻게 해서 일어나는가'와 관련 있어요. 일반적으로 진화는 돌연변이로 일어난다고 설명하지요. 여러 변이가 일어나는 가운데 적응 능력을 키우는 쪽으로 작동하는 변이가 자연선택돼 살아남는다, 이 과정이 거듭되는 게 진화입니다. 그런데 이런 메커니즘이라면 진화란 작은 변이들의 축적이기 때문에 점진적일 수밖에 없어요. 그러면 소小진화는 설명할 수 있어도 대大진화는 설명할 수 없는 문제가 생깁니다. 예컨대, 종種, species 문제 하나만 보더라도 생물의 종과 종 사이에는 큰 간극이 있어요. '왜 종과 종은 이렇게 다른가' 하는 문제이지요. 그러니 다른 진화 메커니즘이 있는 게 아닐까 하는 얘기가 나옵니다.

미국에 있는 오노 스스무大野乾(시티오브호프연구소)라는 일본인 유전학자가 주창하는 유전자 중복설이 있습니다. '진화 과정에서 새로운 유전자가 만들어질 때 처음부터 새롭게 만들어지는 게 아니라, 본래 있던 유전자가 복제되는데, 두 개 있는 복제 가운데 하나는 그대로 본래의 기능을 유지하고, 나머지 하나가 돌연변이로 변화해간다. 이는 많은 경우 무의미한 염기배열이 돼 그 일부가 가짜 유전자가 된다. 그러나 그중에는 새로운 환경이 요청하는 유전자로 태어나 쓰이는 것이 있다.' 이런 과정에서 새로운 유전자가 태어난다지요. '이런 것을 생물이 계속해온 것은 아닐까'라는 얘깁니다. 전에 왜 인트론이 만들어졌는지 설명할 때 '유전자가 중복된 것은 아닐까'라는 설을 소개했는데, 그게 바로 이 유전자 중복설에 따른 것입니다. 본래 DNA는 완전한 자기복제 능력이 있기 때문에 일부 유전자를 복제해서 자기 속에 집어넣는 것도 비교적 간단하게 할 수 있다고 보지요."

| 그런 메커니즘이 있다면, 박테리아 등 단순한 DNA에서 인간이나 동물의 DNA와 같은 거대한 DNA가 어떻게 생겨났는지에 대한 설명에 잘 들어맞겠군요. 하나하나의 작은 변이의 축적으로 여기까지 왔다는 것은 상당히 무리가 있지만, 유전자 중복으로 계속 새로운 유전자가 만들어지고 그것이 덧붙여져서 유전자의 총체(게놈)가 커졌다고 하면 '과연 그렇겠군' 하는 생각이 듭니다. 그러나 이 설도 새롭게 만들어지는 유전자는 전의 유전자와 매우 비슷하다는 말이 되네요?

"그렇습니다. 실제로 아주 비슷한 유전자가 많이 있어요. 따라서 장래 개개의 유전자 염기배열 해독이 더 진전되면, 그 같고 다름과 비슷한 정도를 조사해서 어느 유전자에서 어느 유전자가 도출됐는지에 대한 역사적 계통 관계를 알 수 있겠다는 생각도 있습니다."

| 말하자면, 지금 있는 유전자를 분석해서 진화사를 거꾸로 더듬어 올라갈 수 있다는 말씀이군요. 실현된다면 재미있겠습니다.

"또 무의미한 유전자 가운데 재미있는 것이 셀피쉬 진selfish gene, 이

기적 유전자라는 게 있지요."

| 그건 또 무엇인가요?

"그 유전자를 지니고 있는 생물에게는 아무런 보탬도 되지 않는 유전자입니다. 존재 이유가 유전자 자신의 자기 보존에 있다는 점 외에는 달리 생각할 수 없습니다. 그래서 '이기적'이라고 하지요."

| 뭔지 알 것 같기도 하고, 모를 것 같기도 하고….

"앞에서 유전자 가운데 반복유전자와 유니크한 유전자 두 종류가 있다고 했지요. 보통의 유전자는 DNA 속에 단 한 개밖에 없지만 그 중에는 몇 번이고 반복해서 나오는 유전자가 있어요. 그 예로 히스톤의 유전자나 리보솜의 유전자 등 사용 빈도가 높은 단백질의 유전자를 들었습니다.

그런데 실은 그런 유전자는 반복된다고 해도 복제 수가 그다지 많진 않아요. 기껏해야 수백 개나 수천 개 정도의 오더입니다. 이것 말고 수만, 수십만 개의 오더로 반복되는 DNA의 염기배열이 있습니다. 그런 유전자의 일부는 아무래도 무의하고 보탬이 되지 않는 배열로 보입니다. 그냥 자신을 계속 복제하고 있을 뿐인 '유전자'이지요. 양으로 보자면 DNA 속에 이 무의미하고 '이기적인' 반복유전자가 점하는 비율이 높아요."

| DNA라는 건 유의미한 유전자가 계속 연결돼 있는 것으로 생각했는데, 그렇지 않군요. 오히려 잡동사니나 쓰레기 같은 배열이 많은 가운데 진주처럼 유의미한 유전자가 빛나고 있다는 느낌이 듭니다. 놀랄 만한 일이네요.

"결국, 유전자가 진화의 역사를 이끌어가고 있기 때문이지요."

| 존재하는 것은 모두 뭔가 그 나름의 이유가 있어서라는 생각이 들지만, 그게 아니군요.

"무용한 것이라도 해를 입히지 않는다면 남아 있게 되니까, 그런 것들이 양적으로는 불어나게 되지요."

| 맹장과 같군요. 그러나 유의미한지 무의미한지 알 수 없는 것도 있겠지요?

"있습니다. 한가득 있지요. 의미를 알 수 없는 것들의 의미를 찾는 연구가 지금 많이 진행되고 있어요."

| 유의미, 무의미의 최종 증명은 어떻게 합니까?

"결국, 그것을 제거해도 아무 변화가 없다면 무의미하겠지요. 하지만 그것도 한계가 있어요. 현재 가능한 관측 수단, 측정 수단을 이용해서는 아무런 변화가 보이지 않는다고 하더라도, 새롭고 더 정밀한 수단이 개발되어 다른 수단으로 다른 면을 볼 수 있게 된다면, 역시 유용했다는 쪽으로 바뀔 가능성도 있습니다. 매우 어려운 문젭니다."

| 또는 특수한 조건하에서만 의미를 발휘하는 것도 있을 수 있겠습니다. 그런 것은 그런 조건이 갖춰지지 않으면 무의미한 것으로 간주될지 모르지요. 그럼에도 지금으로선 압도적으로 무의미한 쪽이 더 많군요.

"예전에는 모두 유의미한 유전자가 죽 늘어서 있는 것이 DNA라고 생각했지요. 실제로 그 무렵의 연구에 사용했던 원핵세포의 DNA는 그랬어요. 무의미한 부분 같은 건 거의 없었지요. 그래서 유전자에 대해서는 이제 대체로 다 알았다는 분위기였는데, 진핵세포를 다루기 시작하자 잇따라 생각지도 못했던 발견이 이어졌습니다. 유전자를 바라보는 시각이 크게 바뀐 것입니다."

혁명적이었던 맥삼-길버트법

| 그 계기가 된 것이 교수님의 인트론 발견이었지요. 지금 생각하면 인트론 발견이 유전자 연구의 역사적 전환점이네요.

"결국 그때쯤에서 방법론적인 비약이 이뤄졌고 연구가 일거에 진척된 점도 있습니다. 하나는 앞에서도 얘기한 클로닝이지요. 그 덕에 진핵세포의 유니크한 유전자(DNA 사슬에서 염기배열 복제가 한 번밖에 나오지 않는 유전자를 유니크한 유전자라고도 한다)를 직접 분석 대상으로 삼을 수 있게 됐지요. 또 하나는, 그해에 DNA의 염기배열을 직접 해독하는 방법이

개발된 것입니다. 생어Frederick Sanger법과 맥삼-길버트Maxam-Gilbert법, 이 두 방법이 때를 같이해서 개발돼 염기배열이 하나하나 해독되었습니다. 이 또한 연구에 혁명적인 변화를 가져다주었다고 해도 좋습니다. R루프를 만들고 전자현미경으로 들여다보는 방법으로도 유전자의 위치나 염기배열의 길이 등을 계측할 수 있으나, 구체적인 염기배열이 어떻게 돼 있는지 등은 전혀 알지 못했어요. 그런데 그것을 모두알게 된 거지요. 그 뒤 어떤 DNA든 클로닝해서 분석하면 어디에 어떤 유전자가 있고, 어떤 개재배열이 있는지도 확실히 알게 돼 계속 연구할 수 있었던 겁니다. 이 공적을 인정받아 생어와 길버트는 1980년에 노벨 화학상을 받았지요."

| 그때까지는 DNA의 염기배열을 읽어낼 방법이 없었나요?

"있긴 있었습니다. 하지만 제한된 방법으로 시간도 품도 너무 많이들었고, 해독할 수 있는 배열의 길이에 한계가 있었습니다. 그러다 생어법이나 맥삼-길버트법 덕에 혁명적으로 개량됐지요."

여기서 맥삼-길버트법을 간단히 설명해보겠다(그림 6).

먼저 DNA의 3′말단 쪽의 인을 방사성 인으로 바꿔 표지를 붙여둔다. 다음에 각기 독립적으로 네 종류의 화학 처리를 함으로써, 그림에보이는 것과 같은 네 종류의 DNA 조각을 각각 독립적으로 확보한다. 하나는 G염기 부분에서 잘린 조각. 또 하나는 G 또는 A 부분에서 잘린 조각. 또 하나는 C 또는 T 부분에서 잘린 조각. 그리고 또 하나는 C 부분에서 잘린 조각이다.

이 네 종류를 네 개의 줄column로 나누어 전기영동으로 흘리면 각각

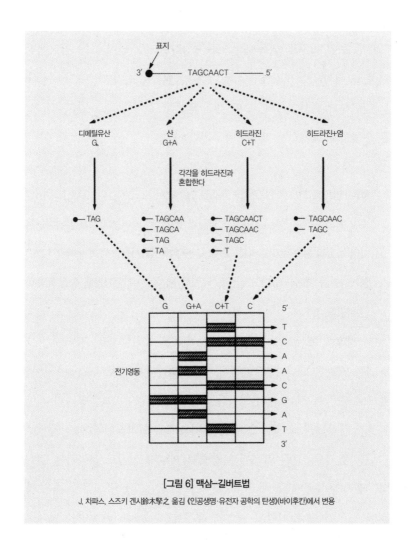

[그림 6] 맥삼-길버트법
J. 차파스, 스즈키 겐시鈴木堅之 옮김 《인공생명·유전자 공학의 탄생》(바이후칸)에서 변용

크기 순으로 나뉘어 밴드를 형성한다. 이것을 그림에서 보여주는 것처럼 해독한다. 'C 또는 T'의 줄에만 밴드가 나왔고 'C' 줄에 밴드가 나오지 않은 것은 T다. 'C 또는 T' 줄과 'C' 줄의 양쪽에 밴드가 나오는 것은 C다. 이하 마찬가지로 해서 G의 위치도, A의 위치도 해독됐다. 그림을 보면 이처럼 해독해감으로써 상단에 표시한 최초의 염기배열이 밴드 해석으로 멋지게 해독된다는 사실을 알 수 있다. 여기서는 매우 간략하게 만들었으나, 수백 개의 염기쌍 길이를 갖고 있더라도 같은 수법으로 읽어낼 수 있다.

| R루프법으로 최초로 인트론의 존재를 발견해서 보고한 것이 1977년의 '미엘로마 쥐의 항체유전자 L사슬의 C영역과 V영역의 사이는 1,250 염기쌍만큼 떨어져 있다'는 논문이었지요. 그때는 전자현미경 사진으로 계측해서 1,250 염기쌍만큼 떨어져 있다고 결론을 내렸을 뿐 아직 그 염기쌍을 직접 해독하진 않았습니다.

"그 직후에 맥삼-길버트법을 써서 해독을 시작했지요. 길버트가 그 방법을 개발한 때가 1977년인데, 그는 개발하자 바로 그것을 매뉴얼 형태로 만들어 전 세계의 학자들에게 뿌렸습니다. 그는 방법의 개발자로서 누구라도 좋으니 그 방법을 이용해서 획기적인 업적을 올려주기를 바랐지요. 그런 업적에는 방법의 개발자 이름도 올라가는 겁니다. 내 연구실에도 그 얘기가 전달됐고, 나는 그것이 연구상 매우 강력한 도구가 될 것이라고 여겼기 때문에 신속하게 매뉴얼을 토대로

해독을 시작했습니다. 어쨌든 직접 염기배열을 해독할 수 있었으니 그때까지 있었던 여러 의문이 일거에 풀리게 될 것이므로, 그 기술을 어떻게든 해서 '내 것'으로 만들어야겠다고 생각했습니다."

| 그렇군요. 숱한 고생을 거듭한 끝에 마침내 발견한 생식세포와 항체유전자 사이의 유전자 재조합 사실 같은 것은 양쪽의 염기배열을 해독해서 비교하면 금방 알 수 있겠지요.

"그런데 그런 새로운 수법이 매뉴얼을 보고 해보려고 해도 세세한 노하우가 필요한 탓에 좀처럼 잘되지 않습니다. 시행착오만 하면서 능률이 오르지 않아 어려움에 처했을 때 어느 모임에서 우연히 길버트를 만났어요. 그래서 그 얘기를 했더니, 그럼 가르쳐줄 테니 자기 연구실로 오라더군요. 당시 그는 하버드의 교수였는데, 거기로 와서 공동 연구를 하지 않겠느냐고 해요. 그로서는 모처럼 획기적인 방법을 개발했는데, 그게 아직 충분히 활용되지 못하고 있다는 불만이 있었어요. 뭔가 재미있는 것을 해보고 싶어서 좀이 쑤시던 차에 내 얘기를 듣고는 확 덤벼든 거지요.

맥삼-길버트법을 이용하려면 먼저 유전자를 클로닝해야 합니다. 클로닝이 이미 돼 있는 상태인 데다 재미있는 주제를 갖고 있는 사람은 세계에 몇 사람 되지 않던 때였지요. 따라서 그로서도 공동 연구를 해보고 싶었겠지요. 나도 최고의 수법을 배울 수 있으니까 불만은 없었습니다. 그래서 바젤에서 하버드까지 연구자를 한 사람 데리고 우리가 만든 DNA 클로닝을 들고 갔던 겁니다."

| 그래서 만든 것이 길버트와 연명으로 발표한 논문 '쥐 생식세포의 면역글로불린 L사슬 V영역의 염기배열'(1977년)이군요. 그것을 보면(그림 7) V유전자의 염기배열이 전부 깨끗하게 해독돼 있어요. 정말 멋집니다. 그뿐만 아니라 V유전자 속 어디에 초변이역hypervariable(그림 속에서 HV로 표시돼 있다)이 있는지, 어디에 C유전자와의 접합부(그림 속에서 C/V로 표시돼 있다)가 있는지 등 구조를 알 수 있습니다. 불과 얼마 전까지만 해도 이런 일이 가능하리라고는 누구도 생각하지 못했겠지요. 이 정도의 염기쌍이면 모두 얼마나 됩니까?

"도중에 들어오는 번호가 아미노산 번호인데, 하나의 아미노산에 염기 셋이 대응하니까, 대략 450 염기쌍, 거기에 인트론 부분이나 V영역의 첫 부분에 붙어 있는 리더(도입부) 등을 포함하면 600 염기쌍 정도지요."

| 이 정도 읽어내는 데 어느 정도의 시간이 걸렸습니까?

"우리가 하버드에 체류한 게 1개월 정도였어요. 그 기간에 그것만이 아니라 다른 것도 여러 가지 했습니다. 그 일에만 시간을 통째로 쓴 것은 아니지만, 1개월 전후의 시간이 걸렸지요. 지금이라면 솜씨가 더 좋아졌으니, 그 정도의 해독이라면 이틀 만에 해치울 수 있어요."

| 그렇게 빠른가요? 이건 역시 혁명적인 방법이군요. 이 도표에서 아미노산과

대응하지 않고 염기배열만 늘어서 있는 부분이 인트론이군요. 논문에 "이런 배열을 인트론(유전자 사이에 개재돼 있는 배열)이라 부르기로 한다"는 얘기가 있는데, 이것이 최초로 인트론이라는 말을 사용한 논문입니까?

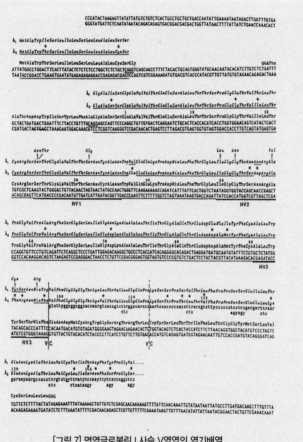

[그림 7] 면역글로불린 L사슬 V영역의 염기배열

Sequence of a mouse germ-line gene for a variable region of an immunoglobulin light chain
(λ light chain/ hypervariable region/ DNA sequencing/ interspersed uncoding sequence)
-SUSUMU TONEGAWA*, ALLAN M. MAXAM†, RICHARD TIZARD†, ORA BERNARD, AND WALTER GILBERT† 에서

"그렇습니다. 그 이름은 나중에 길버트가 나의 바젤 연구실을 찾아왔을 때 연구소 식당에서 점심을 먹으면서 '그런 것에는 이름을 붙이는 게 좋다, 그럼 무엇이라고 붙이는 게 좋을까' 하고 논의하다가 붙였습니다."

| 길버트로서도 그것이 맥삼-길버트법을 써서 이룩한 최초의 큰 성과인 셈인가요?

"그렇지요."

| 길버트와는 그 뒤에도 계속 공동 연구를 했나요?

"아뇨, 그때뿐입니다. 그 뒤에는 또 바젤로 돌아가서 습득한 맥삼-길버트법을 사용해 여러 유전자 해독을 계속해나갔지요. 그러는 사이 새로운 발견이 꼬리를 물고 이어져 이루 말할 수 없는 즐거움의 연속이었습니다. 노벨위원회가 '도네가와의 연구가 약 2년간에 걸쳐 독주를 계속했다'고 평가한 것은 그 기간을 두고 한 얘깁니다. 그 기간에 항체의 다양성의 비밀이 기본적으로 풀렸지요."

| 그건 무슨 얘기입니까?

"생식세포 V유전자에서 수천 염기쌍만큼이나 떨어져 있는 곳에 외따로 떨어진 게 있었어요. 거의 C유전자에 가까운 곳이었습니다. 그것을 J유전자라고 이름 붙였습니다. 결국 항체유전자는 V, J, C 세 유

전자 조합으로 돼 있지요. C유전자는 하나밖에 없지만 V유전자와 J
유전자는 복수로 존재합니다. 복수 개의 유전자 조합으로 다양성이
나옵니다. 이 발견으로 비로소 유전자 재조합과 다양성이 결합된 겁
니다."

| 그렇군요. 그때까지의 연구에서는 유전자 재조합이 일어난다는 사실은 알았
지만, 다양성이 어떻게 생기는지를 설명하지는 못했군요.

"그렇습니다. 1976년의 실험으로 말할 수 있게 된 것은, 생식세포에
는 C유전자와 V유전자가 서로 떨어져 있지만 항체생산세포에는 둘이
결합돼 있다, 실제로는 새로운 실험이 밝혀냈듯이 인트론을 매개로
결합돼 있었다는 점이지요. 이때 C유전자는 하나지만 V유전자는 다
수 존재하는 것으로 돼 있었습니다. 그런데 V유전자가 얼마나 있는지
는 여전히 수수께끼였습니다. 유전자 재조합을 주창했던 드라이어·베
넷 가설은 본래 생식세포계열설이니까, 다양성의 수만큼 다양한 V유
전자가 생식세포 단계에서부터 있다고 여겼지요. 그러나 실제로는 다
른 실험을 통해 V유전자 수가 그렇게 많지 않다는 사실을 알았어요.
이 점에서는 드라이어·베넷 가설이 오류라고 간주되었지요. 그런데
별로 많지 않은 V유전자에서 어떻게 저토록 큰 다양성이 나오는지는
아무도 설명하지 못했어요. 여전히 수수께끼였지요. 비로소 J유전자
가 등장해서 그들 간의 조합을 통해 다양성이 나온다는 사실을 알게
됐지요."

| V유전자도 J유전자도 복수 개 있으니까, 둘을 곱한 수만큼의 다양성이 나오
겠군요.

"그렇습니다. 그 뒤의 연구에서 V유전자는 수백 개가 있다는 사실
을 알았어요. 또 J유전자는 네 개가 있어요. 이것만으로도 1,000가지
이상의 다양성이 나오지요."

| 그래도 그것으론 턱없이 부족하겠습니다. 항체의 다양성은 수백만 정도가 아
니라 수천만 또는 억 단위의 오더로 간주되고 있지 않나요?

"앞에서도 설명했지만, 항체는 가벼운 L사슬과 무거운 H사슬의 조
합으로 만들어집니다. 지금 얘기한 것은 L사슬 쪽인데, H사슬이 또
비슷한 구조로 돼 있어요. 그쪽은 V유전자, J유전자 외에 D유전자가
또 있어요. 따라서 그 셋을 곱한 만큼의 다양성이 있지요. V유전자가
수백, J유전자가 넷, 거기에 D유전자가 적어도 20개 이상 있습니다.
이를 전부 곱하면 수만 개가 돼요. 그러면 L사슬과 H사슬을 조합할 경
우 어떻게 되느냐 하면, 수천만에서 억에 이르는 다양성이 나옵니다."

| 그렇군요. 곱하기로 다양성이 나오기 때문에 엄청난 수가 되겠군요. 유전자가
몇 개의 복수 개 요소element로 나뉘어 있고, 그것이 재조합으로 하나의 유전
자를 구성할 때 조합의 묘를 통해 다양성이 생긴다, 이것이 다양성 메커니즘
의 기본 원리가 되는군요.

"아닙니다. 다양성 메커니즘은 그것만이 아니에요. 재조합으로 유

전자가 만들어질 때 V·J 연결 부위에 미묘한 변화가 일어나 다양성을 더 확대합니다. 같은 일이 H사슬의 V·D, D·J 연결 부위에서도 일어나기 때문에 다양성의 폭이 더 넓어집니다.”

| 미묘한 변화라는 건 무엇입니까?

“그 연결 부위가 정밀하게 정해져 있는 게 아니라, 염기를 자르는 위치가 조금 어긋나거나, 염기가 소실되거나, 더 보태지거나 하는 일이 일어납니다. 이런 변화를 계산에 넣으면 다양성은 더 방대해지지요. 게다가 재구성돼 만들어진 항체유전자는 림프구 속에서 대단히 빨리 돌연변이를 일으킨다는 사실도 알게 됐어요. 보통 유전자의 1만 배의 속도로 돌연변이가 일어나요. 세포분열마다 변이가 한 번씩 일어날 정도의 수치지요. 이를 통해서도 더욱 다양성이 커집니다. 이를 감안하면 다양성은 수십억 오더가 돼요. 따라서 그 점에서는 체세포 변이설이 옳았다는 결론이 나옵니다.”

| 그런데 그만큼 다양한 항체유전자를 누구나 모두 한 세트로 갖고 있다는 사실이 놀랍네요.

“체내에 들어오는 온갖 것이 다 항원이 될 수 있기 때문에 그만큼의 다양성을 갖고 있지 않으면 대응할 수 없어요. 대응할 수 없으면 살아갈 수 없습니다.”

| 현대 사회에서는 인공 화학물질이나, 이제까지 지구상에 존재하지 않았던 것까지 항원으로 등장하게 됐습니다. 그런 것에 대해서도 제대로 항체를 만들어 대응할 수 있는 건가요?

"할 수 있습니다. 항체라는 것은 항원에 맞춰서 만들어지는 것이 아닙니다. 어쨌든 처음부터 한없이 다양한 생산 능력을 통해 다양한 항체가 준비돼 있어요. 그래서 자물쇠 구멍에 꼭 맞는 열쇠처럼 대응할 수 있는 것이 있으면 좋고, 그런 것이 없더라도 거기에 가까운 것이 나와서 대응하는 거지요. 구멍에 딱 맞는 열쇠가 아니더라도 약간 힘을 주며 비틀어서 열 수 있는 대응 관계라면 되는 겁니다. 그런 것으로 대응하는 한편에서는 항체유전자가 높은 빈도로 돌연변이를 일으킵니다. 그중에서 가장 구멍에 잘 맞는 것이 나오면 그것을 증식시키라는 명령이 내려지지요. 그런 메커니즘이 있지요.

결국 항체는 마구 무작위적인 변이를 일으켜 대응합니다. 그중에서 무엇을 남기고 무엇을 버릴지는 항원이 선택하지요. 그런 관계인 겁니다. 이를 클론선택설이라 해서, 바젤의 소장이었던 야네가 처음으로 개념을 발표했고, 버넷이 '설'로 완성시켰어요. 그때까지는 폴링이 주창했던 유기설誘起說, 즉 항체 단백질은 말하자면 유연해서 항원을 주형鑄型(틀)으로 삼아 거기에 잘 맞는 항체 분자가 만들어진다는 설이 유력했습니다만, 결국 클론선택설이 옳았던 겁니다. 전에 면역계는 다원적 소우주라고 말했는데, 이는 이런 메커니즘을 두고 한 말입니다. 재미있게도, 야네는 그 개념을 키르케고르를 읽고 있다가 번쩍

떠올렸다고 합니다."

| 야네도 키르케고르도 덴마크인이네요.

"키르케고르의 《철학적 조각들Philsophical fragments-a of philosopy》에 '진리는 배울 수 있는 것인가'를 논한 구절이 있습니다. 거기에서 키르케고르는 소크라테스를 인용하면서, 진리는 바깥에서 주어지는 게 아니라 본래 그 사람 내부에 있는 것을 스스로 발견할 뿐이라고 했습니다. 이와 마찬가지로 항체도 새로 만들어지는 게 아니라 본래 있던 것 속에서 발견돼 증식된다고 생각했지요."

| 항원이 침입하면 거기에 대응하는 항체를 만들어내는 것이 아니라, 이미 있는 항체 가운데 거기에 대응하는 항체가 선택될 뿐이라는 말은, 요컨대 본래 있던 것밖에 나올 수 없다는 뜻이 되는데, 이것은 말하자면 일종의 결정론이 되는 셈인가요?

"항체유전자 연구를 통해 얘기할 수 있는 것은, 유전자가 생명현상의 큰 틀을 결정하지만 어느 정도 우연성이 작동할 여지를 남겨두고 있으며, 환경은 그 우연성에 토대를 둔 다양성의 범위 내에서 선택을 할 수 있다는 뜻입니다."

자아는 DNA의 자기표현

| 유전자에 의해 생명현상의 큰 틀이 결정된다면, 기본적으로는 생명의 신비는 없다는 말입니까?

"신비는, 요컨대 이해할 수 없다는 것이겠지요. 생물은 본래부터 지구상에 있던 게 아니라 무생물에서 만들어진 것이지요. 무생물에서 만들어졌다면 물리학이나 화학의 방법론으로 해명할 수 있습니다. 요컨대, 생물은 매우 복잡한 기계에 지나지 않는다는 생각입니다."

| 그렇다면, 인간의 정신 현상까지 포함해서 생명현상은 모두 물질 차원에서 설명할 수 있다는 뜻입니까?

"가능하다고 생각해요. 물론 지금은 할 수 없겠지만 언젠가는 할 수 있으리라 생각해요. 뇌 속에서 어떤 물질이 어떤 물질과 상호작용interact해서 어떤 현상이 일어나는지를 세세하게 알게 되고, DNA 수준, 세포 수준, 세포의 소집단 수준식으로 전개되는 현상의 질서hiérarchie의 총체를 알게 된다면, 예컨대 인간이 생각한다는 것이나 감정emotion 같은 것도 물질적으로 설명할 수 있을 거라 생각하지요. 지금은 모르는 게 많아서 그런 정신 현상은 신비로운 생명현상으로 여겨지지만, 알게 되면 신비도 무엇도 아닌 것이 되겠지요. 간단히 말해서, 면역 현상도 예전에는 생명의 신비라고 생각했어요. 그러나 그 원리나 메커니즘이 이렇게까지 해명되면 그것을 더는 신비라고 말하는

사람은 없겠지요. 이와 마찬가지라고 생각해요. 정신 현상도 특별한 것이 아무것도 없어요."

| 하지만 정신 현상까지 분자 수준의 물질 작동으로 거슬러 올라가 설명하려는 것은, 말하자면 신칸센이 어떻게 달리는지 소립자까지 거슬러 올라가서 설명하려는 것과 같아 보입니다. 거기까지 거론하기 시작하면 내용이 너무 방대해져서 효과적으로 설명할 수 없을 텐데요.

"그 비유는 적합하지 않아 보입니다. 지금 얘기는 정신 현상에 물질 수준의 기반이 있는지에 관한 것입니다. 면역 문제도 분자 수준, 세포 수준의 설명을 해야 비로소 우리가 진짜 의미를 이해할 수 있다고 봅니다. 따라서 그런 수준으로 설명할 수 있을 때까지 연구를 거듭해온 거지요."

| 하지만 정신 현상이 과연 신칸센이나 면역 현상처럼 물질적 기반을 지녔다고 할 수 있을까요? 그것은 일종의 환상 아닙니까? 신칸센이나 면역 현상에는 일어나는 현상이 물질의 운동이자 화학반응이겠지요. 그러니 철저하게 물질 수준에서 설명하는 게 의미가 있겠지만, 정신 현상은 무게도 없고 형태도 없고 물질로서의 실체가 없기 때문에 물질 수준에서 설명하는 의의가 별로 없다고 생각합니다.

"환상이 무엇인가요? 이러한 까닭을 알 수 없는 것을 거론하면 내가 이해할 수 없습니다. 지금 정신 현상에는 무게도 형태도 없고, 물질로

서의 실체가 없다고 하셨는데, 그처럼 성상性狀(성질)을 갖지 않는 것,

예컨대 전기나 자기도 현대 물리학의 대상입니다. 나는 뇌 속에서 일

어나는 현상을 자연과학의 방법론으로 연구해서 인간의 행동이나 정

신 활동을 설명하는 데 유효한 법칙을 끌어낼 수 있다고 확신합니다.

그때가 되면 지금 다치바나 씨가 환상이라고 여기는 것도 '과연, 그랬

군' 하고 생각하게 될 겁니다.

　요컨대, 인간이 수많은 대상을 이해하는 데 지금까지 이토록 훌륭한

효과를 거둬온 자연과학의 방법을 인간 정신 활동을 관장하는 뇌에

적용하지 않을 수는 없습니다. 실제로 그렇게 한다면, 다치바나 씨가

지금 생각하는 것보다도 훨씬 더 많은 것을 알 수 있다고 봅니다. 거

기까지 가지 못한 수준에서 설명하려는 것은 비과학적이고 난센스라

고 생각해요.

　이런 얘기가 있지요. 언젠가 아프리카 미개 부족을 방문한 영국인

이 그곳의 어린 남자가 매우 영특하다는 사실을 알고는 영국으로 데

려가 케임브리지에서 교육을 받게 했어요. 소년은 유능한 의사가 됐

지요. 어느 날 고향 마을에서 이상한 질병이 만연해 마을 사람들이 픽

픽 쓰러져 죽는다는 얘기를 듣고, 그는 마을을 구하기 위해 그곳으로

돌아갔지요. 그런데 그때부터 소식이 끊어져버렸어요. 영국의 친구들

이 걱정이 돼 마을을 찾아갔습니다. 그랬더니 추장이 나오더니 '그 남

자는 대단히 영특했다. 그 덕분에 마을 사람들은 모두 죽음을 면했다.

그래서 모두 그 남자를 죽여서 그 뇌를 나눠 먹었다. 뇌를 먹으면 그

남자의 영특함을 우리 모두 나눠 가질 수 있다'라고 말했다고 하지요. 비과학적 설명을 납득한다는 말은 이 추장의 설명을 납득한다는 말과 본질적으로 다르지 않아요."

| 하지만 정신 현상을 뇌 속의 물질현상으로 환원해버린다면, 정신 현상의 풍요로움을 배제한 이해가 되지 않겠습니까? 살아 있는 인간을 연구하는 대신 사체를 연구할 뿐이면서 자신은 인간을 연구한다고 말하는 꼴이 아닐까요?

"아니지요. 사체를 연구해서 살아 있는 인간을 매우 많이 알 수 있습니다. 게다가 우리는 실험동물을 사용해서, 예컨대 뇌의 일부를 살려놓은 채로 배양할 수도 있고, 살아 있는 동물이나 인간도 이미 어느 정도 연구할 수 있습니다. 기술이 점점 더 발전하면 그런 일이 더 많이 가능해지리라고 봅니다.

요컨대, 교육학이라는 학문 분야가 있어요. 아이를 어떻게 교육하면 좋을지, 여러 학설이 있지요. 그런데 교육학의 여러 설이 확실한 원리에서 나온 발상에 토대를 두었나 했더니 그렇지 않았습니다. 예를 들면, '인간의 지능은 어떻게 발달하는가, 성격은 어떻게 형성되는가' 이런 것들을 원리에 입각해서 확실히 안 뒤에 '이렇게 하면 좋다'라는 처방을 내렸나 봤더니, 그렇지 않았습니다. 현상적인 경험지의 집대성에 지나지 않았습니다. 당연히 그런 처방에는 한계가 있습니다."

| 인문과학은 대체로 현상 그 자체에 흥미가 있지, 그 원리적 탐구에 반드시 관

심이 있는 학문이 아니니까요.

"나는 말이지요, 언젠가는 그런 학문은 모두 결국 뇌 연구 쪽으로 갈 거라고 봅니다. 거꾸로 얘기하면, 뇌 생물학이 발전해서 인식, 사고, 기억, 행동, 성격 형성 등의 원리가 과학적으로 밝혀지면, 그런 학문의 내용이 크게 바뀔 겁니다. 원리가 어떻게 돼 있는지 잘 알지 못한 탓에 현상을 현상 그대로 다루는 학문이 발달해온 것입니다."

| 그러면 21세기에는 인문과학이 해체되어 뇌 과학에 통합될 것이라는 말씀입니까?

"통합될지의 여부와는 관계없이 큰 영향을 받게 될 거라고 봅니다."

| 문학이나 철학은 어떻게 될 것이라고 생각하십니까?

"철학에 관해서 말하자면, 이미 현대 생물학의 성과가 철학에 준 영향은 대단하지 않습니까? 뇌 과학의 성과는 철학이 다루는 세계관·인간관에 더 큰 영향을 줄 거라고 봐요.

문학을 말하자면, 빼어난 시가 인간을 감동시킬 때 인간 뇌 속에서 거기에 대응하는 물질현상이 일어나겠지요. 이것이 해명된다면, 어떻게 하면 인간을 감동시킬 수 있을지 더 잘 알게 될 것입니다. 어떤 시, 어떤 스토리가 사람을 더 감동시킬 수 있는지도 알게 될 겁니다."

| 정신 현상까지 포함해서 모든 생명현상이 근본적으로는 물질적 기반 위에 서

있고, 물질적 생명현상이 기본적으로 DNA에 기록된 설계도대로 움직인다면 정신 현상도 결정론적 현상이라는 말씀입니까? 일반적으로는 물질세계는 물질적으로 결정된 세계지만, 생명 세계는 항상 눈앞에 자유로운 선택지가 있는, 결정되지 않은 세계로 생각됩니다. 이 생각은 잘못된 것인지요?

"앞서 얘기했듯이, 개개의 인간 성격이나 지능, 이런 것을 기반으로 한 행동의 큰 틀은 그 사람이 가지고 태어난 유전자군으로 상당히 결정돼 있지 않을까요? 다만, 우연성이 작동할 여지는 남아 있고, 각자가 조우하는 환경이 그 범위 내에서 영향을 끼칠 수 있지 않을까요?"

| 생명현상을 물질로 환원시키는 극단적인 입장이 있습니다. 정말로 살아 있는 것은 DNA일 뿐, 인간이나 동물처럼 생명의 주체라고 여겨지는 것이 사실은 DNA가 몸을 기탁한 것 혹은 DNA가 몸에 걸친 옷 같은 것이라는 생각도 있더군요.

"저도 기본적으로는 그렇다고 생각해요. 지구 역사상 어느 시기에 물질이 화학진화[7]를 일으켜, DNA가 만들어졌고, 이것이 계속 자기복제를 하면서 계속 진화한 끝에 여기까지 왔으며, 그 결과가 바로 우리지요. 사람들은 모두 DNA와 자신의 자아를 분리해서 생각하기 때문에 이런 얘기를 들으면 섬뜩하겠지만, 자아라는 것이 실은 DNA의 자기표현manifestation에 지나지 않는다고 생각할 수도 있습니다."

| 그렇게 극단적으로 물질로 환원해버리면 '자기'라는 것이 없어져버리지 않습

니까?

"그런데 말이지요, 또 다른 극단적인 얘기를 하자면, 나는 유심론자
唯心論者입니다."

| 유물론唯物論을 잘못 말씀하신 것 아닙니까?

"아닙니다. 유물론적이지만 유심론이지요. 즉, 우리가 이 세계를 이
런 것으로 인식하고 있지요. 이것이 컵이고 이것은 사람이라고. 이런
인식이 무엇인고 하니, 결국 우리 뇌의 인식 원리가 그렇게 돼 있기
때문에 그런 인식이 성립되는 거지요. 만일 우리 뇌와 전혀 다른 인
식 원리를 지닌 뇌가 있다면, 그것이 이 세계를 어떻게 인식할지 (우리
는) 전혀 알 수 없겠지요. 따라서 이 세상이 여기 이렇게 있는 것은 우
리 뇌가 그렇게 인식하기 때문이라는 말입니다. 같은 인간이라는 종
에 속하는 개체들이 같은 인식 메커니즘을 가진 뇌를 통해 같은 개념
concept을 공유하기 때문에 세계는 이러하다고 서로 동의할 뿐이라는
뜻입니다. 즉, 인간의 뇌가 있기 때문에 세계는 여기에 있다, 이런 의
미에서 나는 유심론자입니다."

| 그렇다면 말이지요, 그런 인식 주체로서의 뇌가 완전히 없어져버린 세계는
어떻게 될까요? 그 세계는 존재합니까. 존재하지 않습니까?

"음, 그것은 우리 뇌의 이해 능력을 넘어섰기 때문에 알 수 없다고
말할 수밖에 없겠지요. 과학자는 본질적으로 이해 능력을 넘은 것이

나 실현 가능성이 없다고 직감적으로 판단한 것은 피해가는 버릇이 있습니다."

| 그러면 이른바 초월적인 것에는 전혀 관심이 없나요?

"관심은 있지만, 매우 강한 의심을 갖고 대합니다. 신과 같은 것이 존재한다고는 생각하지 않지요.

재미있는 얘기가 있습니다. 내 비서인 에리는 아일랜드계인데, 경건한 가톨릭 신자지요. 신이라든가 내세 등을 모두 깊게 믿습니다. 그런데 여기에 와서 귀동냥으로 분자생물학 얘기를 이것저것 들었겠지요. 그러더니 어느 샌가 '그런 건(신) 잘 모르겠어요'가 됐다고 해요. 그러다가 지난해였는데, 어떻게 된 영문인지, 내가 반드시 노벨상을 받는다고 하느님이 얘기했다고 해요. 나는 웃으며 부정했지만, 반드시 받는다고 강하게 주장하더군요. 그런데 내가 정말로 노벨상을 받았어요. 그래서 그녀는 거꾸로 '잘 모르겠어요'가 됐다고 해요."

| 이번에는 반대로?

"그렇지요. 역시 하느님이 있는 게 아닌가 하고 생각하게 됐다는 겁니다. 에리는 교육도 받았고 아주 총명한 사람이지요. 그래도 그런 식으로 생각합니다. 그런 게 보통의 생각이지요. 저 같은 생각을 지닌 사람은 일반 사람이 보면 정신 나간 극단주의자crazy extremist로 보일 거라고 생각합니다."

| 지금 그녀의 심리적 동요, 그것도 하나의 정신 현상이지요. 앞서 한 얘기로 돌아가면, 이 심리적 동요도 언젠가는 물질 수준으로 환원해 설명할 수 있게 될 거라는 말씀입니까?

"하하하. 그렇지요. 언젠가는 설명할 수 있을 겁니다."

《정신과 물질》. 이 책은 1987년에 노벨 생리의학상을 받은 일본의 분자생물학자 도네가와 스스무에게 상을 안겨준 '항체의 다양성 생성의 유전학적 원리 해명'이라는 업적이 어떻게 탄생했는지 그 과정과 의미를 담고 있다. 수상 당시 노벨상 선고위원이 "100년에 한 번 있을 대발견"이라고 평했다는 도네가와 연구 업적의 전모와, 그의 인생 역정에 관심 있는 사람들은 의당 이런 질문에도 깊은 관심이 있을 것이다. "항체는 분명 물질인데 이 물질과 인간 정신이 어떤 상관관계로 얽혀 있기에 책 제목이 '정신과 물질'이지?"

물리, 화학, 생물학 등 이른바 자연과학 분야의 첨단 연구와 발견은 인간과 세계에 대한 우리의 인식과 이해의 지평을 넓혀왔다. 이는 우리의 시각과 사고를 바꾸고 세계와 '나' '우리'의 관계도 바꾸었으며, 우리 자신의 존재 양식 자체와 존재 의미도 바꿔왔다. 이런 점에서 물질과 물질에 대한 인간의 이해와 인간 정신은 밀접한 관련이 있다.

우리의 몸 자체가 물질로 구성돼 있다. 사고 등으로 몸의 어느 부분, 특히 뇌의 일부를 손상당하거나 잃을 경우 우리의 정신 또한 사고 전과는 많든 적든 달라진다. 때로는 자신이 누구인지 그 정체성에 대한 자각조차 불가능해질 수 있다. 이런 점에서도 물질과 정신은 밀접한 연관이 있다. 이 뿐만 아니라, 앞서 지적했듯이 첨단 자연과학적 연구 성과가 물질과 그 운동 메커니즘에 대한 인간의 이해는 물론 인간 자신의 사유와 사유 방식, 세계와의 관계, 나아가 자기 정체성을 바꾸고 존재 방식마저 바꾼다는 점에서도 그 둘은 밀접한 상관관계가 있다. 이런 점에서 첨단 자연과학적 연구는 인간과 세계의 작동 원리에 대한 이해와 의미를 찾는 철학적 탐구와 다를 바 없다. 첨단 자연과학 탐구가 곧 첨단 철학일 수 있다는 뜻이다.

도네가와는 심지어 정신과 물질은 다르지 않다고 얘기한다. 정신도 물질의 복합적인 물리·화학·생물학적 반응의 소산일 뿐이라고 본다. 정신이나 마음의 '신비'라는 것도 우리가 그 작동 원리를 온전히 이해하지 못하기에 붙여놓은 관념적 명칭일 뿐이며, 과학적 연구 진전에 따라 언젠가는 그마저 물질의 물리·화학·생물학적 작용으로 설명할 수 있는 날이 올 것으로 본다. 그렇게 되면 '신비'로 포장된 부분은 합리적이고 논리적으로 설명 가능한 '사실'로 바뀌고 신비는 사라질 것이다. 신비에 토대를 둔 주술적 세계관은 근대 이후 설 자리를 잃어가고 있지만, 여전히 큰 힘을 발휘하고 있다. 이는 인간의 자연과 세계 탐구에 아직도 잘 모르는 미지의 영역이 그만큼 많이 남아 있다는 얘기와 상통할 것이다.

'정신 또한 물질의 산물이라면, 인간의 삶이란 도대체 무슨 의미가 있는가?'라는 쪽으로 생각을 돌리는 사람들도 있을 것이다. 영혼이나 신비, 신의 존재를 인정하는 사람들은 '정신=물질적 현상'을 수긍하지 않을지 모르지만 이는 또 다른 차원의 문제다. 다른 차원의 문제이니 달리 논의해볼 과제이나, 오히려 인생은 그래서 더 의미 있고 더 행복해질 수도 있다.

이 책은 이런 문제를 다루지는 않지만, 노벨상 수상의 근거가 된 저자의 인생 및 연구 역정은 이런 문제까지 두루 생각하게 만든다. 대담 형식으로 전개되는 이 책의 대담자요 필자인, 일본 심층 취재 저널리즘의 한 축을 대표한다고 할 수 있는 다치바나 다카시도 이 문제에 관심이 많아 보인다. 다만, 정신도 물질 현상일 뿐이라는 도네가와와는 약간 생각이 다른 듯하다. 마지막 대담 부분에 생각의 차이가 살짝 드러나 있다.

다치바나가 이 책의 얼개와 대화를 끌어가는 방식, 또는 대담을 독자의 이해 심화에 유리하도록 적절히 재배치하고 이해에 필요한 기초과학 지식을 보탠 그의 노련한 솜씨가 이 책을 읽기 쉽게 만들어 가독성을 높인다는 점도 지적해 둬야겠다.

항체는 병원균이나 독성물질 같은 인체에 들어온 해로운 물질(항원)에 즉각 반응해 무력화시키거나 죽여 위험성을 제거하는(항원항체반응) 우리 몸의 면역 물질이다. 말하자면 우리 목숨을 유지 보전하는 데 없어서는 안 될 면역 시스템의 핵심 물질이다. 그런데 우리가 살아가는 생태 환경 속에서 우리는 예측할 수 없는 수많은 종류의 항원과 마주

칠 수밖에 없다. 우리 몸속에 들어와 해를 끼칠 수 있는 물질의 종류, 즉 항원은 그 종류와 수가 그야말로 헤아릴 수 없이 많다. 그대로 두면 별다른 인체 반응 없이 자연스레 몸 밖으로 배출되는 항원도 많지만, 그렇지 않은 것 또한 무수히 많다. 그중에는 생명에 치명적인 해를 끼칠 수 있는 것도 적지 않다. 사람만이 아니라 모든 생명체가 같은 문제를 안고 있다. 그럼에도 우리가 생명을 유지하는 것은 항체가 수많은 항원에 효과적으로 대적하고 있음을 의미한다. 돌발적인 사고사나 수명을 다한 노사老死야 또 다른 경우지만, 면역 실패는 곧 생명체 죽음, 생명의 소멸로 이어질 수 있다.

그런데 모든 종류의 항원에 효과적으로 대처할 수 있는 단일 항체는 존재하지 않는다. 그렇다면 항체의 종류도 항원의 수만큼이나 많아야 대처할 수 있다. 실제로 한 종류의 항원에는 거기에 꼭 맞춰 대응하는 항체의 종이 일 대 일의 관계로 존재한다. 특정 항원이 침입했을 때 우리의 면역 체계는 수많은 항체를 출동시킬 것이고 그중에 어느 하나가 특정 항원과 반응해 그것을 무력화시킨다. 이렇게 해서 항원을 퇴치하고 생명체가 보전되면, 문제의 항원을 물리친 항체는 선택되어 증식된다. 면역 체계가 특정 항원에 반응하는 특정 항체를 내보내 '맞장 뜨게' 하지 못하면 우리 몸은 제어 불능에 빠져 망가질 수 있다.

이런 분자생물학적 차원의 세계에서도 다윈의 적자생존과 자연도태 원리가 적용된다. 천연두나 홍역, 간염 등 전염병에 걸렸다가 나은 사람이 대개 다시는 그 병에 걸리지 않는 이유도 바로 항원항체반응의 결과다. 그런 병에 걸려 나은 사람은 그 항원에 대한 항체를 갖게 되어, 같은 항원이 다시 침범하더라도 곧바로 대적할 수 있는 항체에 격퇴당한다. 예방접종은 이 원리를 이용해 약한 항원을 인체에 주입해 그에 대적하는 항체를 우리 몸속에 미리 만들어놓는 작업이다.

그렇다면 우리 면역 체계는 어떻게 수많은 항체를 준비해놓고 있을까? 한 가지 가능성은 진화의 산물인 인간은 유전물질인 DNA(디옥시리보핵산) 자체에 수많은 항체면역세포를 만들어내는 유전정보를 갖고 있고, 그 유전정보는 어버이에게서 자식에게로 그대로 복제 전수되는 것이다. 또 다른 가능성은 수백 가지 정도의 유전정보만을 물려받은 각 개체가 각자의 자체 면역 체계에서 유전자 재조합과 돌연변이를 통해 수많은 항체를, 어버이의 것과 꼭 같지는 않은 각자의 항체를 새로 만들어내는 것이다. 전자가 면역세포의 '생식세포계열설'이고 후자가 '체세포변이설'이다.

도네가와는 노벨상 수상의 근거가 된 "100년에 한 번 있을 대발견" 바로 전까지도 전자, 즉 생식세포계열설을 믿었다. 돌연변이는 있지만 유전자는 기본적으로 어버이로부터 그대로 물려받으며 면역세포도 다르지 않다는 것이 그때까지의 정설이고 믿음이었다. 그런데 그게 아니었다. 면역세포 유전자는 어버이로부터 모든 정보를 그대로 물려받지 않고, L사슬, H사슬 유형으로 나뉘고 다시 불변의 C영역(1개), 가변의 V영역(수백 개), J영역(4개), D영역(20개 이상) 등으로 갈라져 있는 유전자를 일단 물려받은 뒤 이들이 온갖 경우의 수로 재조합된다. 여기에다 돌연변이, DNA 가운데 대다수를 차지하는 유전자(유전정보) 없는 '인트론'과 유전정보를 지닌 '엑손'(DNA 전체의 약 10% 정도?)의 접속 부위 변이 등에 따른 경우의 수까지 추가된다. 그러면 억 단위에 이르는 다양한 항체를 만들어낼 수 있다. 각 개체의 면역 체계는 이런 다양한 항체세포를 준비했다가 인체에 침입한 특정 항원에 최적으로 반응하는 항체를 출전시켜 대응한다. 그러니까 항체는 항원에 따라 새로 만들어지지 않고, 원래 준비돼 있던 수많은 항체 중의 하나가 대응하는 셈이다.

이런 유전자 재조합과 돌연변이는 유성생식을 통해 어버이에서 자손으로 유전자가 전달되는 계통발생 과정에서는 늘 일어났다. 이는 생물진화와 다양성의 원천이었지만, 면역 체계의 경우 개체발생 과정에서도 일어난다. 바로 이 사실을 여러 실험 과정을 거쳐 입증해낸 사람이 도네가와다.

도네가와는 인트론의 발견에도 큰 공을 세웠다. DNA는 흔히 유전자로 통칭되지만 네 가지 염기 조합으로 구성된 기나긴 DNA 사슬에서 유전정보를 지닌 부분(엑손)은 10% 정도라고 한다. 나머지는 유전정보 없는 염기 결합물이다. 세포 핵 내의 DNA가 RNA의 전사와 전달 과정을 거쳐 단백질을 만들어낼 때(유전정보란 결국 생명체의 기본 물질인 단백질을 만들어내도록 지시하는 정보다), 인트론 부분의 정보는 아무 단백질도 만들어내지 못한다. 그렇다고 인트론이 무의미한 것인지, 해명하지 못한 다른 역할이 있는지는 아직 분명히 알려져 있지 않다.

단백질을 만들어내고 항체를 만들어 항원항체반응을 하게 만드는 등 우리 인체 내의 모든 작동 메커니즘은 분자 또는 원자 차원의 물질 고유의 성질들 사이의 상호작용으로 이뤄진다. 모든 생명현상은 작동 원리를 알기만 하면 합리적 예측이 가능하기에, 신비나 신이 끼어들 여지가 없다. 그저 물질 고유의 성질에 따라 움직일 뿐이며, 수많은 움직임의 복합적·다층적 상호관계가 생명현상으로 발현될 뿐이라고 '정신=물질적 현상'주의자들은 생각한다. 해명이 되지 않는 현상은 아직 다 설명할 수 있을 만큼 인간의 사고 능력이 충분하지 못해서일 뿐이며, 언젠가는 알게 될 날이 올 것이라고 그들은 믿는다.

그렇다면 여기서 생명과 생명현상이 유전자 차원의 물질적 작동 원리에 따라 정해진 길을 갈까? 말하자면 '결정론'의 틀에서 벗어날 수 없는 것이냐는 의문이 들 수 있다. 도네가와에 따르면, 결정론적 요소에 지배당하는 면도 있지만 유전자 재조합과 돌연변이에서 보듯, 생명현상은 물질의 기본 작동 원리대로 발현되지만 예측할 수 없는 무한 변수로 전개될 수 있기 때문에, 모든 것은 결정돼 있으면서도 결정돼 있는 것은 아무것도 없는, 일견 모순돼 보이는 그 무엇이다. 도네가와의 세계관에도 영향을 끼쳤을 자크 모노의 '우연과 필연'도 그런 모순 관계일 것이다.

도네가와에게 노벨상을 안겨준 놀라운 연구들은 1970년대 중반에 진행됐다. 10여 년 뒤인 1987년에 그는 노벨 생리의학상을 받았으며,

이 책 초판이 나온 것은 1993년이다. 번역 모본으로 삼은 문춘文春문고본《정신과 물질》은 2015년에 나온 제18쇄다. 초판이 나온 지 20년이 넘도록 쇄를 거듭하고 있다. 이는 그만큼 수요자가 있다는 얘기고, 도네가와와 다치바나의 대담 내용이 그만한 세월이 지난 지금도 읽을 만한 충분한 가치를 지니고 있다는 의미이다.

하이브리다이제이션, 클로닝 등 당대 최첨단 실험 기법과 기술에 탁월한 재능을 발휘한 도네가와는 인체 내 면역 체계가 뇌 신경세포 작동 체계와 매우 닮았다며, 그 기원이 같은 것일 수 있다고 했다. 당시에도 뇌 과학 쪽에 큰 관심을 갖고 있던 도네가와의 지금 관심 영역도 뇌 과학 쪽일 것이다. 이런 점에서 이 책은 최근 인간의 주관심 분야의 하나로 떠오른 뇌 과학 분야 연관 도서로도 읽힐 수 있다. 1960년대 초 거대한 물결을 이뤘던 일본 내의 미일안전보장조약 반대 투쟁(안보투쟁)에도 적극 참여했던 그가 미국 캘리포니아 대학으로 유학 가서 분자생물학도가 된 게 1960년대 초반이었으니, 업적을 쌓고 국제적으로 인정받는 과정이 상당히 빨랐다고 할 수 있다. 최근 27번째 노벨상 수상자를 낸 일본의 미디어에 따르면, 노벨상 수상은 수상 근거가 되는 연구 업적을 낸 지 평균 27.8년 뒤에야 이뤄진다. 그러니 업적을 낸 지 10여 년 만에 노벨상을 받은 도네가와의 연구 역정은 자유주의자 기질이 강한 그의 인생 역정만큼이나 드라마틱한 면이 있다. 다치바나는 그런 면을 요령 있게 잘 드러내 준다.

이 책을 읽다 보면, 노벨상 수상은 수상자 개인의 개성과 연구의 탁

월함이 결정적 요인으로 작용하지만, 이것만으로 다 되지는 않는다는 점을 알 수 있다. 도네가와의 수상에는 그를 분자생물학의 메카였던 미국에 유학 보낸 당대 일본의 사회 · 교육 · 자연과학 수준도 한몫했다. 게다가 미국의 대학과 소크연구소를 포함한 여러 연구소의 연구 풍토와, 이들의 연구를 뒷받침한 미국의 사회경제적 배경도 중요했다. 그가 옮겨갔던 바젤연구소와 스위스의 자연과학계 연구 수준 또한 빼놓을 수 없으며, 서구 국가 간의 지적 교류와 공유 수준도 중요한 배경이다. 도네가와를 다시 받아들인 매사추세츠 공대의 연구 환경 등도 큰 영향을 끼쳤음에 틀림없다.

사실, 서구 근대의 산물인 노벨상 자체가 서구의 가치관과 세계관을 반영하고 있다. 이런 만큼 서구적 세계관이나 가치 체계에 잘 적응해야 수상에도 유리할 것이다. 도네가와는 이에 잘 적응했다고 할 수 있다.

이건 좀 엉뚱한 얘기지만, 일본이 한국에 대한 수출을 규제한 첨단 소재 관련 부품산업의 기술 발전이, 그것을 수입해 부가가치를 높여 재수출하는 한국의 첨단 IT기업들을 포함한 국제적인 수요공급 체인망 속에서 비로소 가능하다는 점과도 닮은 데가 있다. 일본이 이 분야에서 기술 수준이 높은 것은, 일본만 잘해서가 아니라 국제적인 수요공급망의 종합적 소산이기 때문으로 보아야 한다. 아베 신조는 그것을 몰랐거나 알면서도 정치적 계산 때문에 눈을 감았다. 이는 그의 정치 역정에 큰 마이너스로 작용할 것이다.

어쨌거나 첨단 제품을 생산하고 그 분야의 주요 플레이어가 되려면 그런 망 속에 들어가야 하듯이, 노벨상을 타려면 그런 서구적 가치 체계와 첨단 연구 메커니즘 속에 들어가야 한다. 책을 읽으면 그런 면에 대한 흥미로운 점들도 미루어 생각하여 살펴볼 수 있다.

한승동

제1장

1 연구소라 부르지만 실질적으로는 스웨덴 최대의 의과대학. 노벨 생리의학상은
이 연구소 내에 설립된 노벨위원회가 선정한다. 물리학상·화학상·경제학상은 스
웨덴 과학아카데미가, 문학상은 스웨덴·프랑스·스페인의 세 아카데미가, 평화상
은 노르웨이 국회가 선임한 5인위원회가 지명한다.

2 이런 표현은 예비지식이 없으면 좀 알기 어려울지도 모르겠다. 잘 모르더라도
일단 계속 읽어 나가기 바란다. 좀 더 진행한 다음에 분자생물학의 기초 개념에 대
해 잘 모르는 사람도 알 수 있도록 해설하겠다.

3 분자생물학 지식이 전혀 없는 사람도 계속 읽어가기 전에 우선 DNA, RNA가 무
엇인지 알아두기 바란다. 그림 1에서 보듯 세포 중심부에는 핵이라고 하는 부분이
있고, 그 속에는 핵산이라 불리는 산성 물질이 있다. 핵산에는 두 종류가 있는데, 하
나는 리보핵산RNA이고 또 하나는 디옥시리보핵산DNA라고 한다. 유전정보를 갖
고 있는 DNA가 바로 유전자 본체다. RNA는 DNA가 갖고 있는 유전정보를 바깥으
로 운반하거나 유전정보를 토대로 단백질을 합성한다. 이 두 핵산이 분자생물학의
주역이다.

4 왓슨·크릭의 DNA 이중나선 구조: 1953년, 당시 영국 캐번디시 연구소에 있던
제임스 왓슨James D. Watson(1928~)과 프랜시스 크릭Francis H. Crick(1916~2004) 두

사람은 DNA가 두 줄의 사슬이 나선 모양으로 서로 맞물려 있다는 사실을 처음으로 밝혀냈다. 그때까지 DNA의 화학조성化學組成은 알고 있었으나 그것이 어떤 구조를 갖고 있는지는 몰랐다. 두 사람은 이를 X선 해석 사진을 토대로 밝혀냈다. 그림 2에서 보듯 DNA는 디옥시리보스라 불리는 당糖의 일종과 인산이 길게 연결된 사슬이 두 줄의 나선 모양으로 꼬인 구조로 돼 있다. 당 부분에는 아데닌(A), 티민(T), 구아닌(G), 시토신(C) 등 네 종류의 염기鹽基가 하나씩 결합돼 있다. 그리고 이 염기가 또 한 줄기의 사슬 염기와 단단히 결합됨으로써 DNA의 사슬 두 줄이 결합돼 있다. 이 염기 결합에는 정해진 규칙이 있다. A는 반드시 T와 짝(염기쌍이라고 한다)을 이루며, G는 반드시 C와 짝을 만든다. 다른 조합, 예컨대 A와 G의 짝, C와 T의 짝은 없다. 따라서 이중나선의 한쪽 사슬의 염기 배치 방식(염기배열)이 결정되면 또 한 줄기의 사슬 염기배열도 자동으로 결정된다.

이것을 "두 줄기 사슬의 염기배열은 상호 '상보적相補的'이다"라고 한다. 이것이 왓슨·크릭의 모델의 가장 중요한 점인데, 이를테면 DNA는 서로 포지(티브)와 네가(티브)의 관계에 있는 두 줄기의 사슬로 돼 있는 셈이다. 이 개념이 도입되어 그때까지 수수께끼로 남아 있던 DNA 복제의 메커니즘이 간단하게 풀렸다.

당시에도 DNA가 유전자 본체라는 것은 알고 있었다. 이는 DNA가 자기복제 능력을 갖고 있다는 말이다. DNA는 자신과 똑같은 카피(복제물)를 만들어냄으로써 유전정보를 전달한다. 그런데 DNA는 어떻게 그렇게 완전한 자기복제 능력을 가질 수 있을까, 이것이 오랜 세월 알 수 없는 수수께끼였다. 이를 이중나선 구조가 깨끗하게 풀어버렸다. 요컨대 DNA 유전자의 유전정보는 A, T, G, C의 염기배열이라는 형태로 표현된다. 이것이 네가에서 포지를 만들고, 포지에서 네가를 만드는 형태로 정확하게 전달된다. 이는 분자생물학사상 최대의 발견 가운데 하나라는 찬사를 받는다. 왓슨과 크릭은 이 발견으로 1962년에 노벨 생리의학상을 받았다. DNA의 복제 메커니즘은 1956년, 미국의 아서 콘버그Arthur Cornberg(1959년에 노벨 생리의학상 수상)에 의해 실험적으로 증명됐다.

5 막스 델브뤼크Max Delbruck. 1906년 독일에서 출생. 일찍부터 전도유망한 원자

물리학자로 촉망받았으나 1932년 덴마크에서 유학하던 중 양자물리학의 아버지로 불리는 닐스 보어Niels Bohr(1885~1962. 1922년에 노벨 물리학상 수상)의 국제방사선요법학회 특별강연 '빛과 생명'을 듣고 물리학을 버리고 생명을 연구하기로 결심했다고 한다. 그는 베를린의 카이저 빌헬름 화학연구소를 거쳐 1937년에 미국으로 건너가 초파리 유전학의 메카였던 캘리포니아 공과대학에서 새로운 연구 생활을 시작했다. 거기서 박테리오파지의 존재를 알게 됐고, 그 뒤 이것을 통해 유전·증식 연구를 했다. 제2차 세계대전이 끝나고 나서는 그가 앞장서서 젊은 물리학자와 물리화학자를 중심으로 박테리오파지 연구 그룹, 이른바 '파지그룹'을 만들었다. 이는 미국을 중심으로 한 국제 그룹으로, 이들의 활동은 그대로 전위적인 새로운 생물학운동이자 분자생물학을 낳은 모태가 됐다. 이 그룹에 훗날 DNA 이중나선 구조를 발견하는 젊은 생물학자 제임스 왓슨이 있었다.

델브뤼크는 1969년 박테리오파지 유전학의 기초 연구로 샐버도어 루리아Salvador Luria, 앨프리드 허시Alfred Hershey와 함께 노벨 생리의학상을 받았는데, 일본의 축하를 받고 "기원정사祇園精舍의 종소리…"로 시작하는 〈헤이케 모노가타리平家物語〉의 유명한 앞 구절을 영역해서 보냈다는 일화가 있다.

6 와타나베 이타루渡辺格. 1916년에 태어나 1940년 도쿄제국대학 이학부 화학과 졸업, 도쿄대학 교수, 교토대학 교수(바이러스 연구소), 게이오기주쿠대학(게이오대) 의학부 교수, 명예교수를 지낸 뒤 2007년 타계했다.

제2차 세계대전이 끝난 뒤 물리화학에서 핵산·바이러스 연구로 분야를 옮겨, 1953~55년에 미국 캘리포니아 대학 바이러스 연구소의 웬들 스탠리Wendell Stanley(담배 모자이크 바이러스 결정화로 1946년에 노벨 화학상 수상) 밑에서 유학했다. 거기서 델브뤼크 직계인 건서 스텐트Gunther Stent와 함께 박테리오파지를 연구했다. 파지그룹의 일원이자 일본 분자생물학의 시초이며, 생명과학 분야에서 큰 지도력을 발휘했다.

7 마셜 니런버그Marshall Warren Nirenberg. 1927년 미국 태생으로 1957년 이후 NIH

(미국국립보건원)에서 연구했다. 1968년 〈유전정보의 해독과 그 단백질 합성 역할 해명〉으로 로버트 홀리Robert W. Holley(미국), 하르 코라나Har G. Khorana(미국)와 함께 노벨 생리의학상을 받았다.

8 DNA의 유전정보가 구체적인 생명.활동으로 나타나려면 그 정보에 따라 여러 단백질이 만들어져야 한다. 즉 DNA는 생명 활동의 각본이고, 이 각본을 토대로 살아가기 위해 다양한 역할을 수행하는 담당자가 단백질이기 때문이다.

9 RNA는 보통 한 줄의 사슬로 돼 있다. DNA와의 구성 성분 차이는 염기 네 종류 가운데 DNA의 티민(T) 대신에 우라실(U)이 사용되며, 사슬을 구성하는 당이 디옥 시리보스가 아니라 리보스라는 점뿐이다. U는 아데닌(A)과 염기쌍을 만든다. 메신 저 RNA상의 염기배열 끝에서부터 세 글자씩으로 한 조組를 이루며(이 한 조를 '코 돈codon'이라고 한다), 이는 각각 아미노산 한 종류를 지정하는 유전암호로 돼 있다. DNA의 유전정보(염기배열)는 RNA에 그림 3에서처럼 전사된다. DNA 두 사슬이 풀어져 그 한 줄기의 염기배열과 상보적인 염기배열을 만들어가는 형태로 mRNA 가 만들어진다. RNA는 DNA의 염기 네 종류 가운데 아데닌(A), 구아닌(G), 시토신 (C) 세 종류까지는 똑같은 것을 사용하지만, 티민(T)은 쓰지 않고 대신 우라실(U)을 쓰기 때문에 DNA상의 ATGC의 염기배열로 기록돼 있던 유전암호는 RNA상에서 는 각기 거기에 상보적인 염기배열인 UACG로 다시 기록된다. 핵 속에서 유전정보 를 전사한 RNA는 핵 바깥으로 나간다. 그러면 거기서 대기하던 트랜스퍼 RNAtRNA 가 유전정보를 코돈 단위로 읽어서 그 지령대로 아미노산 한 개를 운반해 와서 그것 을 순서대로 이어간다. tRNA는 코돈 하나하나에 대해 하나씩 다른 종류가 있기 때 문에 모두 수십 종류가 있다. tRNA 하나하나가 각각 한 종류의 아미노산에 대응하 는 것이다(다소의 중복대응도 있다). 이렇게 해서 유전정보가 해독돼 아미노산배열 로 치환되면서 단백질이 합성된다. 이 과정을 유전정보의 '번역'이라 한다. 유정정 보의 번역은 세포질인 리보솜이라는 과립顆粒(알갱이)들 속에서 이뤄진다. RNA에 는 mRNA, tRNA 외에 리보솜을 구성하는 리보솜 RNArRNA가 있다.

10 간사이 지역의 대학에서는 일반적으로 학년을 나타낼 때 1년생, 2년생이라 하지 않고 1회생, 2회생이라고 하는 경우가 많다.

11 생물의 생존이나 발육에 유효한 물질이나 그것을 저해하는 물질의 효과를 살아 있는 생물 개체 또는 조직을 이용해서 조사하는 것. 생물검정檢定이라고도 한다. 비타민이나 호르몬 등과 같이 극히 미량으로 효과를 나타내는 물질의 검정에는 생물의 반응을 눈으로 확인하는 것이 유리한 경우가 많다. 메귀리를 사용한 식물 호르몬 테스트, 특정 영양소가 없으면 발육할 수 없는 세포를 사용한 비타민, 아미노산 또는 발암성 물질의 검정 등이 대표적이다.

12 자코브Francois Jacob는 1920년 프랑스 태생의 분자유전학자이다. 모노Jacques Lucien Monod는 1910년 프랑스 태생의 분자생물학자이다. 두 사람 모두 파스퇴르연구소에서 연구했다. 1965년, 미생물학자 A. D. 르보프Andre Lwoff(프랑스)와 함께 노벨 생리의학상을 수상했다.

13 대장균을 배양할 때 영양분으로 여러 당분을 제공한다. 대장균은 당분을 분해해서 살아가기 위한 에너지를 획득한다. 그러나 대장균은 보통 당분 속의 유당乳糖(락토스)만은 분해하지 않는다. 유당을 분해하는 효소가 없기 때문이다. 그런데 다른 당분을 전부 제거하고 유당만을 주면 대장균은 유당을 분해하는 효소를 스스로 만들어낸다. 즉 대장균에는 원래 유당을 분해하는 효소를 만드는 유전자가 있지만 보통 필요가 없기 때문에 이 유전자의 작동이 리프레서(억제인자)라는 자물쇠로 억제된다. 그러나 유당만 주어지면 유당이 리프레서에 작용해 리프레서의 형태를 바꿔 자물쇠가 떨어져 나가 유전자가 작동하며, 유당 분해에 필요한 세 종류의 효소 합성이 유도된다. 자코브와 모노는 대장균을 사용한 실험에서 '유전자 발현의 조절 이론=오페론설'을 끌어냈다.

14 척추동물의 면역을 담당하는 세포로 크게 B림프구(B세포)와 T림프구(T세포)

로 나뉜다. 모두 골수의 조혈간세포라 불리는 세포로 만들어진다. B세포는 항체를 만드는 세포로 항체를 통한 면역을 액성(液性) 면역이라고 한다. 한편 T세포가 맡은 면역을 세포성 면역이라고 한다. 여기서는 액성 면역에 한정해서 얘기한다.

제2장

1 돌연변이체라고도 한다. 돌연변이로 생체 형질이 변한 생물 개체, 세포 또는 바이러스 입자로, 여기에서는 항생물질을 고농도로 투여해도 거기에 저항하면서 살아갈 수 있는 변이를 일으킨 세균을 말한다. 염색체 DNA의 인공 돌연변이로 항생물질에 대한 감수성이 없어진 경우와, 어떤 항생물질을 장기간 사용함으로써 항생물질을 불활성화하는 효소를 만드는 능력을 획득한 경우가 있다.

2 유전자의 메커니즘을 분자 레벨에서 연구하는 학문. 분자생물학은 처음엔 분자유전학으로 발달했다. 그 뒤 다양한 영역으로 전개됐는데, 지금도 분자유전학은 분자생물학의 중요한 일익을 담당한다.

3 유전자 DNA는 염색체(사람에겐 상常염색체 22쌍과 성性염색체 X, Y가 있다) 상에 배치돼 있는 것으로 생각되고 있는데, 어느 특정 유전자가 염색체 상에서 점하는 위치를 유전자자리(또는 좌위座位)라고 한다. 최근 질병에 관여하는 유전자를 중심으로 그 염색체 상의 좌위가 차례차례 정해지고 있는데, 그 수는 사람의 전체 유전자 가운데 극히 일부에 지나지 않는다.

4 유의미한 유전정보가 담겨 있는 염기배열 부분을 엑슨, 무의미한 염기배열 부분을 인트론이라 하는데, RNA분자 가운데 인트론을 제거하고 엑슨을 연결하는 일련의 과정을 스플라이싱이라고 한다. 상세한 내용은 276쪽 참조.

5 세포 내에 핵막으로 에워싸인 핵을 지닌 세포를 진핵세포라고 하고, 분명한 핵을 갖지 않은 세포를 원핵세포라고 한다. 세균과 남조류는 원핵세포로 된 원핵생물이고, 기타 생물은 모두 진핵세포로 구성된 진핵생물이다. 약 30억 년 전 지구상에 최초로 출현한 생물은 원핵생물로, 진핵생물이 출현한 시기는 훨씬 나중인 약 12억 년 전으로 본다. 원핵세포는 세포 내의 작은 기관을 거의 갖고 있지 않은 간단한 구조로 돼 있다.

6 세균에 침입한 파지의 유전자가 증식·용균溶菌(균의 용해)을 일으키지 않고 숙주의 DNA 속에 들어가 그것과 하나가 된 듯한 형태로 행동하는 현상을 용원화溶原化라고 한다. 용원화한 파지 유전자를 지닌 세균을 용원균이라고 한다. 용원균에 대량의 자외선을 쬐면 파지 유전자가 증식해서 새끼 파지들이 용균하게 된다.

7 버넷Frank Macfarlane Burnet은 1899년 오스트레일리아에서 태어났으며, 후천적 면역관용을 발견해 1960년에 영국의 메다워Peter Brian Medawar와 함께 노벨 생리의학상을 수상했다.

8 버넷이 1957년에 제창한 이론으로, 그 뒤 면역학의 발전으로 일부 개정되긴 했으나 대강의 줄기는 옳았다. 지금도 면역학의 지도 원리 가운데 하나다.
당시까지 널리 지지를 받았던 이론은, 항체생산세포가 산출하는 항체의 면역 특이성은 항원에 의해 결정된다는 항체생산지령설이었다. 이에 대해, 특이성을 만드는 것은 항체분자가 아니라 임파계 세포 그 자체라는 이론이다.
'어떤 항원에 대해서도 거기에 특이하게 반응하는 항체가 산출되는 이유는 무엇인가'는 오랫동안 면역학의 수수께끼였다. 그때까지는 특정 항원의 자극으로 거기에 특이하게 반응하는 항체가 후천적으로 만들어진다는 설(지령설, 주형설)이 유력했다. 그러나 버넷은 거꾸로 모든 항원의 침입에 대해, 거기에 특이하게 반응하는 항체가 원래 선천적으로 B세포의 클론(단일 세포에서 유래하는, 유전적으로 완전히 동질적인 세포군)으로 준비돼 있는 것으로 봤다. 그것은 모든 항체에 반응해야 하기 때문에 종류가 매우 많다. 수많은 종류의 클론이 조금씩 있는 것이다. 개체 내에 항원이 들어오면 수많은 종류의 클론 가운데 특정 클론이 항원과 반응해 급격하게 증식하면서 항체를 만드는 플라즈마세포(형질세포)가 된다는 것이 이 이론의 줄기다. 즉, 어느 특정 항원에 의해 그것과 특이하게 반응하는 B세포의 클론만이 선택된다고 생각한 점에서 이 이론을 클론선택설이라고 부른다.

9 간단히 면역관용이라고도 한다. 특정 항원에 대해 면역반응을 일으킬 수 없게 된 상태로, 유전적으로 동일하지 않은 이란성 쌍생아인 소들 사이의 피부이식이 성공한 것이 면역관용의 구조를 해명하는 실마리가 됐다. 조사해보니 두 마리의 소는 태아기의 혈관 유착으로 각자의 혈액 속에 상대의 적혈구가 혼입돼 있었다. 이런 예는 원래는 자신이 아닌 것非自己으로 인식돼 면역반응의 대상이 돼야 할 항원(이 경우는 상대의 적혈구)이라 할지라도 태아기 또는 출생 직후의 면역능력 저하 상태 때 항원이 침입하면 면역관용이 되는 현상을 나타낸다.

면역관용의 기본적인 메커니즘은, 한 항원에 대응해야 할 B세포 또는 T세포의 클론 결락, 발달 부전, 기능 결함 가운데 어느 요인 때문에 일어난다고 여겨진다. 자신의 성분에 대해서는 보통은 면역관용이 되지만, 그 체계가 깨지면 만성관절류마티스, 중증근무력증, 자기면역성 빈혈, 전신성 에리테마토데스(홍반성 낭창) 등의 자기면역 질환이 되는 경우가 있다.

제3장

1 RNA는 오른쪽 그림처럼 5탄당炭糖에 인산기가 결합돼 죽 이어진 구조다. 그림에서 보듯 5탄당의 탄소에는 1′에서 5′까지 번호가 붙어 있다. 인산기와의 결합 부분은 3′이나 5′ 둘 가운데 하나다. 3′쪽을 3′말단이라 하고 5′쪽을 5′말단이라고 한다.

2 일반적으로 다른 종異種을 결합시켜 만든 잡종을 하이브리드라고 하며, 잡종을 만드는 것을 하이브리다이제이션이라고 한다. 분자생물학에서는 본래 두 줄의 사슬인 DNA 단편을 떼어내 한 줄로 만들고, 그것을 다른 DNA 단편 또는 RNA 단편과 결합시켜 하이브리드를 만드는 것을 하이브리다이제이션이라 한다. 이때 결합시킨 DNA(RNA) 단편에 미리 방사성 동위원소를 넣어두면 만들어진 하이브리드를 간단하게 검출할 수 있다. 이 방법을 써서 특정 DNA 단편을 효율적으로 분리 검출하는 수법은 기초 연구는 물론 바이오산업에서도 널리 활용되고 있다.

3 1914년 이탈리아에서 태어난 분자생물학자로 미국에 건너간 뒤 인디애나 대학, 캘리포니아 공과대학, 소크연구소에서 연구했다. 1975년, 종양 바이러스와 유전자의 상호작용에 관한 연구로 볼티모어David Baltimore(미국), 테민Howard Temin(미국)과 함께 노벨상을 수상했다.

4 Simian Virus 40의 약자. Simian은 원숭이란 뜻으로, 소형 DNA 바이러스로 원숭이 세포를 이용한 폴리오 백신을 제조할 때 혼재하는 바이러스로 발견됐다. 자연 감염에서는 발암성을 나타내지 않지만 실험적으로는 동물에 암을 일으키는 경우가 있기 때문에 암 바이러스 종류로 분류된다. 포유동물의 세포를 숙주로 삼는 유전자 재조합 실험의 벡터로 이용된다.

5 세포가 본래 지니고 있던 형질을 변화시켜 다른 세포가 되는 것으로 DNA에 변화가 생겨 일어나는 현상이다.

염기

제4장

1 이디오타입idiotype은 면역 글로불린에 발현하는 특이적 항원성을 말한다.

2 닐스 카이 에르네Niels. K. Jerne가 1970년대 전반에 제창한 면역 이론이다. 항원은 항원특이성이 다른 수용체를 지닌 수많은 B세포 클론 가운데 자신과 결합할 수용체를 가진 것만을 자극해서 항체를 생산하게 하는데, 개개의 클론은 서로 무관하게 존재하지 않으며, 항원 수용체의 특이한 구조를 서로 인식하고 있어서, 한 개체의 B세포 집단은 전체적으로 커다란 네트워크를 형성한다.

3 식세포食細胞는 세균이나 바이러스 등 이물질이나 자신이 노화하거나 죽은 세포 등을 섭취해서 소화(분해) 처리하는 세포를 총칭하는 말이다.

4 세포는 생식세포를 형성하는 생식세포와 몸을 구성하는 체세포로 나뉜다. 생식세포란 생식을 위해 특별히 분화한 알이나 정자 등의 세포를 총칭한다. 또 체세포는 다세포생물의 생식세포 이외의 모든 세포를 가리키며, 몸의 다양한 조직이나 기관을 구성하는 세포로 분화한다.

5 미엘로마myeloma는 골수종骨髓腫이라고도 한다. 골수에서 발생하는 종양으로, 골수는 면역현상의 근간을 이루고 있다. 면역을 담당하는 림프구는 모두 원래 골수에서 만들어지는 간세포幹細胞에서 분화한 것이다. 골수 세포가 암으로 바뀌면 면역계에 교란이 일어나 특정 항체가 대량으로 산출되는 등의 현상을 일으키기 때문에 면역 연구에 좋은 재료가 된다.

6 완전히 같은 유전자 구성을 지닌 세포군이나 개체군을 클론이라고 한다. 클론이라는 말은 그리스어의 '작은 가지들 모임'이라는 말에서 유래했다. 본래는 무성생식(식물의 영양번식이나 세포·원생동물의 분열증식)으로 불어난 세포 집단이나 개체군을 클론이라고 불렀으나, 최근에는 유전자 자체에 대해서도 이 용어를 쓰게 됐다. 최근 재조합 DNA 기술(유전자 재조합 기술)의 진보로 사람의 DNA를 포함해서 여러 유전자 DNA를 미생물 체내 등에서 증식해 균일한 DNA 분자 집단(클론)을 대량으로 얻을 수 있게 됐다. 이를 DNA 클로닝(클론화)이라고 한다. 고등동물의 경

우 정상적인 생식 방법을 취하는 한 유성생식이며, 이때 자식의 유전자 조성組成은 부분적으로 달라진다. 이는 부친과 모친으로부터 물려받은 유전자가 섞이는 방식이 조금씩 달라지기 때문이다. 따라서 일란성 쌍둥이 등 특수한 예를 빼고, 자연 상태에서 클론 동물은 존재하지 않는다. 식물의 경우에는 예전에는 영양번식(꺾꽂이 등)으로, 최근에는 바이오테크놀로지로 한 개체의 세포에서 유래하는 개체를 대량으로 증식할 수 있게 됐다. 이들은 모두 동일한 유전자 조성을 지닌 개체로, 클론 식물이라고 부른다.

7 복수의 세포가 합체해서 단일 세포막으로 에워싸여 핵이나 세포질이 섞여 있는 상태가 되는 것을 말한다. 고등 생물의 세포를 인공적으로 융합하는 것은 1957년에 오사카대학의 오카다 요시오岡田善雄가 처음으로 성공했다. 그는 어떤 종의 암 세포에 HVJ(별명 센다이 바이러스)라는 바이러스를 섞으면 세포가 융합한다는 사실을 알아냈다. 이로써 여러 가지로 응용할 수 있는 길이 열렸다.

HVJ에 이어 세포융합을 일으키는 물질로 초산硝酸소다, 폴리에틸렌글리콜 polyethylene glycol이 발견됐으며, 최근에는 약한 전기 자극을 가해도 융합이 일어난다는 사실이 알려졌다. 식물에서는 이제까지 이 기술로 여러 새로운 잡종 식물이 만들어졌는데, 그중에는 실용화된 것도 있다. 동물세포에서는 1975년에 C. 밀스테인 (영국), G. 켈러(독일)에 의해 항체를 만드는 B세포와 암 세포의 미엘로마를 융합시킨 잡종 세포(하이브리도마hybridoma)를 이용한 단일클론항체 생산법이 개발돼 생명과학의 기초연구 및 의학 분야에 큰 공헌을 했다. 이들은 이 업적으로 1984년에 노벨 생리의학상을 받았다.

8 크로마토그래피chromatography는 다성분의 혼합물에서 그 성분을 분리·분석하는 방법이다. 몇 가지가 있는데, 가장 단순한 방법은 흡수제를 넣은 수직의 유리 원통 위에서 혼합물을 주입하는 것이다. 화합물에 따라 흡착하기 쉬운 것과 어려운 것사이에 이동 속도에 차이가 생겨 혼합물을 분리할 수 있다.

제5장

1 프로브probe(탐색자). 고등 생물의 DNA 양은 방대하기 때문에 무작위로 DNA 조각을 골라내는 것은 효율적이지 않다. 그래서 목적한 유전자에 표지를 하는 데 이용되는 것이 프로브다('탐침' 등으로도 불린다). 이것을 사용함으로써 방대한 종류의 유전자 DNA 집단 속에서 목표로 삼았던 유전자를 낚아 올려 효율적으로 클로닝을 할 수 있게 된다. 이때 무엇을 프로브로 이용할 것인지가 문제인데, 일반적으로는 목표로 삼은 유전자와 염기쌍을 만들기 쉬운 배열을 지닌 RNA 또는 DNA 가 사용된다. 구체적으로는 메신저 RNA, 메신저 RNA를 틀로 삼아 만든 DNA(상보적 DNA라고 한다), 인공적으로 합성한 DNA 또는 다른 생물의 매우 닮은 유전자 DNA 등이 이용된다.

제6장

1 산酸이나 알칼리를 넣어도 pH(수소 이온 농도=산성·알칼리성의 정도를 나타내는 지표)가 거의 변하지 않고 보존되는 용액으로, pH의 변화를 완화하는(완충하는) 작용을 한다.

2 채취한 신선한 피를 용기에 방치해두면 혈구 등의 고체 성분이 응고돼 밑으로 가라앉고 위에 맑게 뜨는 담황색의 액체를 얻을 수 있다. 이것이 혈청인데, 그 속에 들어 있는 단백질을 혈청단백질이라고 한다. 혈청단백질의 50~60퍼센트는 혈청 알부민이며, 그 외에 면역글로불린(항체)과 각종 효소가 포함돼 있다.

3 1973년, 캘리포니아 대학의 허버트 보이어Herbert Boyer와 스탠퍼드 대학의 스탠리 코언Stanley Cohen은 239쪽에서 설명할 제한효소와 플라스미드를 이용해 재조합 유전자를 만드는 방법을 개발했다. 이것은 유전자공학의 기본 기술로 전 세계에서

널리 이용되고 있다. 이 기술은 특허로 등록돼 있다. 대학의 연구자는 무상으로 이 것을 이용할 수 있으나 기업이 이용할 경우에는 연간 1만 달러의 특허 사용료를 지불해야 한다. 이 기술을 이용해서 상품을 생산할 경우에는 판매액의 0.5~1퍼센트를 지불하도록 돼 있다.

제7장

1 유성생식, 즉 암수 교배로 자손을 늘리는 생물. 분열을 통해 불어나는 세균 등 특수한 것을 빼면 대부분의 생물은 유성생물이다.

2 어떤 생물이 진화해온 과정을 계통발생이라 하고, 수정란에서 개체가 형성되는 과정을 개체발생이라 한다.

3 신경세포 끝에서 방출되며, 시냅스를 거쳐 다음 신경세포에 정보를 전달하는 일군의 화학물질을 말한다. 대표적인 신경전달물질로는 아세틸콜린acetylcholine, 노르아드레날린noradrenaline, 감마χ 아미노산GABA 등이 있다. 최근 신경 펩티드라 불리는 소형 단백질이 50종 이상 발견됐는데, 이들도 신경전달물질로서의 기능을 갖고 있는 사실이 밝혀지고 있다. 신경전달물질에서 전달되는 정보를 직접 포착catch하는 것은 수용체라 불리는 단백질인데, 최근 각종 전달물질 수용체의 구조와 그 기능에 대해 상세한 연구가 진행되고 있다. 이는 분자생물학의 최첨단 연구 분야 가운데 하나다.

4 플라스미드plasmid란 세균이나 효모의 세포질 속에 기생적으로 존재하는 고리 모양의 두 가닥 사슬 DNA를 말한다. 세균 자신의 DNA와는 독립해서 존재하며, 독자적인 자기증식 능력이 있다. 보통 숙주의 생육에 필수적인 유전자는 아니다. 어떤 종류의 플라스미드는 유전자 재조합 기술의 벡터로 이용되고 있다.

5 일반적으로 대장균이라면 불결한 느낌을 갖게 하지만, 분자생물학 연구나 유전자 재조합 기술에 사용되는 것은 K12주株라고 불리는, 전혀 무해하고 성질을 잘 알고 있는 특수한 대장균이다. 이것은 실험실 바깥으로 누출될 경우 생존할 수 없다.

6 벡터vector는 본래 매개자라는 뜻이다. 예컨대 작은빨간집모기는 일본뇌염 바이러스의 벡터이며, 학질모기는 말라리아 원충을 매개한다. 생명과학이나 생명공학 분야에서는 유전자 재조합 기술을 통해 특정 유전자 DNA를 클로닝하거나, 의약품 생산 등의 목적으로 숙주 세포에 집어넣기 위한 운반책을 벡터라고 부른다. 플라스미드나 바이러스의 DNA가 흔히 이용된다.

7 바이오해저드biohazard(생물학적 재해)는 생물 또는 생체물질로 인해 발생하는 재해를 말한다. 지금까지는 주로 세균이나 바이러스 등의 병원성 미생물이나 기생충, 해충 등이 사람이나 가축, 작물 등에 피해를 끼쳤으나, 유전자 재조합이 가능해진 지금은 유전자 재조합으로 증식한 인공적 생물, 미생물에 의한 재해도 예상되고 있다.

8 아실로마 회의. 1975년 2월, 캘리포니아 주의 아실로마 회의센터에서 개최된 DNA 재조합 실험의 규제에 관한 국제회의에서 버그가 의장을 맡았다. 이 회의에서 물리적 봉쇄(설비나 기구 등으로 생물을 격리한다)와 생물학적 봉쇄(실험실 바깥에서는 생식할 수 없는 생물을 이용한다)를 포함한, DNA 재조합 실험에 대한 자율적 규제가 제안됐다.

9 NIH 가이드라인. 아실로마 회의의 결의를 받아서 NIH가 정한 DNA 재조합 실험에 관한 연구 지침으로, 아실로마 회의에서 제안된 봉쇄 방안이 구체적으로 명기됐다.

10 무성無性적으로 증식한, 유전적으로 완전히 균일한 세포로 이뤄진 개체의 집합

을 클론이라 하는데, 이런 단일 클론의 집단을 조직적으로 배양하는 것을 클로닝이라고 한다. 유전자 재조합 기술로 이런 DNA 균일 집단을 대량으로 얻을 수 있게 됐다.

11 리보솜은 세포질 내에 대량으로 존재하는 작은 입자인데, 단백질 합성장으로 기능한다. 대장균에는 하나의 세포에 1만 5,000개 이상 포함돼 있으며, 리보솜을 구성하는 리보솜 RNA를 만드는 유전자로 세포 내에서도 가장 전사 빈도가 높은 유전자의 하나다.

12 히스톤Histone이란 대다수 진핵세균의 핵 안에 있으며, DNA와 복합체를 형성하고 있는 염기성 단백질을 말한다. 제8장 그림 5에서 보듯, DNA는 히스톤에 휘감긴 형태로 존재한다. 핵 속에는 대량의 히스톤이 있다. 따라서 그 유전자는 리보솜 유전자와 마찬가지로 전사 빈도가 매우 높다.

제8장

1 숏건shotgun은 산탄총이란 뜻으로, 특정 DNA 조각을 벡터에 연결해 숙주 세포에 집어넣어 클로닝하는 것이 아니라, 많은 DNA 조각을 무차별적으로 벡터에 연결해 클로닝하는 방법을 숏건 클로닝이라고 한다. 이 방법으로 클로닝한 어떤 생물의 모든 DNA 집단을 그 생물의 '유전자 라이브러리gene library'라고 부른다

2 스크리닝screening은 일반적으로는 목적하는 특정 성질을 지닌 물질을 다른 다수 가운데서 선별하는 조작을 가리킨다.

3 아르버는 1929년 스위스에서 태어났다. '제한효소의 발견과 그것의 분자유전학 응용'으로 미국 해밀턴 O. 스미스, 대니얼 네이션스와 함께 1978년도 노벨 생리의

학상을 받았다.

4 진핵세포의 유전정보 전달과 해독 메커니즘. 자세히 말하자면, 이 프로세스는 두 단계로 나뉜다. DNA에서 먼저 메신저 RNA 전구체前驅體가 만들어지고, 다음에 성숙 mRNA가 만들어진다. 첫 과정에서는 엑손도 인트론도 그대로 mRNA 전구체에 전사된다. 그 뒤에 스플라이싱이 일어나 성숙 mRNA가 만들어진다.

5 진핵생물(핵막으로 둘러싸인 확실한 세포핵을 지닌 세포로 구성된 생물)의 유전자 DNA는 많은 경우 분할 유전자다. DNA의 유전정보는 일단 mRNA에 전사된 뒤 단백질을 만드는 정보로 번역되는데, 어느 한 단백질의 합성을 지령하는 유전정보가 DNA상에서 하나로 연결돼 있지 않고 곳곳에 단백질과는 관계없는 염기배열이 끼어 있는데, 이것이 '분할 유전자'다. 분할된 유전정보를 각각 엑손, 그 사이에 끼어 있는 염기배열을 인트론(개재배열이라고도 한다)이라 부른다.

이 발견은 큰 충격을 주었다. 첫째로, 왜 그런 유전자가 진핵생물에 널리 존재하는지 알 수 없었다. 지금도 그것을 통일적으로 설명하는 학설은 없다. 둘째로, 단백질 합성을 직접 지령하는 mRNA에는 인트론이 들어 있지 않으며, 엑손만으로 구성돼 있다. 처음에는 유전정보의 전사 때 인트론 부분이 배제되는 것이 아닌가 하는 생각을 했다. 그러나 그 뒤의 연구에서 전사할 때는 엑손도 인트론도 그대로 충실하게 RNA로 옮겨져 긴 RNA가 되고, 그 뒤에 인트론이 잘려나가고 의미 있는 성숙 mRNA가 만들어진다는 사실이 밝혀졌다. 이런 인트론 잘라내기와 엑손 부분을 연결하는 프로세스를 'RNA 스플라이싱splicing'이라고 한다. 스플라이싱이란 말은 본래 영화 필름에서 불필요한 부분을 잘라내고 필요한 부분을 이어서 편집한다는 의미로 쓰였다.

RNA 스플라이싱은 일반적으로 어떤 종의 효소(스플라이싱 효소)에 의해 이뤄지는데, 최근에는 RNA 스스로 스플라이싱을 하는 '자기 스플라이싱'이라는 현상도 발견되고 있다.

6 아데노바이러스adenovirus는 1952년에 배양한 아데노이드와 편도(선)에서 발견되었다. 현재까지 20여 종류의 타입이 알려져 있으며, 포유류 및 조류를 감염시킨

다. 사람을 감염시키는 것은 사람 아데노바이러스로 불리며, 후두염이나 결막염을 일으키고 보통 감기의 원인 바이러스 가운데 하나로 예상한다. 임상적으로 그다지 중요한 바이러스는 아니라고 여겨졌으나 햄스터 등 실험동물에 주사하면 높은 비율로 암을 유발한다는 사실이 밝혀져 일약 주목받았다. 하지만 지금은 아데노바이러스가 유발하는 자연계의 암은 없는 것으로 알려졌다. 그러나 이 바이러스는 분자 생물학 연구에 크게 공헌해왔다. 여기서 얘기했듯이 이 바이러스가 감염시킨 동물 세포에서 바이러스 외피를 한 단백질이 만들어질 때 유전자 DNA의 정보를 전사한 RNA의 불필요한 부분(인트론)을 잘라내고 단백질 합성 정보를 담당한 부분(엑손)만을 연결해서 합치는 스플라이싱이라는 현상이 발견됐기 때문이다.

7 우리 지구는 약 45억 년 전에 탄생했다고 알려졌는데, 그 최초의 약 10억 년은 생물 탄생의 준비 기간이었다. 원시 지구상에는 원시 대기 중의 물질을 소재로 해서 여러 화학반응이 일어나 생물 재료가 되는 유기물(아미노산, 원시 핵산, 원시 단백질 등)이 만들어졌다. 이 시기는 나중의 생물진화 시대와 대비시켜 화학진화 시대라 부른다.

옮긴이 한승동

1957년 경남 창원에서 태어나 서강대학교 사학과를 다녔다. 《한겨레신문》 창간 기자로 합류해 국제부장과 문화부 선임기자를 거쳐 논설위원으로 활동했다. 지은 책으로 《대한민국 건어차기》, 《지금 동아시아를 읽는다》가 있으며, 옮긴 책으로 《책임에 대하여》, 《종전의 설계자들》, 《들어라 와다쓰미의 소리를》, 《인간 폭력의 기원》, 《다시, 일본을 생각한다》, 《재일조선인》, 《나의 서양음악 순례》, 《속담 인류학》, 《멜트다운》, 《희생의 시스템, 후쿠시마 오키나와》 등이 있다.

정신과 물질

생명의 수수께끼와 분자생물학, 그리고 노벨상

지은이 다치바나 다카시·도네가와 스스무
옮긴이 한승동

1판 1쇄 펴냄 2020년 3월 30일

펴낸곳 곰출판
출판신고 2014년 10월 13일 제406-251002014000187호
전자우편 walk@gombooks.com
전화 070-8285-5829
팩스 070-7550-5829

ISBN 979-11-89327-06-4 (04470)
　　　979-11-955156-3-9 (세트)

이 도서의 국립중앙도서관 출판예정도서목록(CIP)은 서지정보유통지원시스템 홈페이지(http://seoji.nl.go.kr)와 국가자료종합목록 구축시스템(http://kolis-net.nl.go.kr)에서 이용하실 수 있습니다.(CIP제어번호: CIP2020002000)